民用飞机环境控制系统手册

党晓民　马　兰　马庆林　编著

北京航空航天大学出版社

内 容 简 介

本书是在分析总结国内外多种先进民用飞机环境控制系统的基础上编写而成的。书中首先简要阐述了飞机环境控制系统的基本知识,然后详细介绍和分析了国内外多种先进民用飞机环境控制系统,主要内容包括系统工作原理与方案、系统功能与性能、系统部件(或组件)的特性与作用、系统部件(或组件)与管路的布置以及系统设计特点等。在编写过程中,对能够搜集到的资料进行了认真的分析和研究,力求内容翔实、完整和准确,并按照编者思路重新绘制了风格统一的系统原理图。

本书可作为飞机环境控制专业领域的教学和培训参考资料,也可作为工程技术人员的参考用书。

图书在版编目(CIP)数据

民用飞机环境控制系统手册 / 党晓民,马兰,马庆林编著. -- 北京 : 北京航空航天大学出版社,2019.6
ISBN 978 - 7 - 5124 - 3018 - 1

Ⅰ.①民… Ⅱ.①党… ②马… ③马… Ⅲ.①民用飞机-环境控制-控制系统-手册 Ⅳ.①V271-62

中国版本图书馆 CIP 数据核字(2019)第 120306 号

版权所有,侵权必究。

民用飞机环境控制系统手册
党晓民 马 兰 马庆林 编著
责任编辑 杨 昕
*
北京航空航天大学出版社出版发行

北京市海淀区学院路 37 号(邮编 100191) http://www.buaapress.com.cn
发行部电话:(010)82317024 传真:(010)82328026
读者信箱:goodtextbook@126.com 邮购电话:(010)82316936
北京九州迅驰传媒文化有限公司印装 各地书店经销
*
开本:787×1 092 1/16 印张:15.5 字数:387 千字
2019 年 6 月第 1 版 2019 年 6 月第 1 次印刷 印数:1 000 册
ISBN 978 - 7 - 5124 - 3018 - 1 定价:59.00 元

若本书有倒页、脱页、缺页等印装质量问题,请与本社发行部联系调换。联系电话:(010)82317024

编　委　会

（按拼音排序）

成　杰　花　蕾　贾少鹏

李秦岭　李荣军　李艳娜

刘　曦　马慧才　齐社红

张光明　张国良　张涛波

张　旭

前　言

在航空技术和其他高科技迅速发展的今天，民用客机的安全性、舒适性、经济性和环保性成为现代先进民用飞机竞争的主要焦点之一。民用飞机的环境控制系统关系到所有机组人员和乘客的环境安全性和舒适性，关系到机上电子设备正常工作的环境及寿命，是直接影响飞机的安全性、经济性、环保性和能量有效利用的重要系统之一，在民用飞机研制与发展过程中具有越来越重要的作用。

20世纪80年代，国内曾出版过《国外飞机环境控制系统手册》，随着民用飞机的发展，文中的内容已不能完全反映当前民用飞机环境控制系统发展的现状，需要更新和充实。因此，编者认为，新编写一本《民用飞机环境控制系统手册》，通过介绍和分析国内外典型的民用飞机环境控制系统，总结国内外民用飞机先进环境控制系统的设计思想、方法和特点，对推动国内研制和发展先进的飞机环境控制系统具有重要意义。

本书首先简要阐述了飞机环境控制系统的基本知识，然后较详细地介绍和分析了国内外多种先进的民用飞机环境控制系统，主要内容包括系统工作原理与方案、系统功能与性能、系统部件（或组件）的特性与作用、系统部件（或组件）与管路的布置以及系统设计特点等。在编写过程中，对能够搜集到的资料进行了认真的分析和研究，力求内容翔实、完整和准确，并按照编者思路重新绘制了风格统一的系统原理图。

北京航空航天大学赵竞全教授对本书进行了审阅，在此表示衷心的感谢。

本书既可供工程技术人员参考使用，也可作为本专业领域的教学和培训参考资料。

鉴于搜集到的资料存在不全面的问题以及编者自身水平有限，书中错误和遗漏之处在所难免，恳请广大读者批评指正，以便改进。

编　者
2018 年 9 月

目　录

第1章 绪 论

民用飞机在整个工作过程中,无论是在地面还是在空中,飞机环境控制系统(ECS)的主要功能就是为机上乘员(包括机组人员和乘客)提供安全、舒适且可靠的环境,为电子设备正常工作提供优越的环境。除此之外,环境控制系统还提供其他一些功能,如除雾、防冰、抗过载、驱除雨滴等。随着航空技术的发展,为满足乘员对环境的安全性、舒适性、可靠性越来越高的要求,以及为高效解决电子设备工作和外界环境(如气动加热、太阳辐射等)对飞机内部带来的散热问题,现代先进飞机环境控制系统正向安全、可靠、经济、环保与高效节能等方向发展。

1.1 飞机环境控制系统发展概述

1903 年 12 月 17 日,美国莱特兄弟制造的第一架依靠自身动力进行载人飞行的"飞行者 Ⅰ 号"飞机试飞成功,这一天被认为是飞机的诞生日。从这一天开始的相当长一段时间内,飞机均是在低空飞行,且多是机械装置,电子设备应用较少。因此,飞机的座舱是开敞式座舱,不需要考虑乘员对座舱环境的要求,也不需要考虑对电子设备进行冷却或加温,这一阶段的飞机没有环境控制系统。随着飞机功能和性能的不断提升,飞行高度越来越高,人们发现高空的低温、低压环境给乘员带来了极大的危险。为了解决这些问题,需要将开敞式座舱改为密封式座舱,以保证人员的正常活动。为此飞机设计师们进行了大量的尝试,其中,苏联设计师塞尔巴科夫在 1934—1936 年间成功设计了第一款飞机气密座舱试验舱,1938 年飞机气密座舱在波音 B307 和 DC4E 客机上首先成功应用。从此以后,飞机气密座舱逐渐普及,飞机环境控制系统也开始快速发展起来。从 80 年的发展历程看,飞机环境控制系统是随着飞机的发展而不断发展的。

目前,绝大多数民用飞机环境控制系统采用的是空气循环式系统。该系统基本由气源系统和空调系统组成。其中,空调系统主要由空气循环制冷系统(又称空调制冷组件或简称制冷组件)、空气分配系统、座舱压力调节系统、控制系统等组成。由于空气循环式系统主要采用发动机引气方式,简单而紧凑,既能实现冷却又能满足座舱增压要求,因此得到了广泛的应用。

空气循环制冷系统经历了由两轮简单式到两轮升压式、三轮升压式、四轮升压式,由低压除水到高压除水的发展过程。现在大部分民用飞机使用的空气循环制冷系统主要采用以下 4 种方式:

① 两轮简单式(涡轮-风扇)低压除水;

② 两轮升压式(涡轮-压气机)高压除水或低压除水;

③ 三轮升压式(涡轮-压气机-风扇)高压除水或低压除水;

④ 四轮升压式(涡轮 1-压气机-涡轮 2-风扇)高压除水。

1944 年,两轮简单式低压除水空气循环制冷系统首次在 P-80 战斗机上使用。此系统具有质量轻、部件少、可靠性高、检查和维护工作量小、在飞机上的布局没有特殊要求、成本低的特点,并能解决飞机座舱增压问题,但座舱增压能力有限。为了解决增压能力有限的问题,1948 年,英国在"子爵号"旅客机上安装了两轮升压式低压除水空气循环制冷系统。该系统的主要缺点在于低速飞行时,可用冲压空气量太少,且没有地面制冷能力。为了解决这些问题,20 世纪 60 年代中期,研究人员研制出三轮升压式低压除水空气循环制冷系统,并在一些旅客机上得到应用。此系统综合了简单式与升压式两种形式的优点且改善了它们的缺点,从功能上日趋完备。随后,空气循环制冷系统从节能角度不断地获得完善。20 世纪 70 年代,采用了高压除水技术,大大提高了系统的性能,而且相比低压除水,系统节省约 30% 的发动机引气量,除水效率提高 10%~15%,同时涡轮冷却器采用了空气动压轴承技术,大大提高了涡轮冷却器的转速,使其效率从原来的 60%~70% 提高到 85% 以上。

相比高压除水系统,低压除水系统虽然存在引气量较大、低压水分离器的维修工作量大的缺点,但系统附件数量约为高压除水系统的 82%,系统质量约为高压除水系统的 63%,销售价格约为高压除水系统的 83%,可靠性 MTBF 值为高压除水系统的 140%。应用三轮升压式低压除水空气循环制冷系统的代表性机型有 B747、A300 和 A310 等。应用三轮升压式高压除水空气循环制冷系统的代表性机型有 B757、B767、A320、A330 和 A340 等。

波音 B777 飞机首次使用了四轮升压式高压除水空气循环制冷系统。该系统具有以下优点:①改善了制冷组件的起动性能;②系统的环境适应能力强;③独特的四轮式设计,解决了冷凝器的冰堵问题。

由汉胜合资子公司——纳乌卡公司设计制造的 A380 飞机环境控制系统,在 B777 飞机环境控制系统的基础上进行了改进,有效地解决了快速处理故障能力与可靠性之间的矛盾,在可靠性、装配密度和制冷能力方面树立了一个崭新的标准。另外,A380 飞机的空气循环制冷系统采用所谓的"一个半包"结构,即系统有两个四轮升压式高压除水空气制冷组件,系统的冲压进气道及安装在内的换热器可以共用。所以,当一个四轮升压式高压除水空调制冷组件失效时,其制冷能力只是稍微降低,对整体影响不大。这种构型的优势有:①热力循环效率更高;②针对不同供气需求的灵活性更大;③占用空间更小;④可提供更大的余度和更好的抗损伤性。

现代飞机正朝着多电化和能量优化的方向发展。采用电动压气机取代发动机引气的环境控制系统称为电动环境控制系统(简称电动环控)。目前,波音 B787 飞机第一个使用了汉胜公司研制的电动环境控制系统,该系统具有以下特点:①取消了发动机引气系统及相关部件,系统包括电动压气机、制冷组件和低压系统(在飞机内部分配空气)等;②采用新一代数字式座舱压力调节系统;③采用新型电热机翼防冰系统。

电动环境控制系统在第一个发展阶段的成果是防冰系统(包括机翼防冰和风挡防冰),采用电防冰技术,即采用交流电取代传统发动机引气,采用先进固态功率开关、高容量交流发电机及基于锻压制造技术的加热器。电动环境控制系统在第二个发展阶段的成果是不仅防冰系统使用电防冰技术,而且环境控制系统也使用电能驱动。在此阶段,发动机引气仅提供给飞机上的少数用气系统使用。可以预测,随着电动环境控制系统的发展成熟,会有大量先进的电气技术得到应用。例如,无刷发电机有希望成为发动机涡轮的一部分或者直接由发动机驱动,而不是现在这样通过附件传动箱带动。

归纳起来,电动环境控制系统是飞机环境控制系统的发展趋势,它的主要优点有:①可节省燃油;②因为不采用发动机引气,所以可降低对发动机热力循环的影响;③具有更大的灵活性和更强的适应能力；④可提高维护性和可靠性。

2003年，霍尼韦尔公司提出了一套双级膨胀能量再回收的环境控制系统方案。系统采用两级膨胀的空气涡轮制冷机，将液体环路冷却时回收的热负荷转变为有用功。这种废热能量的回收不仅提高了系统的热力循环效率，同时还降低了发动机引气和冲压空气的用气量，降低了整个系统的质量。

1948年，波音公司的B377飞机首次应用蒸发循环制冷系统。自此，20世纪50年代到60年代中期，多种旅客机上相继采用蒸发循环制冷系统，比如伊列克特拉、康威尔-880、康威尔-990A、先锋号等。蒸发循环制冷系统的优点有：①节省发动机引气；②温度控制精准；③散热介质(又称热沉)与热源之间的温度差对于空气循环制冷系统要求相对宽泛，因此对热沉的要求相对较低；④系统工作时受外界影响较小。但是，限于当时的技术水平，蒸发循环制冷系统的制冷剂泄漏、维修性差、质量大等问题不能得到有效解决。而且，当时空气循环制冷系统得到了快速的发展，导致蒸发循环制冷系统在飞机上不能进一步推广应用。

目前，虽然空气循环制冷系统占据了飞机环境控制系统的主导地位，但与蒸发循环制冷系统相比，其制冷量偏小、效率偏低。随着电子设备的大量使用，其热载荷不断增加，热流密度也不断增加，蒸发循环制冷系统又开始受到重视。20世纪80年代，随着多电飞机和全电飞机概念的提出，美国海军和空军开始对电动变速蒸发循环制冷系统在飞机上的应用进行研究，为后来的综合环境控制系统进行了充分的技术储备。

民用飞机越来越强调环保和节能。20世纪90年代初，为了满足系统性能代偿损失最小的节能要求，国外提出了热/能量综合管理系统的概念，期望通过全机机电分系统的综合与优化，明显改善全机质量、尺寸及经济性。热/能量综合管理系统以燃油为热沉，将飞机的用能系统(如液压、电源、航电、环控系统)与飞机的能量来源系统(即发动机系统)进行综合热管理，以期实现全机能量的综合管理。例如，发动机引气为动力源时，通过子系统集成技术，使液压系统、环控系统、电源系统和辅助动力系统实现功能、物理和能量集成，大大地减少零部件数量，减轻飞机质量，提高维修性和可靠性。目前，国外在这方面发展的主要成果表现为：以燃油作为最终热沉进行热管理控制，同时开发出飞机热管理系统仿真软件，可模拟在真实飞行状态下的气动加热、机载系统的发热量和飞机全机的热量分布。

1.2 飞机空气循环式环境控制系统简介

飞机空气循环式环境控制系统主要由气源系统和空调系统(一般包括制冷系统、空气分配系统、温度控制系统、电子设备通风系统和座舱压力控制系统等)组成。

1.2.1 气源系统

气源系统的主要功能是为空调系统和其他用气系统提供适宜的空气。其工作流程一般是将来自引气源(如发动机压气机、辅助动力装置(APU)或地面高压供气装置)的高温高压空气经过调温调压后，送达下游各个用气系统(如空调、环境防护、燃油惰化、液压油箱、发动机起动等)使用。

目前，民用飞机根据发动机的数量采用双发动机构型或四发动机构型的气源系统，系统的典型构型分别如图1-1和图1-2所示。

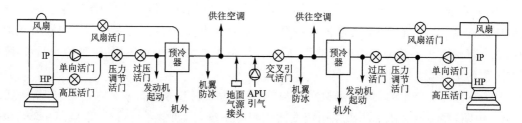

图1-1 典型的双发动机构型气源系统原理图

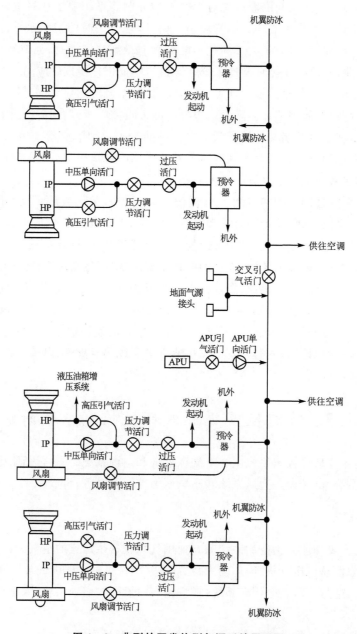

图1-2 典型的四发构型气源系统原理图

典型的双发动机构型气源系统(如图 1-1 所示)包括发动机引气系统、APU 引气系统和地面气源引气系统。其功能是:可分别从发动机压气机、辅助动力装置(APU)和地面高压气源获得高温高压空气,供下游用气系统使用。

发动机引气系统包括中压单向活门、高压引气活门、压力调节活门、过压活门、预冷器、风扇活门、温度传感器、压力转换器和管路等。APU 引气系统包括 APU 引气单向活门和管路等。地面气源系统主要包括一个带单向活门的地面高压气源接头。此外,在主供气管路上设置一个交叉引气活门用于连通或隔断左右发动机引气系统。

发动机引气系统一般采用两级引气(高压引气和中压引气)方式。两台发动机引气系统相同且可独立工作。当发动机功率低、中压(IP)引气的压力不足时,高压引气活门打开,转换到高压(HP)引气,此时中压单向活门自动关闭,防止引气倒流中压级。当发动机功率高时,高压引气活门关闭,自动转换到中压引气。通过高压引气活门和中压单向活门下游的压力调节活门,将引气压力调节到预定值。压力调节活门通过一根感应管与高压活门相连接,当引气被关断时,压力调节活门和高压活门同时关闭。为了避免压力调节活门出现故障时导致超压甚至损坏管路,在压力调节活门的下游安装了一个过压活门,系统超压时,过压活门关闭。通过风扇活门控制来自发动机风扇的冷却空气流量,该冷却空气流过预冷器,对引气温度进行调节。经过调温调压后的引气被输送到下游各个用气系统。

APU 是气源系统的辅助气源,根据需要可使用 APU 引气。APU 引气和发动机引气一样可给空调系统提供空气,也可给发动机起动和防冰系统提供所需空气。

飞机在地面时,既可使用高压气源,通过地面气源接头供给高温高压空气;也可使用地面空调车,通过地面气源接头直接给舱内提供温度和压力适宜的调节空气。

典型的四发动机构型气源系统(如图 1-2 所示)与典型的双发动机构型气源系统(如图 1-1 所示)有许多相同之处,这里不做赘述,读者可在后面有关章节的内容中详细了解。

气源系统设计需主要考虑以下几点:

① 为了防止气源系统的管路或控制附件出现故障时,从引气源引出的过量气体损害引气源并导致危险,引气源应设有防止过量引气的装置。

② 当引气污染、引气管路破裂、超量泄漏或发动机试车调整维护时,为了保证空勤人员能够从驾驶舱控制断流装置切断来自引气源的气流,在引气源出口处设有截断气流的单独装置,这些断流装置应能从驾驶舱进行控制。经验表明,断流装置最好安装在引气源出口附近。

③ 为了隔绝各用气系统对气源系统的影响,或相互之间的影响,在各用气系统进口处设有截断气流的单独装置,这些断流装置应能从驾驶舱进行控制。经验表明,各路截断活门最好安装于各用气系统的进口处。当用气系统不使用时,可使系统及管路不增压。另外,如果用气系统漏气,关闭截断活门能够隔离故障系统。

④ 对于多发动机引气且引气量大的引气系统,应有隔离和交叉断流活门,以改变引气源的使用。经验表明,隔离和交叉活门最好位于可迅速发挥作用的位置,并设有手动和自动控制两种工作模式。

⑤ 为了排除引气对发动机性能下降或损坏的可能性,以及保证当一个引气系统故障时正确的气流控制,引气系统需要设置防止气流倒流的装置,一般情况下,使用单向活门。由于单向活门的少量泄漏便会导致发动机或辅助动力装置失灵,因此对该位置的单向活门要求非常

严苛,需要对单向活门尤其是活门瓣进行精心设计。另外,还应采取对单向活门定期检查的方式,杜绝因为活门瓣脱离单向活门本体堵塞下游的附件而使其失灵的故障。

⑥ 为了满足所有用气系统工作性能要求必需的最低压力值,需对引气压力进行调节。在保证引气系统故障对飞机损害最小化的同时,为尽可能保证系统的可靠性,并兼顾成本,应设置最低压力调节值。另外,对引气压力进行调节,有助于避免出现严重的座舱压力波动问题。

⑦ 引气管路从发动机舱到空调设备舱途经的区域一般有燃油、润滑油、液压油等易燃流体系统和飞机电气设备的导线电缆等,为了避免从发动机舱出来的引气高温对易燃流体(如燃油、润滑油和液压油等)和电缆的不利影响,需对发动机舱出来的引气的最高温度进行限制,并在驾驶舱内的显示器上显示超温信息。MIL-E-87145 规定:"引气的最高温度应限制在易燃流体的自燃温度(232 ℃)以内;如果引气管路中的空气温度大于或等于电线绝缘耐温的上限温度175 ℃,则管路应设有漏气检测系统。"

⑧ 当高温表面与可燃液体接触时,能够成为着火源,另外高温表面对区域内的结构、电缆均有不利影响,因此,对管路的最高表面温度应进行限制。JP-4 燃油在海平面的自燃温度为232 ℃,这是可燃液体在静止空气中能够安全经受的最大管路表面温度。如果提供的引气以及管路能完全与可燃液体隔离,则温度允许增加到 400 ℃;如果管路表面温度不能控制在400 ℃以下,则管路途径区域必须装有安全防火设施(防火墙、着火探测和灭火设备等)。

⑨ 当引气管路的泄漏在其途径的区域可能会引起结构或附件损坏时,应配备漏气检测装置,而且应在驾驶舱内有显示。经验表明,没有引气泄漏检测系统已导致了大批飞机严重的损坏。因此,引气系统过量漏气时可能损坏周围附件的哪些区域必须明确,以保证足够的漏气检测。

⑩ 如果装于气密舱的引气管路破裂,那么舱内压力可能增至与引气压力一样。由于引气系统所使用的压力往往大于飞机气密舱结构能够承受的压力,因此,万一引气管路破裂,为了防止飞机损坏,必须装有气密舱超压释放装置。若能证明气密舱通风流通面积(进、排气流通面积)足以提供释压,则通风气密舱不需要采取超压释放装置。舱内超压释放装置通常使用弹簧加载和铰链的"快开"型板片。

⑪ 在发生故障或失去作动信号以后,气源系统的活门位置是保证系统安全的关键。活门正常位置(无作动信号)及故障位置应取决于最可接受和危险最低的故障模式的分析。首先,应防止因活门故障导致热空气不受控制地进入座舱;其次,活门故障后应在保持座舱增压流量的同时,还能够保持发动机起动流量。

1.2.2 空调系统

空调系统的主要功能是调节来自气源系统的空气温度、压力和流量,并合理分配,从而建立安全舒适的舱内环境,满足电子设备冷却或加温需求。系统主要包括制冷/加热、空气分配、座舱压力调节和电子设备通风冷却等子系统。

制冷/加热子系统主要实现流量和温度的调节,提供合适流量和温度的空气,供下游的其他子系统(如空气分配、座舱压力调节和电子设备冷却)使用。民用飞机通常采用冲压空气冷却高温空气、空气涡轮膨胀制冷、电加热以及采用气源系统的高温空气进行温度配平的构型。另外,当空气制冷组件出现故障时,冲压空气可作为空气分配子系统中应急通风的气源。

空气分配子系统通过合理的混合腔、管网及进出口设计,不仅为舱内提供温度、流速合适的空调空气(或称调节空气),使舱内具有安全舒适的温度场和压力场,而且还确保舱内通风。大部分民用飞机都设置再循环方式,以减小舱内区域的供气温差和降低系统燃油代偿损失。民用飞机通常采用风扇抽取舱内空气的方式对机载电子设备进行通风冷却。随着电子设备的发展,先进飞机采用液体冷却系统或蒸发循环制冷系统对电子设备进行冷却。

座舱压力控制系统主要通过调节座舱排气流量,从而控制座舱压力、压力变化速率和座舱压差,同时使用安全活门/负压活门实现座舱结构的正负压保护,构建一个安全舒适的座舱压力环境。

下面对常见的几种典型空气循环制冷系统的基本工作流程进行说明。

图 1-3 所示的是两轮简单式(涡轮-风扇)空气循环制冷系统。其工作流程为:来自气源系统的高温高压空气,首先进入热交换器,被冲压空气冷却;然后进入涡轮膨胀降温,涡轮出口空气(低温低压空气)供给座舱和电子设备进行通风并带走热载荷。

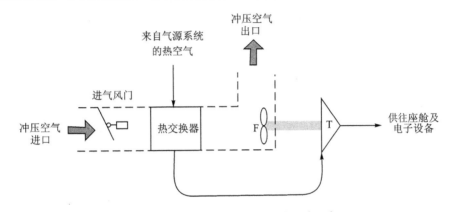

图 1-3　两轮简单式空气循环制冷系统示意图

图 1-4 所示的是两轮(涡轮-压气机)升压式低压除水空气循环制冷系统。其工作流程为:来自气源系统的高温高压空气,首先进入初级热交换器,被冲压空气冷却后,进入压气机被压缩,温度和压力提高;然后进入次级热交换器,被冲压空气再冷却后,进入涡轮膨胀降温,此时有液态水析出,通过水分离器除去游离水后,低温低压的空气供给座舱和电子设备进行通风并带走热载荷。在地面时,冷却空气由引射器导入。

图 1-5 所示的是三轮(涡轮-压气机-风扇)升压式高压除水空气循环制冷系统。其工作流程为:来自气源系统的高温高压空气分成两路,其中一路(又称为冷路)首先进入初级热交换器,被冲压空气冷却后,进入压气机被压缩,温度和压力提高;然后进入次级热交换器,被冲压空气再冷却后,进入回热器和冷凝器,在冷凝器中被涡轮出来的冷空气冷却,此时有液态水析出,通过水分离器除去游离水后,再进入回热器被回热;最后进入涡轮膨胀降温(涡轮输出的功率带动压气机和风扇转动),低温低压的空气流过冷凝器(目的是冷凝热湿空气中的水蒸气),供给座舱和电子设备进行通风并带走热载荷。如果涡轮出口结冰,则防冰活门打开,另一路热空气流入涡轮出口,解除结冰。如果涡轮出口空气温度过低,则温控活门打开。水分离器除去的游离水被雾化喷嘴喷入散热器冷风道进行蒸发,提高散热器的换热效率。在地面时,冷却空气由风扇导入。

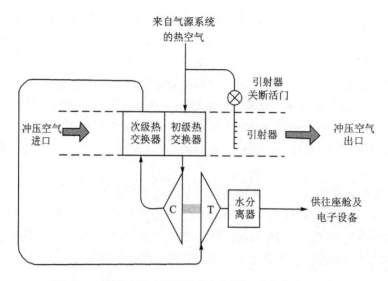

图 1-4 两轮升压式低压除水空气循环制冷系统示意图

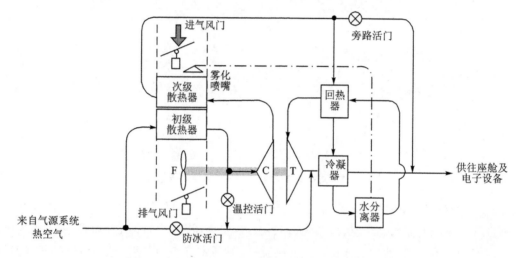

图 1-5 三轮升压式高压除水空气循环制冷系统示意图

图 1-6 所示的是四轮(涡轮 1-压气机-涡轮 2-风扇)升压式高压除水空气循环制冷系统。其工作流程为:来自气源系统的高温高压空气首先进入初级热交换器,被冲压空气冷却后,进入压气机被压缩,温度和压力提高;然后进入次级热交换器,被冲压空气再冷却后进入冷凝器,在冷凝器中被涡轮 1 出来的冷空气冷却。此时有液态水析出,通过水分离器除去游离水后,进入涡轮 1 膨胀降温,降温后流过冷凝器冷边(目的是冷凝热湿空气中的水蒸气),再进入涡轮 2 进一步膨胀降温(涡轮 1 和涡轮 2 输出的功率带动压气机和风扇转动),低温低压的空气供给座舱和电子设备进行通风并带走热载荷。在地面时,冷却空气由风扇导入。水分离器除去的游离水被雾化喷嘴喷入散热器冷风道进行蒸发,提高散热器的换热效率。

空调系统设计需主要考虑以下几点:

① 能够对座舱进行冷却和加温,保证为乘员的工作和正常活动创造一个所需的舒适性环境。

冷却和加温的要求通常是根据飞机类型及其独特的工作要求而制定的。载人飞机一般可

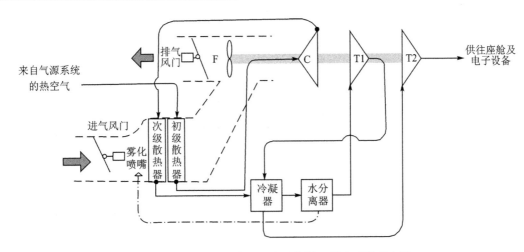

图 1-6 四轮升压式高压除水空气循环制冷系统示意图

分为两大类:第一类是空勤人员基本上限制在其座位上的小容积飞机;第二类是机上空勤人员或乘客能够离开座位而走动的大容积飞机。对于第一类,如驾驶舱和领航舱,控制温度普遍用"空勤人员周围温度"。"空勤人员周围温度"定义为空勤人员周围所取温度测量点的算术平均值,包括取在踝部、膝盖、臀部、胸部、双肩和头部的测量点。对于空勤人员和乘客能够离开他们的座位,并在机上走动的第二类,温度控制必须建立在乘员可以进入的所有飞机区域,此时使用规定的"座舱平均温度"来保证座舱内各处都能保持合适的温度。"座舱平均温度"是指除离地板150 mm 之内的区域以外的整个舱内干球温度的算术平均值(因为典型的 15.6 ℃ 的地板温度会使该区域产生严重的温度梯度)。由于干球温度易于理解和测量,因此是规定冷却和加热性能最常用的参数。但因为没有考虑湿度和太阳辐射的影响,所以与最终的人员热感觉有一定偏差。

表 1-1 给出了不同类型制冷系统的座舱对应的各种温度值。表 1-2 列出了夏季飞行着装条件下的座舱温度控制要求。从表 1-1 和表 1-2 中可以看出:对于不同类型制冷系统干球温度、湿球温度和三球温度的满足情况不尽相同。因此,通过规定"所有输送给座舱的空气不应有游离水"来保证干球温度、湿球温度和三球温度均满足相关国军标的规定。

表 1-1 不同类型制冷系统的座舱对应的各种温度值

系统类别	干球温度/℃	风速/(m·s^{-1})	含湿量/(g·kg^{-1})	湿球温度/℃	黑球温度/℃	三球温度/℃	有效温度/℃
未装水分离器	32	1	22	27.8	52	33.06	29
	35	1	22	28.5	55	34.45	30.6
低压除水系统	32	1	13.5	22.6	52	29.42	26.5
	35	1	13.5	23.5	55	30.95	28.06
高压除水系统	32	1	5	16	52	24.8	24.1
	35	1	5	17	55	26.4	25.6

表 1-2 夏季飞行着装条件下的座舱温度控制要求

分　　级	三球温度/℃	干球温度/℃	湿球温度/℃	允许飞行时间/min
舒适区	≤21	16～26	6～15	不限
工效保证区	22～27	27～32	16～20	30
热应激区	28～30	33～35	21～24	15

② 规定地面制冷和加温系统的性能，以维持空勤人员和设备的合适环境。

地面待飞时的飞机任务所需空勤人员数量和座舱设备的地面最长工作时间决定冷却与加温要求的严格程度。由于发动机慢车状态的引气压力和流量很低，机上空调系统一般不能满足地面制冷和加温要求，因此，通常配备地面空调车以解决地面待飞和维护时的座舱制冷与加温问题。其中：

a. 地面制冷能力：在下列环境条件下，系统应具有在 30 min 内将座舱初始时的热透温度 38 ℃降至平均温度 27 ℃，且相对湿度不大于 60% 的能力。

- 海平面。
- 外界环境温度 38 ℃。
- 环境相对湿度 45%。
- 无风。
- 从辅助动力装置、发动机压气机或地面供气装置之一引气。
- 所有门、窗关闭。
- 拉上窗帘。
- 最少电负荷。
- 机上无乘客。

b. 地面加温能力：在下列条件下，系统应具有在 30 min 内将座舱初始时的冷透温度 −23 ℃升至平均温度 21 ℃的能力。

- 海平面。
- 外界环境温度 −23 ℃。
- 无风。
- 从辅助动力装置、发动机压气机或地面供气装置之一引气。
- 所有门、窗关闭。
- 机上无乘客。
- 座舱内的灯打开。

③ 设置合理的空气分配方案，以防止过大的温差，满足空勤人员和乘客的舒适性要求。

实践表明：小容积座舱内，空勤人员最满意的分配方案是冷却空气流经空勤人员的周围时，空勤人员能够按照个人意愿通过可控制的喷嘴来调节气流的方向和流量。大容积的座舱内，分配系统能够提供混合均匀的空气，以防止过大的温差，并常常通过沿舱顶对称中心线或两侧的分配管路供气，经接近地板的侧壁排出空气。脚部对冷热非常敏感，因此需在空勤人员脚部区域设置脚部供气口或脚部加温器，以确保空勤人员脚部区域的合适温度。对于空勤人员及乘客座位、厕所、盥洗室有温度和流量调节需求的地方，一般设有冷空气供气口或个人通风喷嘴提供约 1.7 ℃的冷空气。为了保证空勤人员的视野要求,应对调节空气和除雾防雾空气进行合理分配,以避免空勤人员呼气与透明表面相接触时出现结雾或结霜。另外,应避免气流直接吹向空勤人员的眼睛。一般分配管路的设计应考虑到耐受负压差、耐蚀性、使用寿命、可维护性、泄漏、抗挤压和其他可能的损坏,不应使用金属波纹管和聚碳酸酯管路。考虑到维护性,一般在排气口、侧壁通道,以及和管路相连的温度传感器、过滤器等容易聚积烟油和纤维的地方,设计有宽敞的维护通道。

根据经验和相关标准确定了合适的温度范围、流速范围、新鲜供气量等指标。

a. 在下列条件下,座舱每一区域的上下温差不应超过 3.5 ℃,左右温差不应超过 2 ℃,前后温差不应超过 5 ℃。

- 标准座舱布置。
- 乘客在舱内均匀分布,乘载系数大于 20%。
- 区域平均温度在 18~24 ℃之间。
- 若装有个别通风喷嘴,则应处于关闭位置。
- 区域平均温度稳定后 15 min 内。
- 正常供气量。
- 无太阳直接辐射。
- 厨房及其相关设备无热载荷。

其中,所谓的"上下"定义为从地板上方 150 mm 至坐着乘客头部高度范围内;所谓的"左右"定义为每排座椅靠近窗户的外侧扶手中心线平面之间的空间范围,距装饰结构 51 mm 的范围除外;所谓的"前后"定义为具有单独温度控制的区域,前后是指区域的座舱长度范围,距结构隔框 51 mm 的范围除外。

b. 在下列条件下,空勤人员周围任意两点的温差不应超过 3.5 ℃。

- 驾驶舱额定人数及正常使用。
- 标准驾驶舱布局。
- 关闭个别通风喷嘴。
- 驾驶舱内平均温度稳定后 15 min 内。
- 无太阳直接辐射。

c. 机身外蒙皮温度在-35~50 ℃之间,座舱内稳定平均温度为 24 ℃时,地板和舱壁温度为 6~35 ℃,装有标准地毯的地板和从地板至顶部内侧壁的温度应为 15~30 ℃,窗户内表面及其周缘的温度为 11~31 ℃。

d. 流经空勤人员附近的空气速度限制在 1.5~2.5 m/s 范围内,空勤人员迎面气流速度不超过 1 m/s。

e. 乘员舱内平均气流速度不得超过 0.5 m/s。

f. 当驾驶舱、座舱的舱门和所有个别通风喷嘴都关闭时,舱内乘客座位附近的空气流速不应超过 0.25 m/s,座舱侧壁排气口处的平均流速不应超过 1.5 m/s。

g. 在所有的稳定飞行状态下,货舱内温度应保持在 2~30 ℃之间。

h. 新鲜供气量可进行正常、最小、最大三级调节。

- 供给每位乘员的正常新鲜供气量应不少于 0.283 m³/min。
- 最小新鲜供气量为正常新鲜供气量的 60%～80%，仅用于非满客载的空调制冷组件均工作的飞行中。
- 单台发动机或单套空调制冷组件出现故障时，供给每位乘员的新鲜供气量应不少于 0.182 kg/min。
- 飞机在地面或飞行状态下厨房和盥洗室应抽气通风，每个盥洗室抽取的空气量不应小于 0.51 m³/min。

④ 应设置合理的温度控制方案，以满足制冷、加温及空气分配的需求，同时减轻空勤人员的操作负担。

控制器是调节现代复杂环境控制系统最有效的装置。设置手动操控装置的目的是保证在自动温度控制器失效的情况下，空勤人员可将活门调至适当位置来控制空气温度。一般情况下，控制器设计应满足人机功效的要求，同时需规定相关响应特性，如公差、稳定时间、最大超调量等。温度控制器一般应能将空气温度保持在乘员选择值的 ±2 ℃范围内。对于具有多区域或多隔间的飞机，一般应对驾驶舱和座舱(可分为若干区域)分别实施温度控制，可以选择并自动控制舱内各区域温度在 18～30 ℃范围内。在自动控制系统失效的情况下，备用控制系统应能自动保持区域内的温度为 24 ℃。从任一供气口进入座舱的空气温度，正常工作时不应超过 50 ℃，舱内无乘客时不应超过 70 ℃。

⑤ 应规定最低地板温度和最高表面温度，以防止乘员受伤，同时要控制乘员所接受的热辐射，以提高乘员的舒适性。

人的脚部对温度非常敏感，因此空勤人员和乘客经常接触到的地板区域应保持合适的温度，通常对这个区域的地板表面最低平均温度规定在 15.6 ℃以上。对于乘员可能接触到的其他地板区域，通常将地板表面最低平均温度规定在 4.4 ℃以上，一方面此温度必须高于 0 ℃，以防止因结霜或结冰致使表面溜滑；另一方面此温度设置过高会导致能量浪费。对于无乘员区域，例如一些货机，表面温度应保持高于 0 ℃，以防止货物冻结、结霜和结冰等。对于所有涉及与人体进行辐射热交换的表面，应规定最高表面温度，以防止温度过高而降低人体的舒适性。一般规定稳态时最高表面温度不高于 40 ℃；瞬态 30 min 以内，最高表面温度可放宽至 70 ℃。

机身外蒙皮温度在 -35～50 ℃之间，座舱内稳定平均温度为 24 ℃时，地板和舱壁温度应控制在下列范围内：

a. 装有标准地毯的地板和从地板至顶部内侧壁的温度应为 15～30 ℃；

b. 窗户内表面及其周缘的温度应为 11～31 ℃；

c. 距机身结构 51 mm 处的温度应为 6～35 ℃。

⑥ 应规定合适的湿度指标。

当飞行高度超过 9 000 m 时，大气绝对湿度很低，导致装有开式空气循环的飞机座舱相对湿度很低。如果人体长期暴露在这种环境下，会引起鼻腔、皮肤等出现一系列问题，严重时会脱水和疲劳，此时吸纯氧会进一步恶化。湿度过高也会对人体产生不利影响，出汗蒸发是人体适应热环境进行体温调节的基本方式，高湿环境会影响空勤人员和乘客出汗蒸发，引起空勤人员和乘客的身体过热和疲劳。因此，飞机座舱内的湿度应控制在合适的范围内。通常对于高空(9 000 m 以上)执行任务超过 12 h 的飞机座舱环境，相对湿度应保持在 30%以上，以确保空勤人员和乘客的环境舒适性。对于医用运输机,座舱相对湿度控制为 30%~50%,也可在医用运输机的一个隔离区段里设置湿度控制。增湿会带来较大的质量代偿损失,以及舱壁、地板和其他区域凝聚水滴等一系列问题,因此实际使用中不考虑整个座舱的全面增湿。例如B747 飞机只在某些航线上使用增湿装置,采取的是从便携式供水器喷射入座舱再循环空气里的方案。随着技术的进步,增湿变得更易于实现,所引起的性能代偿损失越来越小。

⑦ 应对座舱高度、压差、压力变化率及压力制度进行规定,以满足乘员的生理及舒适性需求,同时尽可能降低性能代偿损失,降低大飞机结构损坏时所造成的爆炸减压的危险。表 1-3 给出了座舱高度与对应的人体生理极限。

表 1-3　座舱高度与对应的人体生理极限

座舱高度/m	座舱压力/kPa	人体生理极限
1 500	84.56	夜间不供氧的最大高度
2 400	74.68	不因缺氧而降低功效的极限高度
3 000~4 000	70.11~61.64	不供氧的最大高度
5 600	49.83	产生减压症的起始高度
8 000	35.6	会发生减压症的可能高度
8 500~9 000	33.10~30.74	减压症发病率界限高度

a. 客机的座舱高度通常由空勤人员在 -600~3 000 m 之间任意选择,一般将座舱高度定为 2 400 m。因为 2 400 m 是长时间飞行不会因轻度缺氧而降低功效的最大高度。3 000 m 是缺氧逐渐加重的起始高度,在此高度下通常不要求或不设置供氧系统(应急使用除外)。为适应高原机场的需求,座舱高度的选择范围可扩大至 -300~4 300 m 之间。通常,客机正常爬升和巡航时,座舱高度不超过 2 100 m。要采取安全措施限制座舱高度不超过 4 500 m。另外,飞机在地面正常供气、所有的门窗关闭和座舱排气活门开启的情况下,打开舱门应无危险。

b. 压力变化率是以耳朵补偿压力变化的能力为基础的,应确保压力冲击(短期座舱压力变化)和压力变化(由于飞行高度或压力制度的变化)可以调节,以避免或减少空勤人员和乘客的不舒适感。客机的座舱压力降低率一般不超过 21.3~42.7 Pa/s,座舱压力增加率不超过 18~21.3 Pa/s。

c. 座舱压力调节系统必须按照压力制度的合理公差进行设计,增压区域的公差可能比非增压区域的公差更严格些。正常允许的公差为:在增压范围内为 ±1.33 kPa (10 mmHg),在非增压范围内为 0~3.33 kPa(25 mmHg)。增压区域的公差选用原则是座舱压力调节系统动态设计(超调量、稳态误差、不完全衰减扰动等)引起的任何压力变化小到不会引人觉察。公差的实现主要取决于整个系统的设计,一般使用供气流量自动控制装置可满足增压区域 ±1.33 kPa 的公差。非增压区域的公差通常取决于座舱排气到舱外的通道,排气通道压降增大(使用座舱排气冷却电子设备,然后排到机外会导致排气通道压降增大),会导致非增压区域的稳定压力增高,对应的非增压区域的公差增大,易于导致座舱压力波动和冲击。为了避免出现类似的问题,非增压区域的最大公差通常为 3.33 kPa (25 mmHg),公差下限通常设为 0(避免负压差)。随着技术的进步,电子式座舱压力调节器可达到更高的座舱压力控制精度,提高乘员的舒适性,在民用客机上已广泛使用。

第2章 空客 A300 飞机

2.1 飞机概况

空客 A300 是欧洲空中客车工业公司设计生产的一种中短程宽体客机,是世界上第一款双发动机宽体客机,亦是空客公司投产的第一款客机。A300 于 1969 年 9 月开始研制,1972 年投入生产,1972 年 10 月空客 A300B1 原型机首飞,1974 年 5 月交付使用,2007 年 7 月停产,共生产 561 架。空客 A300 和 A310 构成了著名的宽体飞机的姊妹系列,在通用性、经济性和可靠性方面为运营商提供了一个完美组合。A300 飞机如图 2-1 所示。

图 2-1 A300 飞机

A300 型飞机的基本数据如下:
- 翼展:44.84 m。
- 机长:54.10 m。
- 机高:16.54 m。
- 机身直径:5.64 m。
- 座舱长度:40.70 m。
- 座舱最大宽度:5.28 m。
- 典型两级座舱布局:266 人。
- 全经济布局载客:298 人。
- 货舱容积:1 520 m³。
- 最大巡航速度:917 km/h。

- 经济巡航速度：847 km/h。
- 经济巡航高度：9 450 m。
- 最大起飞质量：165 000 kg。
- 满载航程：5 190 km。
- 动力装置：2 台通用 CF6 - 80C2 或普惠 PW4158。

2.2　系统说明

空客 A300 飞机环境控制系统由气源系统和空调系统（包括制冷系统、空气分配系统、温度控制系统、电子设备通风系统和座舱压力控制系统等）组成，为座舱提供调节空气，并满足电子设备通风冷却的要求。

2.2.1　气源系统

A300 飞机气源系统包括发动机引气系统、APU 引气系统和地面气源引气系统。气源系统能分别从发动机压气机、辅助动力装置（APU）和地面高压气源获得高温高压空气，并将高温高压空气通过管路提供给空调系统、机翼防冰系统、发动机起动系统、水箱增压系统、油门控制加热系统、液压油箱增压系统和发动机反推系统等用气系统使用。

图 2 - 2 给出了 A300 飞机气源系统布置示意图。

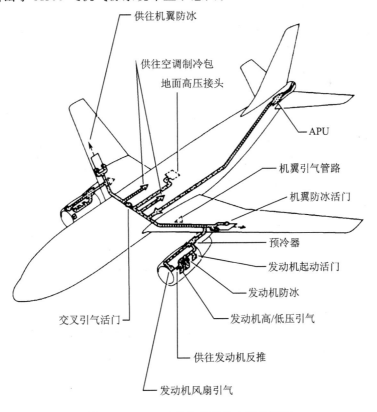

图 2 - 2　A300 飞机气源系统布置示意图

气源系统的主气源是两台发动机的压气机。发动机正常工作时，从压气机中压级（IP）第8级引气。发动机低转速时，从压气机高压级（HP）第13级引气。当中压级引气或引气温度超过400 ℃时，高压引气活门关闭。在高压级引气时，中压引气单向活门的作用是防止高压级引气倒流进入发动机压气机中压级。压力调节活门是一个可关断发动机引气、控制出口压力和起单向活门作用的多功能控制活门，可在驾驶舱内对其进行控制。引气通过预冷器被降温，其出口温度主要通过风扇调节活门调节发动机风扇的冷却空气流量来控制。防冰系统打开时，预冷器出口引气温度控制在224 ℃；防冰系统关闭时，预冷器出口引气温度控制在177 ℃。过压活门限制气源系统压力为450～590 kPa。

APU是气源系统的辅助气源。当飞机起飞或在低于4 600 m高度飞行时，根据需要可使用APU引气。APU引气和发动机引气一样可给空调系统提供空气，也可给发动机起动和防冰系统提供所需空气。APU引气由APU引气活门控制，通过一个单向活门进入引气管路内。

飞机在地面时，可使用高压气源。通过两个地面气源接头供给高温高压空气，也可使用地面空调车通过两个地面通风接头直接给舱内提供温度和压力适宜的调节空气。

2.2.2　制冷系统

由于气源系统的供气温度远高于乘客感觉舒适所需温度，需要制冷系统对来自气源系统的引气进行温度和含湿量调节，以满足乘客舒适度要求。

飞机上安装了两套三轮升压式低压除水空气循环制冷系统（又称空调制冷组件或制冷组件），每套系统包括空气循环制冷机（又称制冷包，由涡轮-压气机-风扇组成）、换热器、低压水分离器、压气机旁路单向活门和防冰活门等部件。

在空调制冷组件上游装有组件活门和流量控制活门。组件活门的功能是电动关断供气，停止空调制冷组件工作。在手动打开时，可限制流量变化的速率。流量控制活门是文氏管型气动控制活门，对制冷系统的流量进行控制，自动保持制冷系统的空气流量。在地面时，每套制冷组件的控制流量是4 680 kg/h。当涡轮进口温度高于135 ℃或压气机出口温度高于304 ℃时，流量控制活门自动关闭。

来自气源系统的高温高压空气，通过组件活门、流量控制活门后分成4路。一路作为配平空气；一路经过防冰活门（防冰活门是全气动的，由涡轮出口管路里的防冰筛两端的压差来控制）供往涡轮出口，防止低压水分离器结冰；一路通过压气机旁路单向活门供往压气机出口（只有当压气机进口压力超过设定的出口压力时，压气机旁路单向活门才打开，减少轴上载荷）；一路供往压气机进口，经压气机压缩后供往热交换器，经热交换器冷却降温后再分成两路，一路供往涡轮进行膨胀降温，一路通过涡轮旁路活门供往低压水分离器和防冰筛出口。

经涡轮膨胀降温后的空气，通过低压水分离器，除去空气中的游离水。去除的游离水被收集，并喷雾到冲压空气进口进行蒸发吸热，提高散热效率。空调制冷组件出口空气通过一个单向活门供往空气分配系统。空调制冷组件出口的空气温度由涡轮旁路活门和换热器冲压空气出口风门共同协调控制。

2.2.3　空气分配系统

飞机的增压舱分成4个舱区，空气分配系统分别对其进行通风。这4个区是：①前舱、前厨房和厕所;②中舱;③后舱、后厨房和厕所;④驾驶舱与电子设备舱。

来自两套空调制冷组件的冷空气先集中到空调总管,然后分成 4 路,分别与配平的热空气混合。驾驶舱的调节空气来自座舱地板下的管路,其余 3 路沿机身侧壁流向座舱天花板,然后分别送到前区(前舱、前厨房和厕所)、中区(中舱)和后区(后舱、后厨房和厕所),再通过支管送到侧面帽架上部的调节斜板进口,最后进入座舱区域。空气在座舱内循环后,通过地板上侧壁的格栅被抽到地板下。

个人通风喷口为每个乘员提供通风空气。在每位乘客座椅处,每个空勤人员处,以及每个厕所、厨房和就餐区都设有个人通风喷口。喷口的空气流量和方向可调,但调整角度有限制,以免妨碍邻座乘客。不同机型飞机的个人通风供气形式不同。在基本型飞机上,空气由安装在前排座椅背部的电风扇提供。在装有帽架的飞机上,空气由空调制冷组件通过单独管路提供,喷口装在帽架下面。当系统不工作时,电动风扇使空气再循环,保证个人通风。

2.2.4 温度控制系统

A300 飞机对 4 个舱区的温度可实现单独控制和调节。座舱温度控制系统包括 4 个舱区的温度选择器、温度调节器、温度传感器、热空气调节活门以及一个联络温度控制器,还有涡轮旁路调节活门和热交换器冲压空气出口可调风门等。

舱内温度既可自动控制,也可手动控制。手动控制时,自动控制断开。自动控制时,控制系统根据各个舱区选择的控制温度确定最低温度,并且发出信号给空调制冷组件调节装置,将空调制冷组件出口空气温度调节到该最低温度。因此,要求最低温度的舱区,其供气不需要配平空气。

空调制冷组件出口空气温度的调节方法是:用涡轮旁路调节活门控制涡轮旁路热空气流量,同时用可调风门控制换热器冷边冲压空气流量。为使空调制冷组件出口温度反应特性线性化,涡轮旁路调节活门和热交换器冲压空气出口可调风门直接用连杆机构相连,并且由一个电动机构操纵,确保联动。

各舱区的温度调节方法是:温度调节器根据温度选择器选择的温度,控制配平空气活门开度,调节供到各舱区的热空气流量,从而实现对 4 个舱区的温度单独控制和调节的功能。

2.2.5 电子设备通风系统

电子设备通风系统为电气和电子设备舱提供通风和冷却空气。系统供给电气和电子设备舱的冷却空气必须有足够的流量,以保证电气和电子设备正常工作和使用寿命。地面能保证电子设备每天连续工作 8~12 h。

系统工作方式如下:在地面时,设备舱由风扇抽取座舱空气进行冷却,必要时由制冷系统供给新鲜空气进行冷却。在飞行时,利用座舱压差驱动座舱排气,经过过滤器后对设备进行冷却。在座舱压差不能满足要求时,使用风扇抽取座舱空气进行冷却。

2.2.6 座舱压力控制系统

座舱压力控制系统包括两套完全相同且相互独立的自动控制系统。其中一套系统工作时,另一套系统作为备份。当工作的系统发生故障时,备份系统工作。两套系统的交替不影响座舱温度和空调流量的分配。系统另外还有一台手动控制装置,必要时可以手动控制排气活门。在飞行中,如果一台发动机或一套空调系统发生故障,则对座舱压力控制应不能产生重大影响。在机身最大泄漏状态,机身泄漏速率不超过正常供气流量的25%。

每套控制系统均由一个座舱压力调节器、两个排气/安全活门和一个活门位置指示器组成。系统是电动、气动混合作用的。系统具有的功能检测包括气压高度、压力变化速率、流量均衡等,检测是电动的。排气流量控制和安全机构控制是气动的。

座舱压力调节器由选择器、座舱压力传感器和放大器组成。选择器的刻度显示飞行时要求的座舱压力高度和爬升或下降时要求的座舱压力变化速率。座舱压力传感器有一个金属膜片,膜片一侧感受座舱压力,另一侧抽真空。膜片的振动转换成电容信号,电容值取决于座舱压力。座舱压力信号的微分给出座舱压力变化速率。信号放大后输出给排气/安全活门。

排气/安全活门根据调节器的控制信号调节座舱排气流量,并具有安全功能,包括限制最大正压差、限制最大负压差、限制最大压力高度和控制活门打开或关闭。

活门位置指示器指示活门位置。活门位置由电感传感器监测。传感器信号送到带双线刻度盘的指示器。

座舱压力自动调节时,空勤人员只需在起飞前选择要求的座舱高度和座舱高度变化速率,在开始下降前调整着陆高度和座舱高度变化速率即可。

为了在水上迫降后防止水经过压力控制系统进入机身,空勤人员要关闭排气/安全活门。

2.3 系统性能

2.3.1 供气流量

供气流量数据如下:
- 低空爬升状态的流量:9 250 kg/h。
- 空中流量:不低于7 050 m³/h。

2.3.2 冷却性能

冷却性能数据如下:
- 地面冷却性能:环境温度38 ℃,相对湿度45%,机舱门关闭,机上无乘客,空调系统由APU供气或地面气源车供气,滑行中发动机供气时,座舱平均温度从38 ℃下降到28 ℃所需时间为30 min,座舱最大湿度为60%;当座舱有258名乘客和8名空勤人员时,每个舱的平均温度可保持不超过28 ℃。
- 空中冷却性能:当机上有258名乘客、8名空勤人员,在飞机爬升和巡航时,座舱从28 ℃冷却到25 ℃最长需16 min。

2.3.3 加热性能

加热性能数据如下:
- 地面加热:环境温度−23 ℃,机上无乘客,座舱平均温度从−23 ℃加热到21 ℃需35 min,座舱最大相对湿度为60%。

● 空中加热:机上有 258 名乘客、8 名空勤人员时,座舱平均温度从 21 ℃加热到 24 ℃最长需 15 min。

2.3.4　温度控制

温度控制数据如下:

● 自动控制时每个舱区的温度选择范围:18～29 ℃。
● 自动控制时每个舱区的温度变化范围:3 ℃/min。
● 座舱供气温度:≤50 ℃。

2.3.5　座舱压力控制系统

座舱压力控制系统数据如下:

● 座舱高度选择范围:-305～3 050 m。
● 压力变化速率选择范围:1～10 m/s。
● 座舱正常控制最大压差:56.84 kPa。
● 安全活门释压压差:60.76 kPa。
● 压力调节范围:70～120 kPa。

2.4　设计特点

A300 飞机环境控制系统的设计特点如下:

① 气源系统采用发动机压气机两级引气(中压和高压)。在一般情况下,只使用中压引气,当发动机转速低时,打开高压引气活门,进行高压引气,这样便减少了发动机的引气代偿损失。

② 采用两套相同的三轮升压式低压除水空气循环制冷系统,其三轮升压式空气制冷机采用空气轴承技术。

③ 通过联动控制涡轮旁路活门和热交换器冲压空气出口风门,使空调制冷组件出口空气温度实现线性变化。

④ 低压水分离器分离出的水分由收集器收集,然后喷到热交换器冲压空气进口,提高冷却效率,减小了热交换器的尺寸并减轻了质量。

⑤ 为使狭长客舱的温度均匀,客舱分为 3 个舱区分别进行供气和温度调节,驾驶舱单独供气和温度调节。

⑥ 同布局的座舱采用不同的个人通风供气方式。

⑦ 调节空气在排出机身之前,先通过货舱壁流动,利用余温加热货舱;不采用电加温,这样既节省了电能,也减少了大量维护费用。

⑧ 舱内压力控制系统是电子-气动式,具有两套完全相同的自动调节系统控制座舱压力,一套工作,一套备份。

2.5　原理图

空客 A300 飞机环境控制系统原理图如图 2-3 所示。

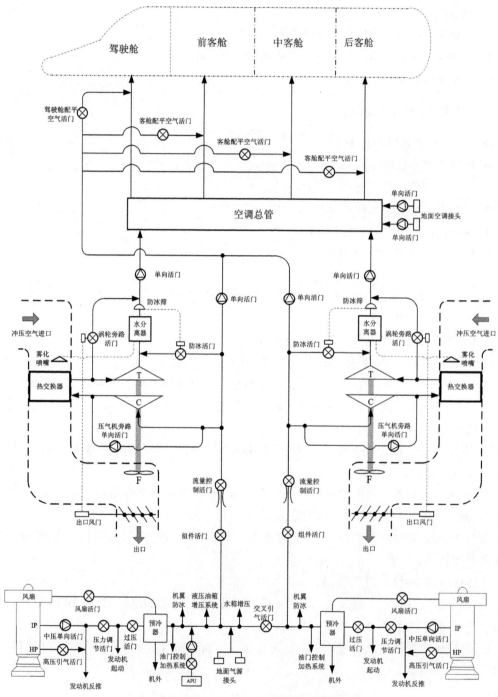

图 2-3　空客 A300 飞机环境控制系统原理图

第 3 章　空客 A320 飞机

3.1　飞机概况

空客 A320 系列飞机是欧洲空中客车工业公司研制生产的单通道、双发中短程 150 座级客机，是第一款使用数字电传操纵飞行控制系统的商用飞机。A320 系列飞机在设计上提高了座舱适应性和舒适性，包括 150 座的 A320、186 座的 A321、124 座的 A319 和 107 座的 A318 四种基本型号。这 4 种型号的飞机拥有相同的基本座舱配置、相同的驾驶舱、相同的飞行操作程序、相同的座舱截面和相同的系统，飞行员只要接受相同的飞行训练，就可驾驶这 4 种机型。这种共通性设计降低了维修成本及备用航材的库存。A320 飞机自 1988 年 4 月投入运营以来，迅速在中短程航线上设立了舒适性和经济性的行业标准，奠定了空客公司在民航客机市场中的地位。A320 飞机如图 3-1 所示。

图 3-1　A320 飞机

A320 型飞机的基本数据如下：

● 翼展：35.57 m。

● 机长：34.10 m。

● 机高：11.76 m。

● 机身宽度：3.95 m。

● 最大起飞质量：77 000 kg。

● 巡航速度：0.78Ma。

● 最大速度：0.82Ma。

● 满载航程：5 700 km。

● 实用升限：12 000 m。

3.2 系统说明

空客 A320 飞机环境控制系统由气源系统和空调系统(包括制冷系统、空气分配系统、温度控制系统、电子设备通风系统和座舱压力控制系统)组成,为座舱提供空气调节,并满足电子设备通风冷却要求。

3.2.1 气源系统

A320 飞机气源系统包括发动机引气系统、APU 引气系统和地面气源引气系统。其功能是可分别从发动机压气机、辅助动力装置(APU)和地面高压气源获得高温高压空气,并将高温高压空气通过管路提供给空调系统、机翼防冰系统、发动机起动系统和油箱增压系统使用。

发动机引气系统安装在发动机短舱和吊挂内,包含中压单向活门、高压引气活门、压力调节活门、过压活门、预冷器、风扇活门、温度传感器、压力转换器和管路等。APU 引气系统安装在机身中部和后部,包括 APU 引气活门、APU 引气单向活门和管路等。地面气源系统安装在中机身的左下部,主要包含一个带单向活门的地面高压气源接头。此外,在主供气管路上设置一个交叉引气活门用于连通或隔断左右发动机引气系统。A320 飞机发动机引气系统示意图如图 3-2 所示。

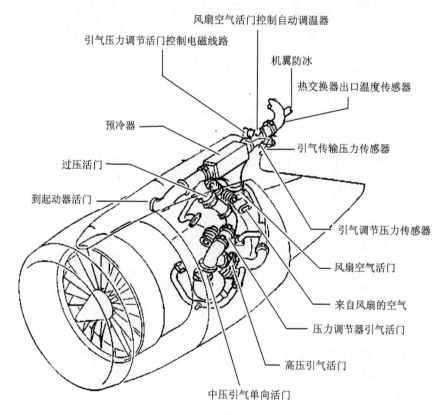

图 3-2 A320 飞机发动机引气系统示意图

两台发动机引气系统相同且可独立工作。当发动机转速低,特别是当飞机下降,发动机处于慢车状态,中压级(IP)引气的压力不足时,高压引气活门打开,转换到高压级(HP)引气,此时中压单向活门自动关闭,防止引气倒流至中压级。当发动机转速高时,高压活门关闭,自动转换到中压级引气。通过高压活门和中压单向活门下游的压力调节活门将引气压力调节到预定值。压力调节活门通过一根感应管与高压活门相连接,当引气被关断时,压力调节活门和高压活门同时关闭。为了避免压力调节活门出现故障时导致超压甚至损坏管路,在压力调节活门的下游安装了一个过压活门,系统超压时,过压活门关闭。通过风扇空气活门控制来自发动机风扇的冷却空气流量,实现引气温度的调节。经过调温调压后的引气被输送到下游各个用气系统。

APU 引气系统用于辅助供气和地面起动发动机。飞机从地面爬升到 6 100 m 高度,允许 APU 引气。APU 引气时,压力调节活门关闭,切断发动机引气,主供气管路上的交叉引气活门打开,将引气供给各个使用系统。由于 APU 引气的温度、压力流量都能符合使用系统的要求,所以无需对其进行调节。在 APU 供气管路上安装了 APU 引气单向活门,当发动机引气或者地面气源工作时,该单向活门关闭,避免高温高压气体反流至 APU。

在地面,当发动机和 APU 的引气均不可用时,地面高压气源通过高压地面接头,提供高压空气进入到气源总管供用气系统使用。高压地面接头安装在腹部整流罩的左侧,包括一个内装螺纹接套的单向活门。地面供气时,单向活门打开,高压空气进入气源系统;地面供气停止时,单向活门关闭,避免发动机或者 APU 引气外泄。

气源系统由安装在电子设备舱内的引气监控计算机控制。每台发动机引气系统有一个引气监控计算机。引气监控计算机能够监控预冷器出口温度及压力,还能监控吊挂、机翼和机身内周围环境是否过热。引气监控计算机能够控制压力调节活门的闭合(在警告、发动机起动、APU 引气期间)、交叉引气活门和 APU 引气活门的自动打开模式。系统在下列情况下将会触发警告信号:

① 过压/低压;

② 超温/低温;

③ 周围环境过热。

监控系统用来探测发动机引气系统的故障和异常操作,并将相关信息发送到顶部和底部 ECAM 显示器。另外,主警告灯亮并发出单谐告警音。

3.2.2　制冷系统

来自气源系统的引气首先经过臭氧转换器将空气中的臭氧除去(臭氧转换器属于选装设备,原理图 3-6 中没有表示),然后根据流量需要,通过流量控制活门调节空调制冷组件的供气流量。空调制冷组件的供气流量有经济流量、正常流量和最大流量三种模式,可通过在驾驶舱空调控制面板上的控制旋钮进行选择。当选择经济流量时,供气流量为正常值的 80%,主要用于座舱乘客较少的情况,起到节约燃油的目的。当选择最大流量时,供气流量为正常流量的 120%,主要用于座舱温度过高或者需要排除烟雾的情况。如果供气流量选择为经济状态,却无法满足座舱的温度调节需求,则控制器将自动调节供气流量到正常流量状态。使用 APU 供气时,流量控制活门被设定到最大流量状态,活门处于全开位置。流量控制活门示意图如图 3-3 所示。

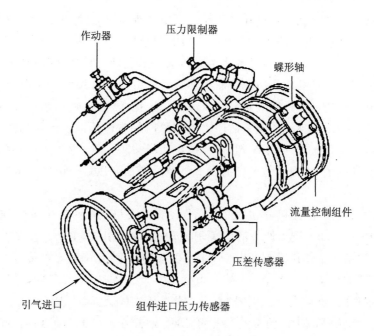

图 3 - 3　流量控制活门示意图

当单套空调制冷组件出现故障时,无论另一套空调制冷组件处于经济工作模式还是正常工作模式,系统均会自动切换到最大流量工作模式,流量控制活门完全打开。当压气机出口温度超过 230 ℃时,流量控制活门开始关闭至经济流量状态。一旦压气机出口温度超过 260 ℃,流量控制活门需完全关闭。发动机出现火警时,为了防止烟雾进入座舱,流量控制活门需关闭。水上迫降应急程序启动时,为避免水通过空调系统进入座舱,流量控制活门也应处于完全关闭状态。

空客 A320 飞机采用三轮式高压除水制冷系统,主要包括空气制冷循环机(涡轮-压气机-风扇)、初级换热器、次级换热器、回热器、冷凝器和水分离器等部件,以及安装在飞机翼身整流罩的非增压区域。空调制冷组件利用外界冲压空气作为热沉,与系统引气进行热量交换。冷风道调节风门可以自动控制通过换热器的冷边空气流量,控制制冷组件出口温度。空调制冷组件的布置示意图如图 3-4 所示。

制冷系统的初级/次级换热器安装在空气制冷循环机的风扇和冲压空气进气口之间,初级换热器通过冷风道引入的冲压空气来降低气源系统的引气温度。空气从初级换热器进入压气机进行压缩,压力和温度升高,然后进入次级换热器进行再次冷却,然后进入回热器和冷凝器。在冷凝器中,热空气被涡轮出口的低温空气冷却到露点温度以下析出水分。通过水分离器对游离水进行处理后,进入冷却涡轮膨胀降温。高压水分离器将凝结水除去,并引入雾化喷嘴中喷入冷风道进行蒸发吸热,提高散热效率。这种三轮高压除水的制冷方式在空气进入涡轮膨胀之前,通过冷凝器对空气中的水蒸气进行冷凝,通过高压水分离器将冷凝的大部分水分除掉,避免涡轮出口管路和附件的结冰,可以使涡轮出口温度降低至 0 ℃以下,获得更好的制冷效果。因此在制冷量相同的情况下,所需引气量更小,并减小了发动机的提取功率。

经过初级换热器冷却后的空气分为两路:一路进入压气机升温升压;另一路通过旁路活门

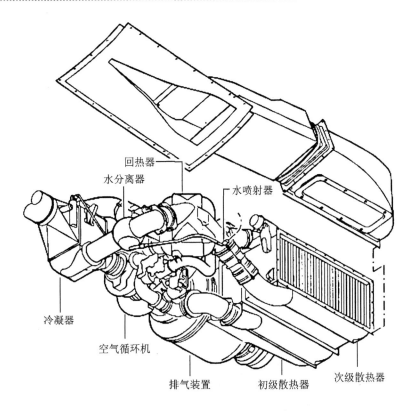

回热器

水分离器

水喷射器

冷凝器

空气循环机

排气装置 初级散热器 次级散热器

图 3 - 4 空调制冷组件的布置示意图

供至涡轮出口。为了防止在低环境温度下结冰且限制组件排气超温,将水分离器出口温度限制在低限值和 70 ℃之间。低限值取决于飞行高度,分为以下三种情况:

① 地面至 6 700 m 之间为 5 ℃;

② 6 700 m 至 8 500 m 之间为 0~5 ℃;

③ 8 500 m 至 12 000 m 之间为 -30~0 ℃。

防冰活门用来防止涡轮出口和凝结器结冰。当感受到显著的压降时,活门打开,从流量控制活门下游引出热空气,供往涡轮出口以消除结冰。

3.2.3 空气分配系统

空客 A320 飞机空气分配系统将制冷系统的新鲜空气和再循环系统的空气在混合腔中进行混合,然后将调节好温度的空气通过座舱分配管路和出风口分配到座舱中。

空客 A320 飞机空气分配系统包括以下部分:

① 座舱空气分配系统和再循环系统;

② 驾驶舱通风系统;

③ 盥洗室/厨房通风系统;

④ 个人通风系统;

⑤ 后货舱通风系统。

再循环系统通过再循环风扇抽吸座舱和底舱的部分排气送达混合腔,与制冷系统的新鲜空气进行混合。座舱空气分配系统将调节好温度的空气通过座舱分配管路和出风口均匀分配到座舱中。座舱空气分配系统主要布置在座舱机身两侧和顶部,主供气管路和混合腔位于两侧地板下。通过分布在座舱中的上升管路和出风口,将空气送达座舱,然后通过下部侧壁板流到座舱地板下。再循环风扇示意图如图 3-5 所示。

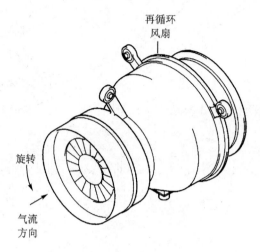

再循环
风扇

旋转

气流
方向

图 3-5　再循环风扇示意图

驾驶舱通风系统由供气管路、个人通风喷嘴和出风口格栅组成。其中主供气管路将来自混合腔的空气供往驾驶舱,在进入驾驶舱后分成两路:一路供往驾驶舱左侧,一路供往驾驶舱右侧,然后通过各出风口和个人通风格栅将空气送达空勤人员。

盥洗室/厨房通风系统为厨房、盥洗室提供温度压力适宜的空气,分为供气和排气两个部分。供气主要来自座舱空气,还有一部分来自座舱空气分配和再循环系统,通过单独的出风口分别供往厨房、盥洗室。排气部分主要由盥洗室/厨房排气风扇和排气管路组成。盥洗室/厨房排气风扇将厨房、盥洗室的废气通过过滤器抽到排气活门附近,然后通过排气活门排到机外。

个人通风系统由一系列个人通风喷嘴组成。通过这些可调节流向和流量的通风喷嘴将来自座舱空气分配和再循环系统的空气分配到每个乘客附近。

后货舱通风系统由后货舱排气风扇、后货舱关断活门、货舱通风控制器和通风管路组成。后货舱通风系统分为供气和排气。沿着座舱下部左侧有 3 个进气口,通过供气管路将空气供入后货舱,在每个供气管路上各安装了一个后货舱关断活门。后货舱排气风扇抽取货舱排气,排气经过后墙舱顶板附近的两个出风口、排气管路和安装在排气管路上的后货舱关断活门排至排气活门附近,经排气活门排至机外。

飞机在地面,发动机和 APU 不工作时,使用地面空调车通过低压地面接头向座舱空气分配系统供气。飞机在空中,当双套空调制冷组件同时失效时,通过应急冲压进气口对驾驶舱、座舱、厨房、盥洗室进行通风。

空气分配管路材料为树脂和玻璃纤维薄板。其连接方式有两种:一种是在管路端头带金属套管,用卡箍进行连接;另一种是使用由矽树脂制成薄板和玻璃纤维构成的挠性波纹管进行连接,使用卡箍将挠性波纹管固定在结构附件上。空气分配管路外面包了一层由聚乙烯泡沫或者玻璃棉组成的绝热层。

3.2.4　温度控制系统

空客 A320 飞机温度控制系统主要由组件温度控制系统和座舱区域温度控制系统组成。

组件温度控制系统通过温控活门调节旁路热空气流量、冷风道调节风门控制冲压冷却空气流量两种方式控制组件出口温度,并限制温度的最大值和最小值。系统包含了两个组件控制器,每个组件控制器均由主计算机和次级计算机组成。正常情况下,由主计算机实现组件的温度控制。当主计算机失效后,次级计算机作为备份,并降级工作。此时冷风道调节风门开到最大,由温控活门进行组件的温度控制。

空调制冷组件温度控制器通过调节旁通活门和冷风道调节风门的开度,控制区域温度调节需要的空调制冷组件出口温度。在最大制冷模式时,冷风道调节风门全开,温控活门全关闭。在最大加热模式时,冷风道调节风门几乎关闭,温控活门完全打开。空调制冷组件出口温度的控制范围为 2~70 ℃。

在压气机出口安装了一个气压式温度传感器,连接到流量控制活门。当压气机出口温度超过 230 ℃时,流量控制活门关小,避免压气机超温。当制冷组件出口温度过低而结冰时,防冰活门打开,流量控制活门下游热空气供往涡轮出口,提高涡轮出口温度以消除结冰。若温度控制活门的调节功能失效,则防冰活门打开,将空调制冷组件的出口温度控制在 15 ℃。

座舱温度控制分为驾驶舱、前座舱和后座舱的温度控制,由区域温度控制器调节配平空气的流量来实现。配平的热空气来自流量控制活门的下游,经过配平压力调节活门后,分为 3 路,分别通过 3 个配平活门、3 个单向活门和来自混合腔的气体混合后进入驾驶舱、前座舱和后座舱。

正常工作时,配平压力调节活门将配平系统出口压力调节到比座舱压力高出 28 kPa,当任何一处管路供气温度超过 80 ℃时,配平压力调节活门关小,将供气压力减小 50% 至 14 kPa。

驾驶员在温度选择器上设定驾驶舱和座舱温度。驾驶舱和座舱温度范围为 18~30 ℃。根据温度选择器的设定值,计算得到管路的供气温度。正常情况下,管路供气温度范围为 8~50 ℃,当座舱温度超出额定的区域温度(18~30 ℃)时,管路空气温度限制在 2~70 ℃的范围。

3.2.5　电子设备通风系统

空客 A320 飞机电子设备通风系统的典型特点是应用蒙皮换热器,并视蒙皮温度的不同,采取不同的冷却控制方式,分为开式循环、闭式循环、混合供气和空调供气。

(1) 开式循环

当飞机在地面且蒙皮温度超过 12 ℃时,用抽气风扇抽取环境大气冷却电子设备。抽气风扇抽取外界环境大气通过蒙皮进气活门、单向活门和过滤器组件供给电子设备。冷却设备后的空气经过蒙皮出口活门被排气风扇直接抽出机外。此时,蒙皮换热器关断活门关闭,蒙皮换热器不工作。

(2) 闭式循环

当飞机在地面且蒙皮温度低于 9 ℃时,或飞机在飞行中且蒙皮温度低于 31 ℃的情况下,电子设备通常用闭式循环供气冷却。此时,蒙皮进气活门和蒙皮排气活门关闭,蒙皮换热器出口旁通活门打开,蒙皮换热器关断活门打开,蒙皮换热器工作。

(3)混合供气

当蒙皮温度超过35℃时,用混合供气冷却电子设备。此时,蒙皮换热器出口旁通活门、蒙皮换热器进口旁通活门打开,蒙皮排气活门部分打开。随后,空调系统供气和经蒙皮换热器出口旁通活门的设备舱空气用于冷却电子设备。冷却设备后的空气一部分经蒙皮排气活门直接排到机外,一部分经蒙皮换热器进口旁通活门排到前地板下的区域。当蒙皮温度下降到31℃时,系统回到闭式循环。

(4)空调供气

当发生流量过小、供气超温和出现烟雾等故障情况时,使用驾驶舱供气管路引出的空气冷却电子设备。

3.2.6　座舱压力控制系统

座舱压力控制系统通过调节排气活门开度控制流出座舱的空气流量,从而调节座舱压力,保证乘客和机组人员的安全性和舒适性。通过安装在密封框尾部的两个安全活门防止座舱压力过高或者过低。如果自动调节系统失效,则由手动功能控制座舱压力变化。

座舱压力控制系统包含两个相同且独立的座舱压力控制器。排气活门安装在机身蒙皮的右下方,在货舱尾部后方。系统正常工作时,只有一台压力控制器处于工作状态,另一台进行备份,飞行结束后自动进行压力控制器之间的切换。如果在飞行过程中一台座舱压力控制器失效,则自动切换至另一台工作。

在手动控制模式下,座舱压力控制器的备份通道1开启,压力传感器对座舱高度进行预警并通过电子仪器系统输出监测压力。

3.3　系统性能

3.3.1　气源系统

气源系统数据如下:

- 气源系统出口温度:(200±15)℃。
- 气源系统出口压力:(300±12)kPa(G)(G,指表压)。
- 高温限制:温度超过(257±3)℃,系统自动关闭(60 s的延迟)。
- 高压限制:压力超过(390±20)kPa(G),系统自动关闭(15 s的延迟)。
- 调压失效:压力增加到545 kPa,OPV(OPV,指过压活门)开始关闭;达到586 kPa,OPV完全关闭。

3.3.2　空调系统

空调系统数据如下:

- 双PACK(PACK,本书指制冷组件包)工作时,新鲜供气量:4 000 kg/h(地面状态),

2 900 kg/h(巡航状态)。

- 单 PACK 工作时,新鲜供气量:2 400 kg/h(地面状态),1 800 kg/h(巡航状态)。
- APU 供气时,新鲜供气量:热天(地面环境温度 38 ℃)3 600 kg/h,冷天(地面环境温度 −23 ℃)4 600 kg/h,常温(地面环境温度 −5～30 ℃)3 000 kg/h。
- 再循环系统供气量:34%～36%之间变化。
- 制冷组件出口温度范围:2～70 ℃。
- 座舱温度选择范围:18～30 ℃。
- 设备通风风扇断电温度:140 ℃。
- 设备通风管路温度开关:温升闭合点(62+1)℃,温降断开点(60+1)℃。
- 设备通风蒙皮温度开关:地面,温升闭合点 12 ℃,温降断开点 9 ℃;起飞后,温升闭合点 35 ℃,温降断开点 32 ℃。
- 座舱最大高度限制:2 400 m。
- 压力变化速率:1.83 kPa/min。
- 最大正压差:59.3 kPa。
- 最大负压差:7 kPa。

3.4　设计特点

A320 飞机环境控制系统的典型设计特点如下:

① 气源系统采取两发两级引气构型,发动机低功率状态时,从高压级引气;发动机高功率状态时,从中压级引气。该构型减小了发动机的引气代偿损失,提高了飞机的经济性。

② 气源系统能够调节发动机引气的温度和压力,以适应下游用气系统的需求,并进行温度限制和压力限制,以避免系统超温、超压。

③ 机上安装两套三轮升压式高压除水空调制冷组件,制冷能力大大增加,配合使用再循环,大大降低了发动机的引气量,进一步降低引气代偿损失,提升了飞机的经济性能。

④ 空调制冷组件的新鲜供气量采用经济、正常和最大三种模式,针对不同的热载荷情况选取不同的流量模式,避免了在热载荷较低时出现供气流量过大的情况,这也是减少发动机引气量、提升经济性的一项设计措施。

⑤ 空调制冷组件的温度控制使用调节冷风道风门和冷热路混合的两种方式,其中通过调节冷风道风门的大小,降低了冲压空气量,减小了飞机的燃油代偿损失,也是提升经济性的一种设计理念。

⑥ 座舱空气分配的低温低压管路材料为树脂和玻璃纤维薄板,代替了传统的金属管路,减轻了系统的质量,这也有利于提升飞机的运营经济性。

⑦ 座舱温度控制分为空调制冷组件的温度控制和座舱的区域温度控制,每一种控制都有主控制组件和备份控制组件,提升了系统的任务可靠性。

⑧ 电子设备通风系统应用了蒙皮换热器,利用外界大气和蒙皮之间的对流换热带走电子设备的发热量,此时无需要求空调系统为电子设备供气,降低了发动机的引气量,提升了经济性。

⑨ 座舱压力采用数字式控制系统,具有两套控制器,相互备份,并具有手动控制功能。

3.5　原理图

空客 A320 飞机环境控制系统原理图如图 3-6 所示。

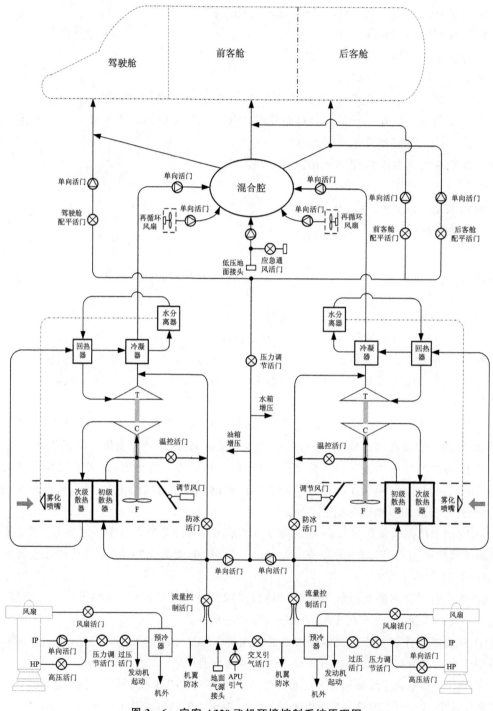

图 3-6　空客 A320 飞机环境控制系统原理图

第4章 空客A330飞机

4.1 飞机概况

空客A330是欧洲空中客车工业公司研制的新一代双发动机中远程客机。该飞机采用质量更轻、强度更高的金属合金和复合材料以及电传操纵系统,并优化了机翼的气动性能,提高了飞行时的燃油效率。A330系列飞机具有适应各种航线飞行的灵活性,典型的两级座舱布局下可载客335人,三级座舱布局下可载客295人,全经济座舱可载客440人,航程达10 500 km。A330飞机如图4-1所示。

图4-1 A330飞机

A330型飞机的基本数据如下:

- 翼展:60.3 m。
- 机长:63.6 m。
- 地面至垂直尾翼顶端高:16.7 m。
- 机身直径:5.64 m。
- 最大机舱宽度:5.28 m。
- 机舱长度:50.35 m。
- 货舱容积:163.8 m³。
- 空机重:124.5 t。
- 商载:45.9 t。
- 最大起飞总重:212 t。
- 航程:10 500 km。
- 最大飞行速度(巡航高度处):0.86Ma。
- 巡航高度:10 675 m。

● 动力装置:两台涡扇发动机。

4.2　系统说明

空客 A330 飞机环境控制系统由气源系统和空调系统(包括制冷系统、空气分配系统、温度控制系统、电子设备通风系统和座舱压力控制系统)组成,为座舱提供调节空气,并满足电子设备通风冷却要求。

4.2.1　气源系统

A330 飞机气源系统包括发动机引气系统、APU 引气系统和地面气源引气系统。功能是从发动机压气机、APU 和地面高压气源获得高温高压空气,并将高温高压空气通过管路提供给空调系统、机翼防冰系统、发动机起动系统、液压油箱增压系统、水/废水系统增压、环控设备舱通风和除雨系统增压使用。

发动机引气系统安装在发动机短舱和吊挂内,包含中压单向活门、高压引气活门、压力调节活门、过压活门、预冷器、风扇活门、温度传感器、压力转换器和管路等。APU 引气系统安装在机身中部和后部,包括 APU 引气活门、APU 引气单向活门和管路等。地面气源系统安装在中机身的左下部,主要包含了一个地面高压气源接头,单向活门安装在接头内。此外,在主供气管路上,安装了一交叉引气活门,用于连通或隔断左右发动机引气系统。A330 飞机气源系统机上布局示意图如图 4-2 所示。

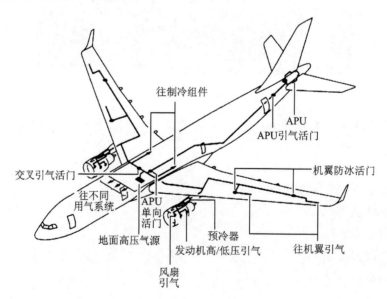

图 4-2　A330 飞机气源系统机上布局示意图

发动机引气系统为两级引气(中压级 8 级或高压级 14 级)。两台发动机引气系统相同且可相互独立操作。当发动机转速低,特别是当飞机下降,发动机处于慢车状态,中压级(IP)引气的压力不足时,高压引气活门打开,转换到高压级(HP)引气,此时中压单向活门自动关闭,以防止引气倒流入中压级。当发动机转速高时,高压引气活门关闭,系统自动从中压级引气。

通过安装在高压引气活门和中压单向活门下游的压力调压活门将引气压力调节到预定值,调压后的空气经过预冷器降温后,输送到下游各个用气系统。当控制面板上的"ENG BLEED"按钮开关处于"OFF"状态,或出现火警、过热、超压、超温或引气流量异常等情况时,压力调节活门关闭。在压力调节活门下游安装了一个过压活门,系统超压时,过压活门关闭系统,用来避免因压力调节活门故障引起的超压对管路造成损坏。通过风扇空气活门调节来自发动机风扇端的冷却空气流量控制引气温度。

APU 引气系统用于辅助供气和地面起动发动机。APU 是在地面时的首要供气源,同时也可用于空中应急供气。APU 空中应急供气时,起飞阶段供气高度为 0~7 000 m,下降阶段允许从 6 400 m 高度处开始供气。当使用 APU 引气时,APU 引气活门打开,压力调节活门关闭,切断发动机引气,主供气管路上的交叉引气活门打开,将 APU 引气供往各个用气系统。在 APU 供气管路上安装了 APU 引气单向活门,当发动机引气或者地面气源引气工作时,该单向活门关闭,避免高温高压气体反流至 APU。

在地面,发动机和 APU 的引气均不可用时,地面高压气源通过高压地面接头提供高压空气进入到气源总管,供用气系统使用。高压地面接头安装在腹部整流罩的左侧,包括一个内装螺纹接套的单向活门。地面供气时,单向活门打开,高压空气供入气源系统。地面供气停止时,单向活门关闭,避免发动机或者 APU 引气外泄。

气源系统的控制有自动控制和手动控制两种功能。自动控制功能由安装在电子设备舱内的引气监控计算机实现。每台发动机引气系统均有一个引气监控计算机。手动控制功能由安装在驾驶舱顶控板上的按钮和选择电门来实现。在正常的工作模式下,当按下控制面板上的"BLEED"按钮电门后,系统状态可在系统状态简图页中查出。系统状态简图页中给出了引气状态,包括压力、温度和相关活门开度的信息。引气监控计算机全程监控发动机高压引气活门、风扇活门、交叉引气活门、APU 引气活门的位置、预冷器出口温度、发动机引气活门后压力和机身、机翼及吊挂内泄漏探测线信号,并将相关温度、压力和活门开度信号等在引气状态简图页中显示。如果出现超压、超温、活门开度有误或管路引气故障,则相关故障信息会自动显示在引气状态简图页中,同时会在发动机告警显示页中给出相关告警信息和正确的操作程序。手动控制时,在空气控制面板上通过按钮控制发动机和 APU 引气。两个发动机引气按钮控制对应的发动机引气活门和高压引气活门。每个发动机引气按钮都有"OFF"和"FAULT"两种状态。APU 引气按钮控制着 APU 引气活门,有"ON"和"FAULT"两种状态。

4.2.2　制冷系统

制冷系统调节来自发动机压气机、APU 或者地面气源的引气温度及含湿量,满足乘客舒适度要求。制冷系统包括制冷组件系统、流量监控系统、组件监控系统。

空客 A330 飞机采用两套三轮式高压除水制冷组件,安装在飞机翼身整流罩的非增压区域。制冷组件主要包括空气制冷循环机(涡轮-压气机-风扇)、初级换热器、次级换热器、回热器、冷凝器和水分离器等。

流量监控系统的功能是根据需要控制进入空调制冷组件和配平空气活门的引气流量。来自气源系统的引气首先经臭氧转换器(选装,原理图 4 - 6 中没有表示)将空气中的臭氧除去,然后通过流量控制活门供往制冷组件和配平空气活门。正常工作时,控制器接收流量传感器、组件进口压力传感器、引气温度传感器传递的信号,根据区域温度控制器发送的需求信号,计算出所需的流量并控制流量控制活门的开度,满足流量要求。

流量控制活门在以下几种情况下应关闭:

① 发动机起动;

② 发动机火警;

③ 压气机过热;

④ 引气压力低;

⑤ 引气泄漏;

⑥ 地面发动机工作,驾驶舱、座舱、货舱或电子设备舱舱门打开;

⑦ 水上迫降;

⑧ 空调制冷组件关闭。

制冷组件的供气流量有最小流量、正常流量和最大流量三种模式。可通过安装在驾驶舱顶控板上的组件流量选择旋钮进行选择。最小流量为正常流量的55%,最大流量为正常流量的126%。使用APU引气时,为保证供气流量,流量控制活门全开,两套空调制冷组件均设定为最大流量状态。当飞机飞行且只有一个空调制冷组件工作时,为保证座舱压力合适,应选择最小流量。当流量控制活门失去电源或内部的压力调节器失效时,流量控制活门的气动回路工作,将流量控制在正常流量的120%。当压气机出口温度大于230℃时,流量控制活门关闭至最小流量状态。当压气机温度大于260℃时,流量控制活门完全关闭。在地面工作时,当进气压力小于34.5 kPa(G)或压气机温度大于260℃时,流量控制活门关闭。当流量控制活门的活门位置和命令位置不相符时,给出单弦告警音,同时流量控制活门状态显示为琥珀色,发动机告警显示页中给出组件失效及相关信息,驾驶舱顶控板组件失效告警灯亮。

气源系统的引气通过流量控制活门进入初级换热器被外界冲压空气降温后,进入空气制冷循环机中的压气机被压缩,压力和温度升高,然后进入次级换热器,温度被冲压空气进一步降低,进入回热器热端、冷凝器热端和高压水分离器,经高压水分离器将系统中的游离水分除去后,进入回热器冷端,然后进入涡轮进行膨胀降温后,供给冷凝器冷端,再供给空气分配系统。在冷凝器中,热空气被涡轮出口的低温空气冷却到露点温度以下析出水分。由高压水分离器将系统中的游离水分除去,高压水分离器将去除的水分引入冷风道前端的雾化喷嘴中,喷入冷风道中进行蒸发吸热,提高换热效率。这种三轮高压除水的制冷方式在空气进入涡轮膨胀之前,通过冷凝器对空气中的水蒸气进行冷凝,通过高压水分离器将冷凝的大部分水分除掉,避免涡轮出口管路和附件结冰,可以使涡轮出口温度降低至0℃以下,获得更好的制冷效果。因此在制冷量相同的情况下,所需引气量更小,并减少了发动机的提取功率。A330飞机空调制冷组件示意图如图4-3所示。

组件监控系统的功能是控制组件出口温度和限制组件出口温度的高低限,由组件控制器全程控制。组件控制器从区域温度传感器接收到温度需求信号,通过调节温度控制活门开度控制引气流量。组件控制器自动调节冷风道进气风门执行组件和排气风门执行组件,实现冷风道空气流量的控制,满足组件温度控制需求。在全加热状态时,冷风道进气风门和排气风门全部关闭,温度控制活门全开。在全制冷状态时,冷风道进气风门和排气风门全开,温度控制

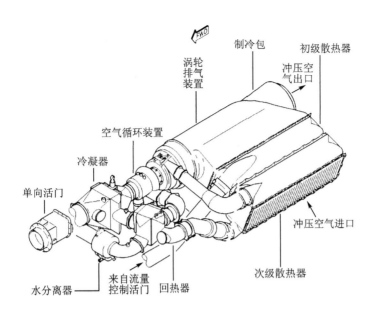

图 4-3 A330 飞机空调制冷组件示意图

活门关闭。在起飞降落期间,为避免砂尘从前起落架进入系统,冷风道进气风门关闭,此时冷风道排气风门全开。

防冰活门安装在初级换热器热边进口和涡轮出口之间的旁通管路上,用来防止冷凝器结冰;另外,还用于组件控制器失去对温度控制活门的控制时,控制组件的出口温度。防冰活门一般情况下处于关闭状态,当探测到冷凝器进出口压力差增大到一定值时,防冰活门打开,将初级换热器前的热空气供到涡轮出口,以融化冷凝器中的冰。当组件控制器失去对温度控制活门的控制时,防冰活门开启,将初级换热器前的热空气供到涡轮出口,以控制组件出口温度到(5±4)℃。

旁路活门安装在次级换热器出口和冷凝器出口之间的旁通管路上,如果一侧的空调制冷组件不工作,则对应侧的旁路活门打开,经过次级换热器降温后的空气不经过空调制冷组件,直接供往冷凝器出口。温度控制活门安装在压气机出口和涡轮出口之间的旁通管路上,通过控制进入涡轮出口热空气流量,满足制冷组件出口温度需求。

制冷系统配置了多个温度传感器,包括压气机出口温度传感器、组件温度传感器和组件出口温度传感器等,主要用于系统温度的控制和监测。

压气机的出口温度传感器是一种气动式温度传感器,安装在压气机和次级换热器之间的管路上,并与流量控制活门相连。当温度升高时,气动式温度传感器的压力增大,压力传递给流量控制活门,使流量控制活门开大;反之,流量控制活门关小。特别地,当压气机出口温度升高到 235 ℃时,流量控制活门关闭。

制冷组件的温度传感器也是气动式温度传感器,安装在水分离器上,并与防冰活门相连。当温度升高时,气动式温度传感器的压力增大,防冰活门开大;反之,防冰活门关小。

4.2.3 空气分配系统

空客 A330 飞机空气分配系统主要由以下几个分系统组成:

① 座舱空气分配系统和再循环系统；

② 驾驶舱通风系统；

③ 盥洗室/厨房通风系统；

④ 环控设备舱通风系统；

⑤ 货舱通风系统；

⑥ 应急通风和地面通风系统。

座舱空气分配系统主要由主供气管路和混合腔组成，布置在座舱机身两侧和底部。其中，主供气管路位于两侧地板下，混合腔位于 39～40 框座舱地板下。空气分配系统首先将从制冷系统出来的新鲜空气和再循环空气按比例在混合腔中充分混合，调节空气温度至设定值范围，然后通过分配管路和出风口均匀地分配到座舱和盥洗室/厨房。

再循环系统由再循环风扇、再循环过滤器、再循环单向活门和再循环调节活门组成，布置在 39～40 框座舱地板下，混合腔两侧。系统通过再循环风扇抽吸地板下座舱排气，经过过滤器和再循环单向活门，然后一路通往电子设备舱给电子设备通风，另一路经过再循环调节活门进入混合腔，与制冷系统出来的新鲜空气混合。混合腔有 6 个支管和座舱空气分配管路相连，将空气通往座舱的 6 个区域。混合腔有 1 个支管和驾驶舱供气管路相连，给驾驶舱进行通风冷却。

驾驶舱通风系统由供气管路、个人通风喷嘴和出风口组成。个人通风喷嘴与供气管路相连，通过个人通风喷嘴和出风口将空气送达以下几个地方：

① 顶部出风口（左右两侧）；

② 窗户出风口（左右两侧）；

③ 侧控制台出风口（左右两侧）；

④ 机长脚部出风口；

⑤ 机长个人通风出风口；

⑥ 第三乘员个人通风出风口；

⑦ 第四乘员个人通风出风口；

⑧ 挡风玻璃出风口；

⑨ 副驾驶脚部出风口；

⑩ 副驾驶个人通风出风口。

A330 飞机混合腔接口示意图如图 4-4 所示。

盥洗室/厨房供气分为舱室通风和单独通风两部分。舱室通风是在排气风扇的作用下，使座舱空气流入盥洗室/厨房，参与盥洗室/厨房的通风，这是盥洗室/厨房供气的主要部分。单独通风的空气从座舱空气分配系统和再循环系统的第 8 个位置供往盥洗室/厨房供气管路，然后通过单独通风喷嘴供往各个盥洗室/厨房中。盥洗室供气管路安装在座舱顶板区域，单独通风喷嘴和管路之间采取卡箍连接形式。在盥洗室/厨房排气风扇的抽吸作用下，盥洗室/厨房排气通过每个盥洗室/厨房顶部格栅进入盥洗室/厨房排气管路，经过文氏管排到机外，文氏管内外压差需大于 6.89 kPa 才能顺利将气排到机外。设置压差开关监控内外压差，盥洗室/厨房安全开关监控排气管路中的负压差，通风控制器控制盥洗室/厨房排气风扇，同时监控压差开关和盥洗室/厨房安全开关。

排气风扇抽吸座舱空气对视频控制中心进行通风。排气风扇抽吸座舱空气进入视频控制

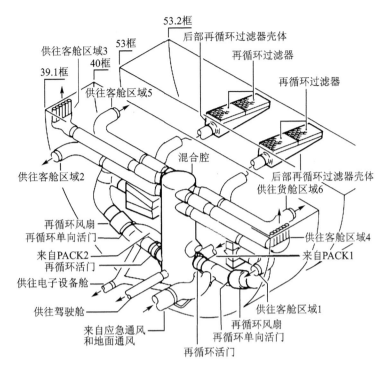

图 4-4　A330 飞机混合腔接口示意图

中心排气管路,将空气排至前座舱排气活门附近,通过前座舱排气活门排到机外。飞行娱乐中心通风系统布置在 10~26 框之间。飞行娱乐中心安装在电子设备舱内,由飞行娱乐中心排气风扇、单向活门和排气管路组成。飞行娱乐中心排气风扇抽吸电子设备舱空气经过单向活门进入排气管路送到前座舱排气活门附近,通过前座舱排气活门排到机外。在排气管路上安装了两个烟雾探测器,如果探测到烟雾,则飞行娱乐中心排气风扇停止工作。单向活门保证空气不会反向进入电子设备舱中。

环控设备舱通风系统布置在环控设备舱,为环控设备舱提供必要的通风,保证供气平均温度为 80 ℃,供气管路外的平均温度为 55 ℃。环控设备舱通风系统由环控设备舱通风风扇、通风风扇供气活门、通风单向活门、通风压差开关和相关管路组成。在地面时,环控设备舱通风风扇工作,抽吸外界空气对环控设备舱进行通风;在飞行中,环控设备舱通风风扇停止工作,由 NACA 冲压进气口给环控设备供气。环控设备舱的供气管路采用三根笛形管以保证供气的均匀性。排气经过位于舱底 42~43 框之间的排气口排到机外。

从空调制冷组件出来的新鲜空气直接供往地板下货舱通风系统,对货舱进行通风冷却。货舱通风系统包括主货舱通风系统和后货舱通风系统两部分。主货舱通风系统由主货舱关断活门、主货舱排气风扇和相关管路组成。在主货舱排气风扇的抽吸作用下,空气从进口处的主货舱关断活门进入主货舱,排气经过主货舱排气风扇和出口处的主货舱关断活门从飞机底部排到机外。后货舱通风系统由后货舱关断活门、后货舱排气风扇和相关管路组成。在后货舱排气风扇的抽吸作用下,空气从进口处的后货舱关断活门进入后货舱,排气经过后货舱排气风扇和出口处的后货舱关断活门从飞机底部排到机外。通过货舱控制器实现对货舱通风系统的控制和监测。货舱控制器位于 18~20 框之间的电子设备架上,货舱控制面板位于驾驶舱顶控板上。

当飞机在地面且发动机和 APU 不工作时,使用地面空调车通过低压地面接头向座舱空气分配系统供气进行通风。低压地面接头、低压地面接头单向活门布置在 39~40 框之间。低压地面接头单向活门确保应急通风的冲压空气不会从低压地面接头处流出。

飞行中且双套空调制冷组件同时失效时,使用应急通风系统对驾驶舱、座舱、厨房、盥洗室进行通风。应急通风系统由应急通风开关按钮、应急通风进口执行组件和应急通风进口单向活门组成,布置在 37~40 框之间。工作过程是按压驾驶舱面板上的应急通风开关按钮,应急通风开关按钮控制应急通风进口执行组件将应急通风进口伸出机外,引入冲压空气进入混合腔中。使用应急通风的要求是:飞行高度在 3 050 m 以下,座舱压差在 6.9 kPa 以下。应急通风单向活门保证使用空调车通风时,供气不会从应急通风进气口流出。

4.2.4 温度控制系统

座舱温度控制分为驾驶舱、前座舱、中座舱和后座舱的温度控制,由区域温度控制器调节配平热空气的流量来实现。配平热空气来自流量控制活门的下游,左侧经配平压力调节活门、配平单向活门后分为 4 路,分别通过 4 个配平活门和来自混合腔的气体混合后进入驾驶舱、前座舱前部、中座舱前部和后座舱前部。右侧经配平压力调节活门、配平单向活门后分为 3 路,分别通过 3 个配平活门和来自混合腔的气体混合后进入前座舱后部、中座舱后部和后座舱后部,实现驾驶舱、座舱不同区域的温度控制。

区域温度控制器全程控制不同舱室的温度,使用安装在驾驶舱面板上的驾驶舱温度选择器选择驾驶舱的设定温度,选择范围为 15~30 ℃。使用安装在乘务员面板上的温度选择器选择货舱、前座舱、中座舱和后座舱的设定温度,选择范围为 15~30 ℃,在其他乘员面板(如果安装的话)上可以将对应舱室的温度微调±3 ℃。通过各舱室的温度传感器将对应舱室的温度信号传递给区域温度控制器,区域温度控制器通过调节各对应舱室的配平空气活门的开度,将舱室温度控制在设定温度。正常情况下,管路供气温度范围为 6~50 ℃,当座舱温度低于 17 ℃时,管路温度允许增加到 70 ℃。如果配平空气压力超过座舱压力 450 kPa,则热路压力开关关闭,并将微动电门信号传递给区域温度控制器,给出超压告警信号。当配平空气压力降低到 350 kPa 以下时,热路压力开关打开,停止向区域温度控制器传递信号,告警信号消失。

4.2.5 电子设备通风系统

空客 A330 飞机电子设备通风系统给电子设备舱中的设备通风,保证这些电子设备在合适的温度下正常工作,提高电子设备的可靠性。它分为供气系统、排气系统和蓄电池通风系统 3 个子系统。

供气系统由冷却效果探测器和供气管路组成。冷却效果探测器安装在 16A 框和 20 框之间的供气管路上,可监控供气的制冷能力。当供气不正常时,将信号传递给飞行告警计算机、电子设备计算机、告警器及告警灯。供气系统的气源来自座舱再循环空气、空调制冷组件供气、应急通风空气和地面冷却空气中的一个。正常情况下,由座舱再循环风扇供气,再循环空气经再循环过滤器过滤(过滤精度为 400 μm)后,用于设备供气。当座舱再循环风扇失效时,由空调制冷组件供气。在再循环风扇和空调制冷组件同时失效的情况下,由应急空气进口提供供气。在地面时,由地面空调车经低压地面接头给设备供气。

排气系统包括排气风扇、前货舱排气活门压力开关和排气管路等。排气系统通过排气风扇抽取电子设备舱和驾驶舱的空气,可通过前货舱排气活门排至前货舱地板下并通过座舱排气活门排至机外,也可通过排气活门直接排到机外。

蓄电池通风系统是一个独立的封闭系统。利用座舱内外压差,通过安装在 15 框和 15A 框之间电子设备舱蒙皮上的文氏管对蓄电池实现通风冷却。

A330 飞机电子设备通风系统原理图如图 4-5 所示。

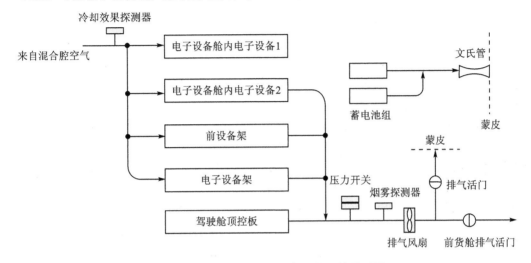

图 4-5　A330 飞机电子设备通风系统原理图

4.2.6　座舱压力控制系统

座舱压力控制系统通过控制座舱压力和压力变化率,保证乘客和机组人员的安全和舒适,保证飞机在最大巡航高度座舱高度不超过 2 400 m;失效时,座舱高度不超过 4 600 m。系统由 2 个座舱压力控制器、2 个排气活门、3 个安全活门和 1 个负压活门组成。其中,座舱压力控制器安装在电子设备舱中;一个排气活门安装在 36~37 框机身底部,另一个排气活门安装在 56~57 框机身底部;安全活门安装在机身尾部 80 框的隔框上;负压活门安装在 24~25 框顺航向左下侧蒙皮上。

两台座舱压力控制器是相同的,但相互独立。正常工作时,一台工作,另一台备份。座舱压力控制器按照座舱压力制度,通过调节排气活门开度控制座舱空气流出量,实现对座舱压力及压力变化率的调节。飞行结束后自动进行压力控制器之间的工作切换。如果在地面或飞行中一台座舱压力控制器失效,则可自动切换至另一台工作。两台压力控制器之间的数据可相互传递。每台压力控制器均有自动控制和手动控制部分。

自动控制部分的功能如下:

① 感受座舱实际压力;

② 计算实际参考压力;

③ 计算供/排气活门使用的参考位置信号;

④ 监控自身状态;

⑤ 控制系统接口(内部和外部);

⑥ 保存失效信息;

⑦ 向另一台控制器传递数据;

⑧ 控制排气活门电机和电机驱动器的供电。

手动控制部分的功能如下:

① 获得座舱压力变化率信号;

② 获得座舱压力信号;

③ 座舱高度超过 2 900 m 和 4 400 m 时告警;

④ 给排气活门的反馈模块供电;

⑤ 读取瞬态电压并将其转换成逻辑信号。

如果排气活门驱动失效,则排气活门在飞机内外压差及外部气流作用下被迫关闭。安全活门用于防止座舱压力高度太高或太低。例如:如果座舱压力高度太高,则安全活门打开,外部空气进入座舱,座舱压力高度降低;如果座舱压力高度太低,则安全活门打开,座舱空气排到机外,座舱压力高度升高。

正常情况下座舱压力是全自动调节的。当自动调节功能失效时,手动功能作为备份。当座舱压力控制系统的自动控制部分均失效,座舱压力控制系统设置为手动控制时,使用余压控制组件控制座舱余压。飞机着陆后,当排气活门没有完全打开,或座舱压力控制系统为手动控制模式而两个压力控制器失效,或手动模式下机组人员没有打开排气活门时,余压控制组件自动打开排气活门。余压控制组件安装在电子设备舱顺航向右侧。

4.3　系统性能

4.3.1　气源系统

气源系统数据如下:

● 气源系统出口温度:(200±15)℃(开防冰),(150±15)℃(未开防冰)。

● 气源系统出口压力:304～359 kPa(G)。

● 高温限制:当温度达到 257～270 ℃时,系统在 55 s 内关闭;当温度达到 270～290 ℃时,系统在 15 s 内关闭;当温度超过 290 ℃时,系统在 5 s 内关闭。

● 高压限制:当压力超过 414 kPa(G)时,系统自动关闭(15 s 延迟)。

● 调压失效:当压力增加 586 kPa(G)时,过压活门完全关闭。

4.3.2　空调系统

空调系统数据如下:

● 双 PACK 工作时,新鲜供气量:9 209 kg/h(地面状态),6 840 kg/h(巡航状态)。

● 单 PACK 工作时,新鲜供气量:5 526 kg/h(地面状态),4 104 kg/h(巡航状态)。

● APU 供气时,新鲜供气量:8 388 kg/h,热天(温度＋38 ℃);10 944 kg/h,冷天(温度－23 ℃)。

● 座舱温度选择范围:15～30 ℃。

● 排气风扇过热保护温度:160 ℃。

- 电子设备热载荷:8.4 kW。
- 地面时,两个再循环风扇工作,两个制冷包处于正常流量状态时:

  电子设备供气流量为 1 847 kg/h;

  正常工作电子设备供气温度为 40 ℃;

  电子设备温升为 16.4 ℃。
- 飞行中,两个再循环风扇工作,两个制冷包处于正常流量状态时:

  电子设备供气流量为 1 368 kg/h;

  正常工作电子设备供气温度为 34.6 ℃;

  电子设备温升为 21.8 ℃。
- 座舱最大高度限制:2 400 m。
- 压力变化速率:−1.83～1.10 kPa/min(地面停机),−1.83～1.83 kPa/min(起飞),−3.66～2.19 kPa/min(爬升),−1.10～1.10 kPa/min(巡航),−1.83～2.61 kPa/min(下降),−1.83～2.19 kPa/min(中断飞行)。
- 最大正压差:59.3 kPa。
- 最大负压差:7 kPa。

4.4　设计特点

A330 飞机环境控制系统的典型设计特点如下:

① 气源系统采用两发两级引气构型,发动机低功率状态时,从高压级引气;高功率状态时,从中压级引气。该构型减小了发动机的引气代偿损失,提高了飞机的经济性。

② 气源系统具有调节发动机引气温度和压力的功能,以适应下游用气系统的需求,并进行温度限制和压力限制,以避免系统超温超压。

③ 机上安装两套三轮升压式高压除水空调制冷组件,制冷能力增加;同时配合使用座舱空气再循环,有效降低了发动机的引气量,明显降低了引气代偿损失,提升了飞机的经济性能。

④ 空调制冷组件的新鲜供气量采用最小、正常和最大三种模式。针对不同的热载荷情况选取不同流量模式,避免在热载荷较低时出现供气流量过大的情况,这也是减少发动机引气量、提升经济性的一项设计措施。

⑤ 空调制冷组件的温度控制使用调节冷风道风门和冷热路混合两种方式,其中通过调节冷风道风门的大小,降低了冲压空气量,减小了飞机的燃油代偿损失,也是提升经济性的一种设计理念。

⑥ 空调制冷组件的温度控制和座舱的区域温度控制,都有主控制组件和备份控制组件,提升了系统的任务可靠性。

⑦ 环控设备舱结构使用了碳纤维复合材料。为了保证环控设备舱结构的环境温度不会对复合材料造成伤害,采取了新开冲压进气道,地面使用涡轮风扇,空中利用冲压空气对环控设备舱进行通风的方式。

⑧ 电子设备通风系统采取空调供气、风扇排气的冷却方式,并利用了再循环空气。利用座舱内外压差,通过飞机蒙皮上的限流文氏管冷却蓄电池。

⑨ 座舱压力采用数字式控制系统,两套控制器相互备份,控制器同时具有自动和手动功能,且两台控制器之间可进行数据传输。

4.5 原理图

空客 A330 飞机环境控制系统原理图如图 4-6 所示。

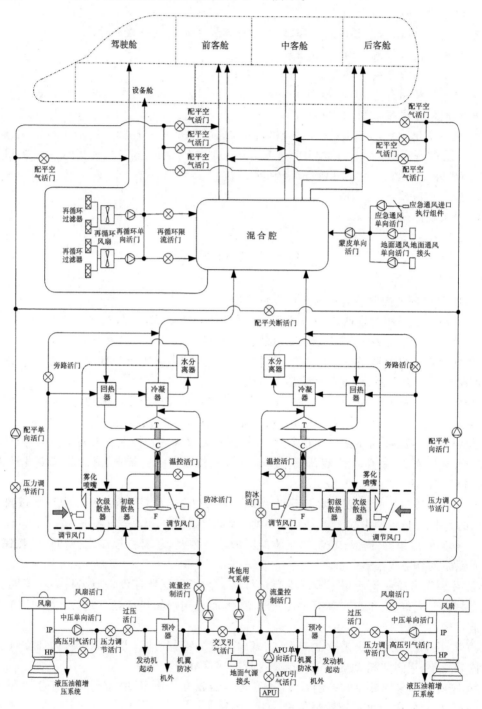

图 4-6 空客 A330 飞机环境控制系统原理图

第 5 章　空客 A340 飞机

5.1　飞机概况

空客 A340 飞机是欧洲空中客车工业公司 1987 年开始研发的一款四发动机远程双过道宽体客机,采用了先进的材料、系统和航空电子设备,与双发动机的 A330 飞机一同开发。A330 和 A340 两种机型有很大的共同性,有 85% 的零部件可以互相通用,采用相似的机身结构,驾驶舱、机翼、尾翼、起落架及各种系统都相同,只是长度不同,这样可以降低研制费用。A340 飞机有 4 台发动机,越洋飞行的可靠性比双发动机的波音 B777 远程型号好。由于发动机性能日益提高,波音 B777 远程型号的营运成本与经济性均比 A340 更具有优势,因此,A340 于 2011 年 11 月 10 日宣布停产。A340 飞机如图 5-1 所示。

图 5-1　A340 飞机

A340 型飞机的基本数据如下:
- 翼展:60.3 m。
- 机长:59.4 m。
- 机高:16.7 m。
- 标准三级座舱布局载客:261 人。
- 货舱容积:100.2 m³。
- 空重:129 t。
- 商载:30.8 t。
- 最大油箱容量:155 040 L。

- 最大起飞总重:275 t。
- 航程:14 800 km。
- 动力装置:4 台 CFM 公司 CFM56 - 5 系列。

5.2 系统说明

空客 A340 飞机环境控制系统由气源系统和空调系统(包括制冷系统、空气分配系统、温度控制系统、电子设备通风系统和座舱压力控制系统)组成,为座舱提供调节空气,并满足电子设备通风冷却要求。由于发动机数量的变化,除了 A340 的气源系统和 A330 有所区别外,其他系统均与 A330 相同。

5.2.1 气源系统

A340 飞机气源系统包括发动机引气系统、APU 引气系统和地面气源引气系统。该气源系统可分别从发动机压气机、APU 和地面高压气源获得高温高压空气,并将高温高压空气通过管路提供给空调系统、机翼防冰系统、发动机起动系统和液压油箱增压系统使用。

发动机引气系统安装在发动机短舱和吊挂内,包含中压单向活门、高压引气活门、压力调节活门、过压活门、预冷器、风扇活门、温度传感器和压力转换器等部件和管路。APU 引气系统安装在机身中部和后部,包括了 APU 引气活门、APU 引气单向活门等部件和管路。地面气源系统安装在中机身的左下部,主要包含两个地面高压气源接头,单向活门安装在接头内。此外,在主供气管路上,安装一交叉引气活门,用于连通或隔断左右发动机引气系统。A340 飞机气源系统机上布局示意图如图 5 - 2 所示。

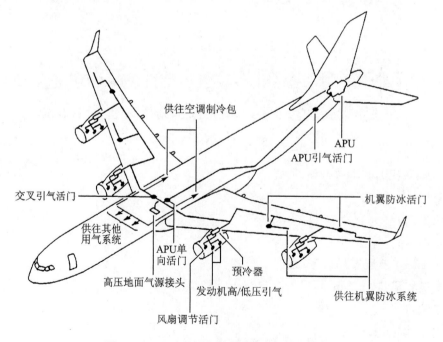

图 5 - 2   A340 飞机气源系统机上布局示意图

4 台发动机引气系统相同且可相互独立操作。发动机引气系统为两级引气(5 级和 9 级)。当发动机转速低,特别是当飞机下降时,发动机处于慢车状态,中压级(IP)引气压力不足,高压引气活门打开,转换到高压级(HP)引气,此时中压引气单向活门自动关闭,防止引气倒流入中压级。当发动机转速高时,高压引气活门关闭,自动从中压级引气。通过高压引气活门和中压单向活门下游的压力调节活门将引气压力调节到预定值(330 kPa,表压,巡航状态)。调压后的空气经过预冷器降温后输送到各个使用系统。预冷器冷边空气来自发动机风扇,通过调节风扇活门的开度控制冷空气流量,实现温度的调节。此外,当系统故障或引气流量较高时,压力调节活门能够保护系统避免超温。为了避免逆流,当压力调节活门下游压力大于上游压力时,压力调节活门关闭。当下游温度超过 235 ℃时,压力调节活门降低引气压力,避免超温。为了避免压力调节活门失效导致的系统超压现象,过压活门自动关闭。

发动机高/中压引气转换情况如下:

① 当高压级引气压力低于 240 kPa(G)时,高压活门完全打开,中压级引气活门关闭;

② 当高压级引气压力在 240~690 kPa(G),并且中压级引气压力低于 240 kPa(G)时,高压活门将引气压力调节至 240 kPa(G),中压级引气活门关闭;

③ 当中压级引气高于 240 kPa(G)时,高压引气活门关闭,由中压级供气。

APU 引气系统用于辅助供气和地面起动发动机。在三种情况下允许 APU 引气:①地面;②爬升阶段,飞行高度在 0~7 010 m 之间;③下降阶段,飞行高度低于 6 400 m。APU 引气工作时,压力调节活门关闭,切断发动机引气,主供气管路上的交叉引气活门打开,将引气供给各个使用系统。由于 APU 引气的温度、压力流量都能符合使用系统的要求,所以无需对其进行调节。在 APU 供气管路上安装了 APU 引气活门和 APU 引气单向活门,当发动机引气或者地面气源工作时,APU 引气单向活门关闭,避免高温高压气体反流至 APU。

在地面,当发动机和 APU 的引气均不可用时,地面高压气源通过高压地面接头向气源总管提供高压空气,供用气系统使用。高压地面接头安装在腹部整流罩的左侧,包括一个内装螺纹接套的单向活门。地面供气时,单向活门打开,高压空气供入气源系统。地面供气停止时,单向活门关闭,避免发动机或者 APU 引气外泄。

气源系统的控制有自动控制和手动控制两种功能。自动控制功能由安装在电子设备舱内的引气监控计算机实现。每台发动机引气系统均有一个引气监控计算机。手动控制功能由安装在驾驶舱顶控板上的按钮和选择电门来实现。在正常的工作模式下,当按下 ECAM 面板上的引气按钮后,系统状态显示页中就显示引气状态,主要显示调节压力、温度和相关活门开度等信息。引气控制计算机全程监控发动机引气活门、风扇活门、交叉引气活门、APU 引气活门的活门位置,预冷器出口温度,发动机引气活门后压力,机身、机翼及吊挂内泄漏探测线信号,并将相关温度、压力和活门开度信息传递给 ECAM,并显示在引气状态显示页中。如果出现超压、超温、活门开度有误或管路引气泄漏故障,则故障信息会自动在引气状态显示页中显示,同时会在发动机告警显示页中显示相关告警信息和需要的正确操作。手动控制时,在空气控制面板上,通过三个按钮控制对应的发动机和 APU 引气活门。四台发动机引气按钮控制对应的发动机引气活门和高压引气活门。每个发动机引气按钮都有"OFF"和"FAULT"两种状态。APU 引气按钮控制着 APU 引气活门,有"ON"和"FAULT"两种状态。另外,系统还具有自检功能。

5.2.2　制冷系统

制冷系统对来自发动机压气机、APU 或者地面气源的引气温度及含湿量进行调节,以满足乘客舒适度要求。制冷系统包括流量监控系统、空调制冷组件系统、组件监控系统。

空客 A340 飞机采用两套三轮式高压除水制冷组件,安装在飞机翼身整流罩的非增压区域。制冷组件主要包括空气制冷循环机(涡轮-压气机-风扇)、初级换热器、次级换热器、回热器、冷凝器和水分离器等。

流量监控系统的功能是根据需要控制进入空调制冷组件和配平空气活门的引气流量。来自气源系统的高温引气首先经臭氧转换器(选装,原理图 5-6 中没有表示)将空气中的臭氧除去,再通过流量控制活门调节流量后,供往制冷包和配平空气活门。正常工作时,组件控制器接收流量传感器、组件进口压力传感器、引气温度传感器传递的信号,根据区域温度控制器发送的需求信号,计算出所需的流量,并控制流量控制活门的开度来满足流量要求。

流量控制活门在以下几种情况下应关闭:

① 发动机起动;

② 发动机火警;

③ 压气机过热;

④ 引气压力低;

⑤ 引气泄漏;

⑥ 地面发动机工作,驾驶舱、座舱、货舱或电子设备舱舱门打开;

⑦ 水上迫降;

⑧ 空调制冷组件关闭。

制冷组件的供气流量有最小流量、正常流量和最大流量三种模式。可通过安装在驾驶舱顶控板上的组件流量选择旋钮进行选择。最小流量为正常流量的 55%,最大流量为正常流量的 126%。使用 APU 引气时,为保证供气流量,流量控制活门全开,两套空调制冷组件均设定为最大流量状态。当飞机飞行且只有一个空调制冷组件工作时,为保证座舱压力合适,应选择最小流量。流量控制活门失去电源或内部的压力调节器失效时,流量控制活门的气动回路工作,将流量控制在正常流量的 120%。当压气机出口温度高于 230 ℃时,流量控制活门关闭至最小流量状态。当压气机温度高于 260 ℃时,流量控制活门完全关闭。地面工作时,当进气压力小于 34.5 kPa(G)或压气机温度高于 260 ℃时,流量控制活门关闭。当流量控制活门的活门位置和命令位置不相符时,给出单弦告警音,同时流量控制活门状态显示为琥珀色,发动机告警显示页中给出组件失效及相关信息,驾驶舱顶控板组件失效告警灯亮。

气源系统的引气通过流量控制活门进入初级换热器被外界冲压空气降温后,进入空气制冷循环机中的压气机被压缩,压力和温度升高,然后进入次级换热器,温度被冲压空气进一步降低,进入回热器热端、冷凝器热端和高压水分离器,经高压水分离器将系统中的游离水分除去后,进入回热器冷端,然后进入涡轮进行膨胀降温后,供给冷凝器冷端,再供给空气分配系统。在冷凝器中,热空气被涡轮出口的低温空气冷却到露点温度以下析出水分。由高压水分离器将系统中的游离水分除去,高压水分离器将去除的水分引入冷风道前端的雾化喷嘴中,喷入冷风道中进行蒸发吸热,提高换热效率。这种三轮高压除水的制冷方式在空气进入涡轮膨胀之前,通过冷凝器对空气中的水蒸气进行冷凝,通过高压水分离器将冷凝的大部分水分除掉,避免涡轮出口管路和附件结冰,可以使涡轮出口温度降低至 0 ℃以下,获得更好的制冷效果。因此在制冷量相同的情况下,所需引气量更小,并减少了发动机的提取功率。A340 飞机空调制冷组件示意图如图 5-3 所示。

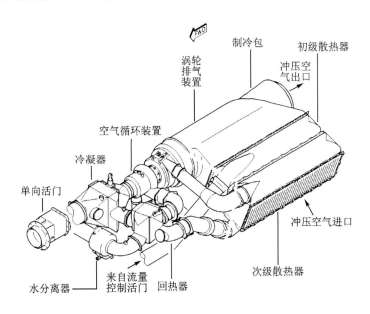

图 5-3　A340 飞机空调制冷组件示意图

组件监控系统的功能是控制组件出口温度和限制组件出口温度的高低限,由组件控制器全程控制。组件控制器从区域温度传感器接收到温度需求信号,通过调节温度控制活门开度控制引气流量。组件控制器自动调节冷风道进气风门执行组件和排气风门执行组件,实现冷风道空气流量的控制,满足组件温度控制需求。全加热状态时,冷风道进气风门和排气风门全部关闭,温度控制活门全开。全制冷状态时,冷风道进气风门和排气风门全开,温度控制活门关闭。起飞降落期间为避免砂尘从前起落架进入系统,冷风道进气风门关闭,此时冷风道排气风门全开。

防冰活门安装在初级换热器热边进口和涡轮出口之间的旁通管路上,用来防止冷凝器结冰;另外还用于组件控制器失去对温度控制活门的控制时,控制组件的出口温度。防冰活门一般情况下处于关闭状态,当探测到冷凝器进出口压力差增大到一定值时,防冰活门打开,将初级换热器前的热空气供到涡轮出口,融化冷凝器中的冰。当组件控制器失去对温度控制活门的控制时,防冰活门开启,将初级换热器前的热空气供到涡轮出口,控制组件出口温度到(5±4)℃。

旁路活门安装在次级换热器出口和冷凝器出口之间的旁通管路上,如果一侧的空调制冷组件不工作,则对应侧的旁路活门打开,经过次级换热器降温后的空气不经过空调制冷组件,直接供往冷凝器出口。温度控制活门安装在压气机出口和涡轮出口之间的旁通管路上,通过控制进入涡轮出口热空气流量,满足制冷组件出口温度需求。

制冷系统配置了多个温度传感器,包括压气机出口温度传感器、组件温度传感器和组件出口温度传感器等,主要用于系统温度的控制和监测。

压气机的出口温度传感器是一种气动式温度传感器,安装在压气机和次级换热器之间的管路上,并与流量控制活门相连。当温度升高时,气动式温度传感器的压力增大,压力传递给流量控制活门,使流量控制活门开大;反之,流量控制活门关小。特别地,当压气机出口温度升高到 235 ℃时,流量控制活门关闭。

制冷组件的温度传感器也是气动式温度传感器,安装在水分离器上,并与防冰活门相连。当温度升高时,气动式温度传感器的压力增大,防冰活门开大;反之,防冰活门关小。

5.2.3 空气分配系统

空客 A340 飞机空气分配系统主要由以下几个分系统组成:
① 座舱空气分配系统和再循环系统;
② 驾驶舱通风系统;
③ 盥洗室/厨房通风系统;
④ 环控设备舱通风系统;
⑤ 货舱通风系统;
⑥ 应急通风和地面通风系统。

座舱空气分配系统主要由主供气管路和混合腔组成,布置在座舱机身两侧和底部。其中,主供气管路位于两侧地板下,混合腔位于 39～40 框座舱地板下。空气分配系统首先将从制冷系统出来的新鲜空气和再循环空气按比例在混合腔中充分混合,调节空气温度至设定值范围,然后通过分配管路和出风口均匀地分配到座舱和盥洗室/厨房。

再循环系统由再循环风扇、再循环过滤器、再循环单向活门和再循环调节活门组成,布置在 39～40 框座舱地板下,混合腔两侧。系统通过再循环风扇抽吸地板下座舱排气,经过过滤器和再循环单向活门,然后一路通往电子设备舱给电子设备通风,另一路经过再循环调节活门进入混合腔,与制冷系统出来的新鲜空气混合。混合腔有 6 个支管和座舱空气分配管路相连,将空气通往座舱的 6 个区域。混合腔有一个支管和驾驶舱供气管路相连,给驾驶舱进行通风冷却。

驾驶舱通风系统由供气管路、个人通风喷嘴和出风口组成。个人通风喷嘴与供气管路相连,通过个人通风喷嘴和出风口将空气送达以下几个地方:
① 顶部出风口(左右两侧);
② 窗户出风口(左右两侧);
③ 侧控制台出风口(左右两侧);
④ 机长脚部出风口;
⑤ 机长个人通风出风口;
⑥ 第三乘员个人通风出风口;
⑦ 第四乘员个人通风出风口;
⑧ 挡风玻璃出风口;
⑨ 副驾驶脚部出风口;
⑩ 副驾驶个人通风出风口。

A340 飞机混合腔接口示意图如图 5-4 所示。

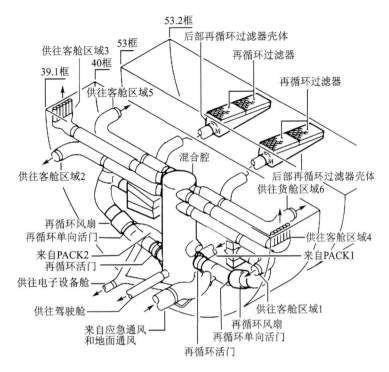

图 5－4 A340 飞机混合腔接口示意图

盥洗室/厨房供气分为舱室通风和单独通风两部分。舱室通风是在排气风扇的作用下,使座舱空气流入盥洗室厨房参与盥洗室厨房的通风,为盥洗室/厨房供气的主要部分。单独通风的空气从座舱空气分配系统和再循环系统的第 8 个位置供往盥洗室/厨房供气管路,然后通过单独通风喷嘴供往各个盥洗室和厨房中。盥洗室供气管路安装在座舱顶板区域,单独通风喷嘴和管路之间采取卡箍连接形式。在盥洗室厨房排气风扇的抽吸作用下,盥洗室厨房排气通过每个盥洗室厨房顶部格栅进入盥洗室厨房排气管路经过文氏管排到机外。为了能让排气排出,内外压差须大于 6.89 kPa。机内安装有压差开关来监控内外压差。盥洗室厨房安全开关监控排气管路中的负压差。通风控制器控制盥洗室厨房排气风扇、同时监控压差开关和盥洗室厨房安全开关。

排气风扇抽吸座舱空气实现对视频控制中心的通风。排气风扇抽吸座舱空气进入视频控制中心排气管路,将空气排至前座舱排气活门附近,通过前座舱排气活门排到机外。飞行娱乐中心通风系统布置在 10～26 框之间。飞行娱乐中心通风系统安装在电子设备舱内,由飞行娱乐中心排气风扇、单向活门和排气管路组成。飞行娱乐中心排气风扇抽吸电子设备舱空气经过单向活门进入排气管路排到前座舱排气活门附近,通过前座舱排气活门排到机外。在排气管路上安装了两个烟雾探测器,如果探测到烟雾,则飞行娱乐中心排气风扇停止工作。单向活门保证空气不会反向进入电子设备舱中。

环控设备舱通风系统布置在环控设备舱中,为环控设备舱提供必要的通风,保证供气平均温度为 80 ℃,供气管路外的平均温度为 55 ℃。环控设备舱通风系统由环控设备舱通风风扇、环控设备舱通风风扇供气活门、环控设备舱通风单向活门、环控设备舱通风压差开关和相关管路组成。在地面时,环控设备舱通风风扇工作,抽吸外界空气对环控设备舱进行通风;在飞行中,环控设备舱通风风扇停止工作,由 NACA 冲压进气口给环控设备供气。环控设备舱的供气管路采用了三根笛形管以保证供气均匀性。排气经过位于舱底 42～43 框之间的排气口排到机外。

货舱通风系统包括主货舱通风系统和后货舱通风系统两部分。主货舱通风系统由主货舱关断活门、主货舱排气风扇和相关管路组成。在主货舱排气风扇的抽吸作用下,空气从进口处的主货舱关断活门进入主货舱,排气经过主货舱排气风扇和出口处的主货舱关断活门从飞机底部排到机外。后货舱通风系统由后货舱关断活门、后货舱排气风扇和相关管路组成。在后货舱排气风扇的抽吸作用下,空气从进口处的后货舱关断活门进入后货舱,排气经过后货舱排气风扇和出口处的后货舱关断活门从飞机底部排到机外。通过货舱控制器实现对货舱通风系统的控制和监测。货舱控制器位于 18～20 框之间的电子设备架上。货舱控制面板位于驾驶舱顶控板上。

当飞机在地面,发动机和 APU 不工作时,使用地面空调车通过低压地面接头向座舱空气分配系统供气。当飞机在空中,双套空调制冷组件同时失效时,通过应急冲压进气口对驾驶舱、座舱、厨房、盥洗室进行通风。应急通风进口布置在 37～40 框之间,由应急通风开关按钮、应急通风进口执行组件和应急通风进口单向活门组成。在飞行中两套空调制冷组件均失效的情况下,可按压驾驶舱面板上的应急通风开关按钮。应急通风开关按钮控制应急通风进口执行组件将应急通风进口伸出机外,引入冲压空气进入混合腔中。使用应急通风的要求是:飞行高度 3 050 m 以下,座舱压差 6.9 kPa 以下。应急通风单向活门保证使用空调车通风时供气不会从应急通风进气口流出。

低压地面接头、低压地面接头单向活门布置在 39～40 框之间。低压地面接头单向活门应确保应急通风的冲压空气不会从低压地面接头处流出。

5.2.4　温度控制系统

座舱温度控制分为驾驶舱、前座舱、中座舱和后座舱的温度控制,由区域温度控制器调节配平热空气的流量来实现。配平的热空气来自流量控制活门的下游,左侧经过配平压力调节活门、配平单向活门后,分为四路,分别通过四个配平活门和来自混合腔的气体混合后进入驾驶舱、前座舱前部、中座舱前部和后座舱前部。右侧经过配平压力调节活门、配平单向活门后,分为三路,分别通过三个配平活门与来自混合腔的气体混合后进入前座舱后部、中座舱后部和后座舱后部,实现驾驶舱、座舱不同区域的温度控制。

区域温度控制器全程控制不同舱室的温度,使用安装在驾驶舱面板上的驾驶舱温度选择器选择驾驶舱的设定温度,选择范围为 15～30 ℃。使用安装在乘务员面板或其他乘员面板(如果安装的话)上的货舱温度选择器选择货舱的设定温度,其中:在乘务员面板上可以分别设定前座舱、中座舱和后座舱的温度,选择范围为 15～30 ℃,在其他乘员面板(如果安装的话)上可以将对应舱室的温度微调±3 ℃。通过各舱室的温度传感器将对应舱室的温度信号传递给区域温度控制器,区域温度控制器通过调节各对应舱室的配平空气活门将舱室温度控制在设定温度。正常情况下,管路供气温度范围为 6~50 ℃,当座舱温度低于 17 ℃时,管路温度允许增加到 70 ℃。如果配平空气压力超过座舱压力 450 kPa,则热路压力开关关闭,并将微动电门信号传递给区域温度控制器,给出超压告警信号。当配平空气压力降低到 350 kPa 以下时,热路压力开关打开,停止向区域温度控制器传递信号,告警信号消失。

5.2.5　电子设备通风系统

空客 A340 飞机电子设备通风系统给电子设备舱中的设备通风以保证这些电子设备在合适的温度下正常工作,从而提高电子设备的可靠性。它分为供气系统、排气系统和蓄电池通风系统三个子系统。

供气系统由冷却效果探测器和供气管路组成。冷却效果探测器安装在 16A 框和 20 框之间的供气管路上,可监控供气的制冷能力。当供气不正常时,将信号传递给飞行告警计算机、电子设备计算机、告警器及告警灯。供气系统的动力源为座舱再循环风扇、空调制冷组件、应急空气进口和低压地面接头中的一个。正常情况下,由座舱再循环风扇供气,再循环空气经再循环过滤器过滤后用于设备供气,过滤精度为 400 μm。当座舱再循环风扇失效时,由空调制冷组件供气。在再循环风扇和空调制冷包同时失效的情况下由应急空气进口提供供气。在地面时,由地面空调车经低压地面接头给设备供气。

排气系统包括排气风扇、前货舱排气活门压力开关和排气管路等。排气系统通过排气风扇抽取电子设备舱和驾驶舱的空气,可通过前货舱排气活门排至前货舱地板下并通过座舱排气活门排至机外,也可通过排气活门直接排到机外。

蓄电池通风系统是一个独立的封闭系统。利用座舱内外压差、通过安装在 15 框和 15A 框之间电子设备舱飞机蒙皮上的文氏管实现对蓄电池的通风冷却。

A340 飞机电子设备冷却系统原理图如图 5-5 所示。

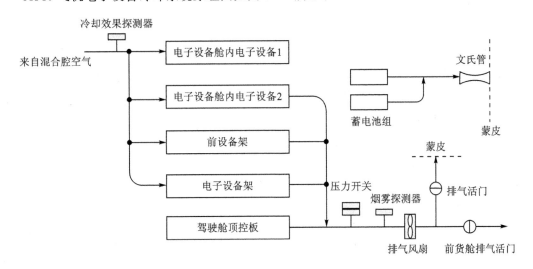

图 5-5　A340 飞机电子设备冷却系统原理图

5.2.6　座舱压力控制系统

座舱压力控制系统通过控制座舱压力及座舱压力变化率,保证乘客和机组人员的安全性和舒适性,保证飞机在最大巡航高度时座舱高度不超过 2 400 m;失效时,座舱高度不超过 4 600 m。系统由两个座舱压力控制器、两个排气活门、三个安全活门和一个负压活门组成。其中,座舱压力控制器安装在电子设备舱中;一个排气活门安装在 36~37 框机身底部,另一个排气活门安装在 56~57 框机身底部;安全活门安装在机身尾部 80 框的隔框上;负压活门安装在 24~25 框顺航向左下侧蒙皮上。

两台座舱压力控制器相同且相互独立。正常工作时,一台工作,另一台备份。座舱压力控制器按照座舱压力制度,通过调节排气活门开度实现座舱空气流出量的控制,对座舱压力及压力变化率进行调节。飞行结束后自动进行压力控制器之间的工作切换。如果在地面或飞行中一台座舱压力控制器失效,则可自动切换至另一台工作。两台压力控制器之间数据可相互传递。每台压力控制器均有自动控制和手动控制部分。

自动控制部分的功能如下:

① 感受座舱实际压力;

② 计算实际参考压力;

③ 计算供排气活门使用的参考位置信号;

④ 监控自身状态;

⑤ 控制系统接口(内部和外部);

⑥ 保存失效信息;

⑦ 向另一台控制器传递数据;

⑧ 控制排气活门电机和电机驱动器的供电。

手动控制部分的功能如下:

① 获得座舱压力变化率信号;

② 获得座舱压力信号;

③ 座舱高度超过 2 900 m 和 4 400 m 时告警;

④ 给排气活门的反馈模块供电;

⑤ 读取瞬态电压并将其转换成逻辑信号。

如果排气活门驱动失效,则排气活门在飞机内外压差及外部气流作用下被迫关闭。安全活门防止增压座舱压力高度太高或太低。例如,如果座舱压力高度太高,则安全活门打开,外部空气进入座舱,座舱压力高度降低;如果座舱压力高度太低,则安全活门打开,座舱空气排到机外,座舱压力高度升高。

正常情况下座舱压力是全自动调节的,在自动调节功能失效时使用,手动功能作为备份。当座舱压力控制系统的自动控制部分均失效,座舱压力控制系统设置为手动控制时,使用余压控制组件控制座舱余压。飞机着陆后,当排气活门没有完全打开,或座舱压力控制系统为手动控制模式或两个压力控制器失效,或手动模式下机组人员没有打开排气活门时,则余压控制组件自动打开排气活门。余压控制组件安装在电子设备舱顺航向右侧。

5.3　系统性能

5.3.1　气源系统

气源系统数据如下:

- 气源系统出口温度:(200±15)℃。
- 气源系统出口压力:小流量状态,(359±14)kPa(G);大流量状态,(248±14)kPa(G)。
- 高温限制:当温度达到 257~270 ℃时,系统在 55 s 内关闭;当温度达到 270~290 ℃时,系统在 15 s 内关闭;当温度超过 290 ℃时,系统在 5 s 内关闭。
- 高压限制:当压力超过 414 kPa(G)时,系统自动关闭(15 s 的延迟)。
- 调压失效:当压力增加到 517 kPa 时,OPV 开始关闭;达到 586 kPa 时,OPV 完全关闭。

5.3.2　空调系统

空调系统数据如下:

- 双 PACK 工作时,新鲜供气量:9 209 kg/h(地面状态),6 840 kg/h(巡航状态)。
- 单 PACK 工作时,新鲜供气量:5 526 kg/h(地面状态),4 104 kg/h(巡航状态)。
- APU 供气时,新鲜供气量:8 388 kg/h,热天(温度＋38 ℃);10 944 kg/h,冷天(温度－23 ℃)。
- 空调制冷组件出口温度范围:2~70 ℃。
- 座舱温度选择范围:15~30 ℃。
- 排气风扇断电温度:160 ℃。
- 电子设备热载荷:8.4 kW。
- 地面时,两个再循环风扇工作,两个制冷包处正常流量状态时:
  电子设备供气流量为 1 847 kg/h;
  电子设备正常工作供气温度为 40 ℃;
  电子设备温升为 16.4 ℃。
- 飞行中,两个再循环风扇工作,两个制冷包处正常流量状态时:
  电子设备供气流量为 1 368 kg/h;
  电子设备正常工作供气温度为 34.6 ℃;
  电子设备温升为 21.8 ℃。
- 座舱最大高度限制:2 400 m。
- 压力变化速率:－1.83~1.10 kPa/min(地面停机阶段),－1.83~1.83 kPa/min(起飞阶段),－3.66~2.19 kPa/min(爬升阶段),－1.10~1.10 kPa/min(巡航飞行阶段),

−1.83～2.61 kPa/min(下降阶段)，−1.83～2.19 kPa/min(中断飞行阶段)。

- 最大正压差：59.3 kPa。
- 最大负压差：7 kPa。

5.4 设计特点

A340 飞机环境控制系统的典型设计特点如下：

① 气源系统采用四发两级引气构型，发动机低功率状态下，从高压级引气；高功率状态下，从中压级引气。该构型减小了发动机的引气代偿损失，提高了飞机的经济性。

② 气源系统具有调节发动机引气温度和压力的功能，以适应下游用气系统的需求，并进行温度限制和压力限制，以避免系统超温超压。

③ 机上安装两套三轮升压式高压除水空调制冷组件，制冷能力增大，配合使用座舱空气再循环，大大降低了发动机的引气量，进一步降低引气代偿损失，提升飞机的经济性能。

④ 空调制冷组件的新鲜供气量采用最小、正常和最大三种模式，针对不同的热载荷情况选取不同的流量模式，避免了在热载荷较低时出现供气流量过大的情况，这也是减少发动机引气量、提升经济性的一项设计措施。

⑤ 空调制冷组件的温度控制使用调节冷风道风门和冷热路混合两种方式，其中通过调节冷风道风门的大小，降低了冲压空气量，减小了飞机的燃油代偿损失，也是提升经济性的一种设计理念。

⑥ 空调制冷组件的温度控制和座舱的区域温度控制，都有主控制组件和备份控制组件，提升了系统的任务可靠性。

⑦ 环控设备舱结构使用了碳纤维复合材料。为了保证环控设备舱结构的环境温度不会对复合材料造成伤害，采取了新开冲压进气道、地面使用涡轮风扇、空中利用冲压空气对环控设备舱进行通风的方式。

⑧ 电子设备通风系统采取空调供气、风扇排气的冷却方式，并利用了再循环空气。蓄电池冷却利用座舱内外压差、通过安装飞机蒙皮上的文氏管限流实现对其冷却。

⑨ 座舱压力采用数字式控制系统，具有相互备份的两套控制器。控制器同时具有自动和手动功能，且两台控制器之间可进行数据传输。

5.5 原理图

空客 A340 飞机环境控制系统原理图如图 5-6 所示。

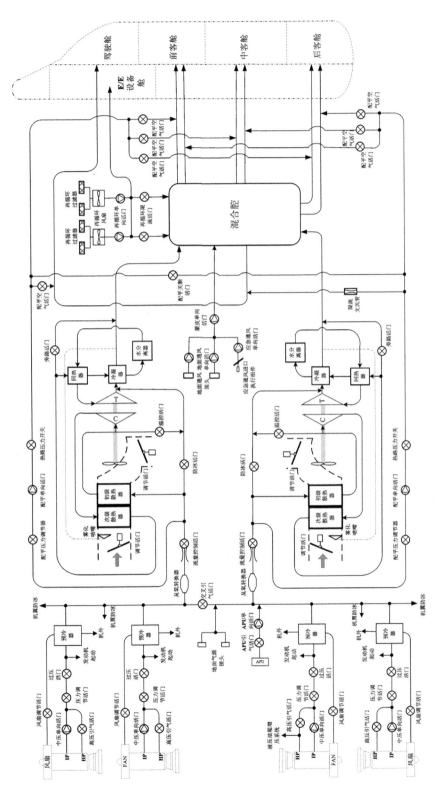

图5-6　A340飞机环境控制系统原理图

第6章 空客 A380 飞机

6.1 飞机概况

空客 A380 飞机是一款由欧洲空中客车工业公司研制生产的四引擎 550 座级超大型远程宽体客机,有空中巨无霸之称。2005 年 4 月 27 日首航,2007 年 10 月 25 日第一次商业飞行。空客 A380 飞机在典型三舱布局下可承载 525 名乘客。空客 A380 飞机如图 6-1 所示。

图 6-1 空客 A380 飞机

空客 A380 型飞机的基本数据如下:

- 翼展:79.8 m。
- 机长:73 m。
- 机高:24.1 m。
- 全经济布局载客:893 人。
- 货舱容积:100.2 m³。
- 空重:276.8 t。
- 商载:30.8 t。
- 最大燃油量:320 000 L。
- 最大起飞总重:275 t。
- 最大航程:15 000 km。
- 动力装置:双层 4 台 GP7200 或 Trent 900 发动机。

6.2　系统说明

空客 A380 飞机环境控制系统主要由气源系统和空调系统(包括制冷系统、空气分配系统、温度控制系统、电子设备冷却系统和座舱压力控制系统等)组成,为座舱提供调节空气,并满足电子设备通风冷却要求。

6.2.1　气源系统

空客 A380 气源系统包括发动机引气系统、APU 引气系统和地面气源引气系统。气源系统可分别从发动机压气机(4 台)、APU 和地面气源(通过 3 个地面高压接头,见图 6-2)获得高温高压空气,并将高温高压空气通过管路提供给空调系统、机翼防冰系统、发动机起动系统、液压油箱增压系统和非气密舱通风系统使用。

图 6-2　空客 A380 飞机地面高压接头

发动机引气系统安装在发动机短舱和吊挂内,包含引气活门、中压引气单向活门、高压引气活门、压力调节活门、过压活门(或称超压活门)、预冷器、风扇调节活门、交叉引气活门、温度传感器、压力转换器和管路等。APU 引气系统安装在机身中部和后部,包括 APU 引气活门、APU 引气关断活门和管路等。地面气源系统安装在顺航向左侧机腹整流罩内,主要包含 3 个地面高压气源接头,单向活门安装在接头内。此外,在主供气管路上,安装 1 个交叉引气活门(称为中间交叉引气活门),用于连通或隔断左右发动机引气系统。

发动机引气系统的主要功能如下:
① 选择发动机引气口;
② 调节引气压力;
③ 调节引气温度;
④ 平衡多发动机引气流量;
⑤ 防止发动机引气倒流;
⑥ 隔离引气源;
⑦ 监控发动机引气系统。

根据发动机中压引气的压力和用户需求,系统通过控制高压引气活门开或关,选择高压引气或中压引气。当发动机处于慢车状态时,高压引气活门打开,进行高压引气。

正常情况下,系统通过应用程序和引气活门或高压引气活门、过压活门控制引气压力到 276 kPa(G),保证空调制冷组件入口压力最大可达 207 kPa(G)。通过预冷器、风扇调节活门、引气温度传感器和发动机引气系统应用程序控制引气温度到 200 ℃ 或 150 ℃(仅针对空调系统)。

在地面或飞行中,发动机正常引气时,系统控制 3 个交叉引气活门和 APU 关断活门处于关位。当发动机引气并且有一个发动机失效时,系统通过引气差压传感器控制 3 个交叉引气活门打开,平衡其余 3 个发动机引气流量。中间交叉引气活门打开时,发动机引气流量平衡起动,引气差压传感器探测预冷器的压差,与相邻发动机引气的预冷器压差进行比较,如果不同,则控制器控制对应侧的交叉引气活门,保证和相邻发动机引气流量一致。如果交叉引气活门关闭,则使用流量控制活门来完成引气流量平衡。通过中压引气单向活门、高压引气活门、引气活门和引气差压传感器保护发动机引气不倒流。其中,中压引气单向活门防止同一发动机高压引气或其他相邻发动机引气倒流中压引气。高压引气活门具有防止相邻发动机引气倒流发动机引气口的功能。如果引气差压传感器探测到倒流,则控制器会通过控制交叉引气活门隔离对应发动机引气。

使用 APU 引气时,系统控制 3 个交叉引气活门和 APU 关断活门处于开位。

发动机引气系统主要部件的特点描述如下:

(1) 交叉引气活门

交叉引气活门有 3 个,分别是中间、左侧和右侧交叉引气活门。中间交叉引气活门用于连通或隔断左右发动机引气系统,活门质量为 9 kg,包括 1 个蝶阀和 2 个电机。其中,一个电机处于自动模式时,另一个电机处于手动备用模式。左侧和右侧交叉引气活门相同,用于连通或隔断对应发动机引气。当发生引气泄漏时,自动关闭,避免发生双重引气泄漏。活门质量为 6 kg,包括一个蝶阀和两个电机。其中,一个电机处于自动模式时,另一个电机处于手动备用模式。

交叉引气活门旋钮控制交叉引气活门。交叉引气活门旋钮有 3 个状态如下:

● 自动:当探测到引气泄漏时,系统自动控制对应的交叉引气活门关闭,隔离故障部分。

● 手动开:中间、左侧和右侧交叉引气活门均打开。

● 手动关:中间、左侧和右侧交叉引气活门均关闭。

(2) 中压引气单向活门

中压引气单向活门是防火、双挡板的单向活门,功能是防止发动机引气回流。

(3) 高压引气活门

高压引气活门是防火、压力调节/关断气动式蝶阀,主要作用是控制高压引气,同时,还具有防止引气倒流的作用。高压引气时,当上游引气压力高于 103 kPa(G)时,高压引气活门电磁阀受到激励,活门进入工作状态。当工作时,可调节下游引气压力最大至 441 kPa(G)。高压引气活门有一个地面测试接头和一个可视位置显示装置,并且能够手动控制活门锁死在关位。高压引气活门重 12.7 kg。

(4) 引气活门

引气活门是电控和气动执行机构相结合的压力调节/关断蝶阀,主要作用如下:

● 如有必要,关断对应支路的发动机引气。

- 气动调节引气压力至下游用户所需压力。
- 交叉引气活门打开时,平衡附近发动机引气量。

当上游引气压力高于 103 kPa(G)时,引气活门电磁阀受到激励,活门进入工作状态。工作时,力矩马达调节活门位置,控制下游压力满足需求。力矩马达失效时,引气活门采用全气动备份控制。引气活门有一个地面测试接头和一个可视位置显示装置,并且能够手动控制活门锁死在关位。引气活门重 12.8 kg。

引气活门在以下情况下关闭。而且,引气活门关闭时,风扇调节活门也关闭。

- 引气温度为 260 ℃,引气压力低于 310 kPa(G)超过 55 s。
- 引气温度为 245 ℃,引气压力高于 310 kPa(G)超过 55 s。
- 引气压力为 414 kPa(G)时,温度低于 245 ℃超过 15 s。
- 引气压力为 310 kPa(G)时,温度高于 245 ℃超过 15 s。

（5）过压活门

过压活门是全气动蝶阀,主要作用是保护预冷器、管路和用气系统在发动机引气压力调节失效时免受高压损害。当上游引气压力高于 586 kPa(G)(设定的超压值)时,过压活门关闭。当上游引气压力低于 379 kPa(G)时,过压活门在弹簧力作用下重新打开。过压活门有一个地面测试接头和一个可视位置显示装置,并且能够手动控制活门锁死在关位。过压活门质量为 6.1 kg。

（6）压力传感器

安装在预冷器后面三角区的平板上,有温度补偿能力,供 28 V DC 电源。传感器包括 4 个,中压压力传感器测量的是中压引气单向活门上游的引气压力,决定选择高压引气或中压引气;引气压力传感器测量的是引气活门上游的压力,并用来计算高压引气活门位置;引气调节压力传感器测量的是引气活门下游的压力,与流量控制活门上游压力一起监控过压活门状态;引气差压传感器测量的是预冷器上游和下游的压力差,用于流量平衡、倒流和引气活门位置监控。

（7）风扇调节活门

风扇调节活门是电控和气动执行机构结合一体的蝶阀,包括活门本体和控制器两个部分,安装在发动机三角区,主要作用是根据需求调节供往预冷器冷边的冷空气流量(来自发动机风扇),降低引气温度到规定值。控制器通过放气螺丝控制活门到关位。

（8）预冷器

预冷器是一个空-空换热器,主要作用是利用来自发动机风扇的冷空气降低引气温度,质量为 54.1 kg。

（9）引气温度传感器

引气温度传感器安装在预冷器下游的三角区,用来测量预冷器下游的引气温度。

6.2.2　制冷系统

制冷系统的主要功能是调节引气温度及含湿量,满足乘客舒适度要求。制冷系统由两组相同的流量监控系统、空调制冷组件和组件监控系统组成。下面仅说明一组系统的情况。

流量监控系统(见图 6-3)主要由 2 个流量控制活门、2 个流量测量文氏管、2 个臭氧转换器、1 个全数字空调制冷组件控制器(FDAC)和管路等组成。空调制冷组件主要由 2 个四轮式空气循环制冷机(2个涡轮、1个压气机、1个风扇)、2个双路空气换热器组件(初级换热器和次级换热器)、2个集气腔、2个风扇进气腔、1个冷凝器、1个高压水分离器和管路等组成。组件监控系统主要由2个涡轮旁路活门、2个温度控制活门、1个座舱高度活门、3个冲压空气风门、1个空调制冷组件隔离活门、9个温度传感器、2个空调制冷组件转速传感器组成。

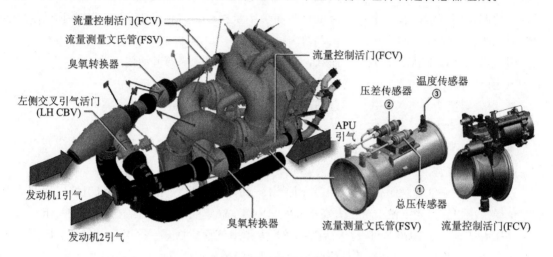

图 6-3 空客 A380 飞机流量监控系统示意图

流量监控系统的功能是根据需要控制进入空调制冷组件和配平系统的供气流量。来自气源系统的供气首先通过臭氧转换器将臭氧转换成氧气,然后通过流量测量文氏管(FSV)测量流量,再通过流量控制活门(FCV)调节流量。其中,流量控制活门还具有关断功能。一个空调制冷组件设置了2个臭氧转换器、2个流量测量文氏管和2个流量控制活门。每个流量控制活门控制总供气流量的一半,确保平衡对应发动机引气系统合适的流量。每个流量测量文氏管测量的压力、压差和温度用于计算实际流量。压差信号还用于空调制冷组件换热器堵塞探测。如果一个流量控制活门失效,则另一个流量控制活门起到流量调节补偿的作用。在空调制冷组件全状态工作条件下,流量控制活门还控制配平供气流量。环控系统利用2个控制器控制4个流量控制活门,其中,环控系统控制器1控制流量控制活门1和流量控制活门2(顺航向左侧),环控系统控制器2控制流量控制活门3和流量控制活门4(顺航向右侧)。

在下列情况下,环控系统控制器将关闭对应的2个流量控制活门:

① 水上迫降;

② 地面发动机工作,舱门未关;

③ 混合腔爆炸;

④ 空调制冷组件1或空调制冷组件2关闭。

流量需求通过面板上的空气流量旋钮挡位、乘员数、座舱布局和货舱冷却系统按钮状态进行计算。

流量需求计算在以下情况下会有偏差:

① 再循环风扇失效;

② 单个空调制冷组件工作;

③ APU供气;

④ 发动机设置为起飞功率；

⑤ 发动机引气失效。

环控系统将空调制冷组件流量需求和实际流量发送给座舱压力控制系统，用于座舱压力的计算，将空调制冷组件流量需求发送给通风控制系统用于再循环流量的计算。使用 APU 引气时，将 APU 流量需求发送给 APU 引气系统。使用发动机引气时，将空调制冷组件压力需求发送给发动机引气系统。

下面对一些典型情况进行说明。

① 在使用发动机引气、流量控制活门全开、冷却性能不足时，空调制冷组件给发动机引气系统发送冷却能力不足的信号，发动机引气系统将会采取措施，提高引气压力。

② 一个空调制冷组件工作时，如果采取所有措施都无法达到设计流量时，空调制冷组件会给发动机引气系统发送降低引气温度至 150 ℃ 的请求，发动机引气系统会将引气温度降低至 150 ℃。

③ 供气流量过大并且流量控制活门 1（或 2/3/4）调节失效时，空调制冷组件给发动机引气系统发送降低多路 1（2/3/4）引气压力的请求。发动机引气系统会降低引气路 1（2/3/4）的引气压力，从而降低对应空调制冷组件的流量。

④ 当流量控制活门的流量不一致时，空调制冷组件给 PADS 发送引气流量共享请求，PADS 将打开所有的交叉引气活门（无泄漏情况下）。但是，只要有一个交叉引气活门打开，发动机引气系统将控制发动机引气活门，使每台发动机引气流量一致。

⑤ 飞行时，如果短时间或长时间的座舱供气量不能保证合适的座舱压力，座舱压力控制系统会给空调制冷组件发送流量增加或降低请求。

在发动机起动阶段，需根据交叉引气活门的位置将对应的流量控制活门关闭。当在地面监测到舱门未锁时，为了避免发动机起动时对座舱增压，控制器自动关闭流量控制活门，同时，过热探测系统将流量控制活门关闭信号发送给空调制冷组件。

A380 飞机的每组空调制冷组件均与一个冲压空气进气系统和两个冲压空气排气系统相连。冲压空气进气系统（与次级换热器相连）在空中给空调制冷组件提供冲压空气，在地面给空调制冷组件提供外界大气。冲压空气进气系统由 1 个冲压空气进气风门、1 个冲压空气通道和 2 个气体导流装置组成，其中，每个气体导流装置上面均安装了 1 个喷雾喷嘴。冲压空气进气风门和冲压空气进气通道使用一个相同的平行安装的进气口给非气密舱通风系统提供空气。每个风扇进气腔（见图 6-4）连接 1 个冲压空气排气系统。每个冲压空气排气系统均由 1 个冲压空气排气风门和排气口组成。冲压空气排气系统将流过换热器的冲压空气或外界大气排至机外。

高温引气通过初级换热器被冲压空气或外界空气降温后，供往空气循环制冷机的压气机，为了防止一个空气循环制冷机工作时气流反向流动，在每个压气机的出口均设置了一个压气机出口单向活门。引气经压气机压缩升温升压后，供往次级换热器中，被进一步降温

图 6-4　空客 A380 飞机风扇进气腔

后供往冷凝器。在冷凝器中，利用来自第一级涡轮出口的冷空气将引气进一步降温并将引气中的水蒸气冷凝成水。冷凝水通过水分离器和管路被收集并输送到两个喷雾喷嘴。流过水分离器的引气供往第一级涡轮，经第一级涡轮膨胀降温降压后，供往冷凝器和第二级涡轮，在第二级涡轮中进一步膨胀降温降压，最后通过空调制冷组件单向活门（单向活门可防止空调制冷组件不工作时气体从混合腔倒流）供往混合腔。

冲压空气首先进入冲压空气进气口，然后进入冲压空气进气通道，接着经过两个流量导流装置将冲压空气流量一分为二，分别流过两个次级热交换器、两个初级热交换器、两个集气腔，最后分别进入两个风扇进气腔和两个冲压空气排气系统。

对每个空调制冷组件来讲，冷边空气最终通过两个冲压空气排气口排出机外。在地面，通过两个空气循环制冷机的风扇抽吸外界空气进入冲压空气进气口，然后从冲压空气排气口排出机外。在空中，冲压空气利用冲压头进入冲压空气进气口，并通过风扇旁通单向活门将风扇旁通，最后通过冲压空气排气口排出机外。单向活门保护风扇叶片免受风车效应的损害。

空气循环制冷机是四轮构型，即每个空气循环制冷机均由 2 个涡轮、1 个压气机和 1 个风扇组成，而且 2 个涡轮、压气机和风扇四轮同轴，第一级和第二级涡轮旋转带动压气机和风扇。一组空气径向轴承支撑组件的旋转，一组空气反向轴承承载轴向载荷。

喷雾喷嘴将来自水分离器的冷凝水喷雾到导流装置中，水在双路换热器组件中蒸发，提高换热器的效率。喷雾喷嘴采用不锈钢材料。喷嘴和铝合金壳体采用螺钉连接。整个部件与导流装置采用螺栓连接。

双路换热器组件是将初级换热器和次级换热器布置成一个整件。换热器芯体为板翅式结构，材料是铝。每个热交换器均是单流程叉流式设计。

风扇进气腔采用复合材料制造，通过集气腔和双路热交换器相连，并与空气循环制冷机和冲压空气排气管路相连。每个风扇进气腔均由一个风扇进口、内部管路和一个风扇旁通单向活门组成。采用复合材料制作的导流装置将双路热交换器和冲压空气进口管路连接在一起。

组件监控系统的主要功能如下：

① 对空调制冷组件排气温度进行调节；

② 对空调制冷组件进行防冰保护；

③ 对空调制冷组件进行低速保护；

④ 过热保护；

⑤ 对空调制冷组件主要参数实施监测。

组件监控系统中的 9 个温度传感器分别是 1 个初级换热器出口温度传感器、2 个压气机出口温度传感器、1 个次级换热器出口温度传感器、2 个冷凝器进口温度传感器、2 个空调制冷组件排气温度传感器和 1 个混合腔温度传感器。空客 A380 飞机组件监控系统传感器设置示意如图 6 - 5 所示。

在每个空气循环制冷机的第一级涡轮进口和出口之间设置涡轮旁路活门，控制冷凝温度在冰点以上，防止冷凝器结冰。正常工作时，涡轮旁路活门控制冷凝器冷边空气进口温度不低于 2.2 ℃（指冷凝器进口温度传感器的温度），防止冷凝器结冰，确保水分离效率。

在初级换热器出口空气和对应侧第二级涡轮出口冷空气混合之前，设置温度调节活门，控制冷/热路空气比例，并与冲压空气一起控制空调制冷组件出口温度。冲压空气的流量主要通

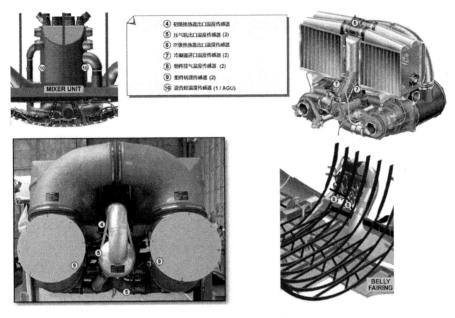

图 6-5　空客 A380 飞机组件监控系统传感器设置示意图

过进气风门和排气风门来调节。

在水分离器出口和冷凝器冷边出口连通管路上,设置高度活门。当飞行高度高于 8 845 m时,高度活门打开,旁通第一级涡轮,起到提高供气流量和节约能源的作用。

6.2.3　空气分配系统

空气分配系统将制冷系统出来的新鲜空气和再循环空气在混合腔中按比例进行充分混合,并将调节好的空气分配给座舱和盥洗室/厨房进行通风冷却或加热。

座舱空气分配采用常规的空气分配方式,可在每层座舱内选装一套个人通风系统。座舱空气分配系统将来自混合腔的空气通过直径不同的管路供给不同的座舱区域,其中,大直径的管路纵向安装在 MD 座舱地板下,小直径的上升管路集成了消音器,并与混合腔连接在一起,上升管路将空气供往下层座舱(又称主座舱)和上层座舱。空气分配管路将空气供往各种集成在座舱内饰板上的座舱进风口,其中,天花板风口安装在两侧行李架上部,侧壁风口安装在两侧行李架和侧壁内饰板之间,上层座舱的固定风口布置方案和主座舱一致。个人通风系统和底部再循环混合腔连接在一起,通过角度和流量可手动调节的高压个人通风喷嘴,将底部再循环混合腔的空气供给每个乘员。

空客 A380 飞机设置了顶部和底部再循环系统。顶部和底部再循环系统主要由 4 个顶部再循环风扇、8 个(加 2 个可选)再循环过滤器及过滤壳体、1 个混合腔超压安全活门、4 个混合腔压力传感器、9 个(1 个可选)底部再循环风扇、9 个(4 个可选)再循环过滤器及过滤壳体和两个通风控制单元组成。

为了降低发动机引气量,空客 A380 飞机使用顶部再循环系统将主座舱里的空气抽吸到混合腔中,参与座舱空气分配。空气从主座舱流经地板和侧墙之间安装在乘客座椅外侧的内饰板进入上层座舱,然后,空气被 8 个(外加 2 个可选项)顶部再循环高效过滤器过滤,其中

4个(外加2个可选项)安装在前货舱三角区域的后部,4个安装在T形区域的前部。4个带单向活门的顶部再循环风扇驱动空气流过过滤器、2个螺旋外壳和2个进口弯管进入混合腔。来自主座舱的再循环空气和来自空调制冷组件的新鲜空气在螺旋外壳内形成环流,再循环空气在外侧靠近壁面,将新鲜空气包裹。进口弯管将温度较高的再循环空气在靠近混合腔壁面形成一薄层热空气层,避免关键区域结冰。冷/热空气在混合腔中混合后,供往驾驶舱、15(16)个座舱区域和可选的乘员休息舱室。混合腔上部有8个管接头,两侧各5个管接头,下部1个管接头。通过下部的管接头将空气供往电子设备通风备份系统、可选飞行娱乐中心通风备份系统、可选飞行机组休息舱通风系统和温度可选的前货舱通风系统。混合腔设置了超压安全活门,防止混合腔超压。在混合腔的关键部位设置了4个压力传感器,根据4个压力传感器测量的混合腔内空气平均压力,调节顶部再循环风扇的转速,控制混合腔的压力。空客A380飞机混合腔及再循环示意图如图6-6所示。

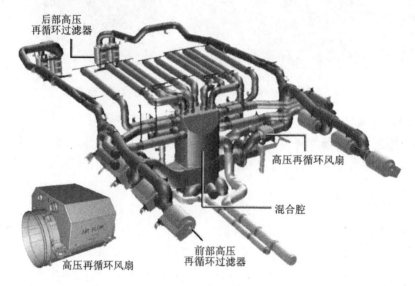

图6-6　空客A380飞机混合腔及再循环示意图

空客A380飞机使用底部再循环系统将上层座舱的排气抽吸进入上升管路,供往上层座舱和主座舱,降低供往座舱区域的新鲜空气流量。椭圆形管路在地板下沿着侧壁内饰板布置,确保抽吸的空气和座舱排气成分一致,空气被9个(外加1个可选)自带单向活门的底部再循环风扇驱动,通过9个(外加4个可选)底部再循环高效过滤器过滤后,供往2个底部再循环混合腔内。在底部再循环风扇和底部再循环过滤器之间安装了消声器以降低通风管路噪声。底部再循环混合腔安装在上层座舱和主座舱间的机身两侧,通过三组交叉管路连接在一起,达到流量平衡的作用。底部再循环混合腔通过上升管路和主混合腔连接在一起。两个通风控制模块均为双通道计算机,分别安装在底舱前货舱门和后货舱门附近。

当全部空调制冷组件均失效时,采用应急通风系统进行通风。在地面,当空调制冷组件不工作时,使用地面空调设备,经地面低压通风接头给飞机通风。

地面/应急通风系统主要由2个应急通风进口执行机构、4个低压地面通风接头、2个蒙皮单向活门、2个地面通风单向活门和1个前向通风控制模块组成。应急通风系统有自动和手动两种控制方式。在两套空调制冷组件均关闭的情况下,系统得到冲压空气压力大于座舱压差的信号,自动打开应急通风系统。另外,可手动打开或关闭应急通风系统。为了保证乘员的舒适性,只有当座舱高度低于 3 050 m 时,才手动打开应急通风系统。

座舱排气系统实现的功能如下:

① 给厨房提供通风且将厨房的废气和热量排走;

② 给盥洗室提供通风且将盥洗室的废气和热量排走;

③ 给安装在主座舱的 8 个二次功率分布装置提供通风冷却;

④ 防止烟雾通过前后楼梯在主座舱和上层座舱之间扩散;

⑤ 给安装在后电子设备舱的电子设备提供通风冷却;

⑥ 给座舱温度传感器提供固定通风,保证传感器精度。

座舱排气系统由两个相同的子系统组成,分别安装在底舱前部和后部。座舱排气系统由过滤器、2 个座舱排气风扇、2 个座舱排气隔离活门、分支管路、排气管和下降管组成。排气管分别安装在主座舱和上层座舱中部天花板上部,其中,上层座舱中的排气管被分成前后两部分,主座舱中的排气管连接前后两个排气子系统。当其中一个子系统故障时,主座舱的排气管起到交叉供气作用。下降管有两部分,分别安装在飞机的前部和后部,沿着顺航向左侧机身中间从上层座舱穿到底舱。飞机在地面通电或飞行中,当座舱压差不够时,座舱排气风扇开始工作,将排气送至排气活门附近,由排气活门统一排到机外。飞行中,如果座舱压差足够,座舱排气隔离活门打开,排气在座舱压差作用下,通过安装在飞机蒙皮上的渐缩喷管直接排到机外。

非气密舱通风系统实现的功能如下:① 对机腹整流罩内空调制冷组件及引气管路提供通风冷却;② 对安装在中央翼盒下面的燃油提供通风冷却。

非气密舱通风系统将来自机腹整流罩进入的外界空气通过笛形管合理分配后,经过排气口排出机外。排气口有 7 个,3 个安装在机腹整流罩,4 个安装在翼根。在机腹整流罩和机翼下部区域,非气密舱通风系统由 2 个子系统组成,分别安装在左右两侧。每个子系统主要包括 1 个涡轮风扇、1 个涡轮风扇供气活门和 2 个单向活门。飞行中,机腹整流罩及机翼下部区域的通风由冲压空气提供。地面时,使用涡轮风扇。涡轮风扇热空气来自交叉引气管路中的高压空气,通过一个涡轮风扇供气活门进行控制。在飞行高度 4 500 m 以下,涡轮风扇供气活门由内部电磁阀控制活塞内部压力完成控制活门动作。当飞行高度大于 7 600 m 以上时,通过设置的膜盒式安全高度装置,将涡轮风扇供气活门关闭。

后机舱通风系统主要包括 1 个 115 V 交流风扇和管路等。在地面,当温度高于 9 ℃时,风扇工作给后机舱提供通风。在空中,使用外界空气对后机舱进行通风。

高压和底部再循环及座舱排气系统的控制由 4 个 CPIOM - B 和 2 个通风控制模块实现,其中,CPIOM - B 由通风控制系统程序实现控制。顶部再循环风扇由 4 个 CPIOM - B 中的任意一个控制,左侧底部再循环风扇只能由 CPIOM - B1 和 B3 控制,右侧底部再循环风扇只能由 CPIOM - B2 和 B4 控制。通风控制系统程序使用空气管理程序计算再循环需求总流量,并给每个再循环风扇发送转速需求信号。总供气流量一定的情况下,再循环空气流量需求和新鲜空气流量需求是相互关联的。计算再循环空气流量需求和新鲜空气流量由 AIR 面板上 AIRFLOW 选择、乘客数量、座舱布局、空调制冷组件状态、再循环风扇状态、是否在底舱安装乘员休息间、是否在货舱安装温度控制系统和发动机引气/APU引气状态等决定。再循环风扇采用转速控制,每个风扇均将其真实转速信号和其他数据反馈给通风控制系统程序,用于监控过滤器堵塞及风扇低速或超温。通风控制模块可直接监控混合腔超压安全活门的位置和混合腔内外压差。通过控制顶部再循环风扇的转速,控制混合腔内外压差。当CPIOM-B对顶部再循环风扇控制失效时,通风控制模块将顶部再循环风扇控制在特定转速下。其中,前部通风控制模块控制左侧顶部再循环风扇,后部通风控制模块控制右侧顶部再循环风扇。当风扇超温时,"OVERHEAT COND FANS RESET"按钮接收到离散信号,将"FAULT"灯点亮。手动按下安装在"CABIN PRESS"面板上的"DITCHING P/BSW"按钮和安装在"VENT"面板上的"CAB FANS P/BSW"按钮会关闭所有再循环风扇。使用安装在"RESET"面板上的2个复位开关可重启系统控制器,其中,VCS 1复位开关将离散信号分别发送给前部和后部通风控制模块的通道1(挂在CPIOM-B1和B2上的通风控制系统程序);VCS 2复位开关将离散信号分别发送给前部和后部通风控制模块的通道2(挂在CPIOM-B3和B4上的通风控制系统程序)。通风控制系统程序将顶部再循环风扇状态参数发送给空调制冷组件应用程序,计算新鲜空气流量(空调制冷组件流量)需求。反过来,通风控制系统程序接收来自空调制冷组件新鲜空气流量需求及空调制冷组件状态参数,计算再循环空气流量需求。作为冗余设计,"CAB FANS"按钮和"DITCHING"按钮均发送状态给通风控制系统程序。手动按压"OVERHEAT COND FANS RESET"按钮,可将复位信号发送给通风控制系统应用程序用于所有风扇的重启。

座舱排气系统控制为全自动控制,没有手动功能。飞机在地面或飞行中,当座舱压差低于6.895 kPa时,定义为地面状态。当飞行中座舱压差高于6.895 kPa时,定义为空中状态。通风控制系统程序在空中状态时打开座舱排气隔离活门,在地面状态时关闭座舱排气隔离活门,并接收座舱排气隔离活门位置反馈信号。前后通风控制模块分别监控对应的前后座舱排气隔离活门。通风控制系统程序直接控制座舱排气风扇,在地面状态时,飞机一旦上电,即打开座舱排气风扇。在空中状态时,关闭座舱排气风扇。为了防止管路向内爆裂,在每个座舱排气风扇内均设置了一个压力传感器,监控管路内和座舱之间的压差。负压超过一定值时,对应的座舱排气隔离活门关闭,风扇启动。在每个座舱排气风扇内还设置了一个流量传感器用于调节风扇流量。当一个座舱排气风扇失效时,另一个座舱排气风扇工作在大流量状态。当启动排除烟雾程序时,两个座舱排气风扇工作在大流量状态。通过CAN总线控制座舱排气风扇失效时,由通风控制模块直接控制座舱排气风扇,在此情况下,前后通风控制模块对应监控前后座舱排气风扇。当发生座舱排气风扇超温情况时,"OVERHEAT COND FANS RESET"按钮接收到一个离散信号点亮"FAULT"灯。手动按压"OVERHEAT COND FANS RESET",给VCS应用程序发送一个复位信号,VCS应用程序将所有的座舱排气风扇复位。按压安装在"CABIN PRESS"面板上的手动按钮"DITCHING P/BSW",将关闭座舱排气风扇和座舱排气隔离活门。水上迫降离散信号直接发送给两个通风控制模块。当座舱排气系统出现故障时,VCS应用程序将告警信息发送给飞机航电系统的同时,发送给温度控制系统程序,将区域温度测量值更改为特定值(基于外界环境温度、高度和选择温度给出)。

6.2.4 温度控制系统

座舱温度控制分为驾驶舱、上层座舱 8 个区域、下层座舱 8 个区域、前货舱和后货舱的温度控制。驾驶舱和座舱温度控制主要由 2 个配平压力调节器、2 个配平空气压力传感器、2 个配平空气单向活门、驾驶舱及座舱各区域配平空气活门、2 个配平空气关断活门、1 个配平控制单元、驾驶舱及座舱各区域管路温度传感器和驾驶舱及座舱各区域的区域温度传感器组成。其中,驾驶舱和座舱温度控制由设置在驾驶舱及座舱各区域的配平空气活门、管路温度传感器和区域温度传感器完成。调节配平空气压力和关断配平空气由配平压力调节器完成。

混合腔温度主要通过温度控制活门调节。当温度控制活门全开,混合腔温度低于目标温度时,涡轮旁路活门对混合腔温度进行调节。当通过涡轮旁路活门和温度控制活门都不能将混合腔温度控制到目标值时,冲压空气风门还可用于控制混合腔温度(因为冲压空气风门主要对压气机温度实现闭环控制)。

涡轮旁路活门和温度控制活门的控制应遵循以下原则:

① 冲压空气量最小化;

② 飞机代偿损失最小化;

③ 保证必需的通风流量;

④ 控制和限制涡轮出口温度,保证充足的压气机风扇喘振裕度。

6.2.5 电子设备通风系统

电子设备通风系统给安装在上层座舱、下层座舱和驾驶舱中的电子设备提供通风,保证这些电子设备在合适的温度下正常工作,提高电子设备的可靠性。系统分为供气系统和排气系统 2 个子系统。

供气系统由两个相互独立的循环组成,分别安装在前货舱的左右两侧。每个循环均由 1 个供气风扇、1 个备份活门、1 个冷却效果探测器和 1 个过滤器组成。右侧供气循环给上层座舱电子设备间中的应急电源和电子设备架、主电子设备舱中的右侧电子设备架、驾驶舱中的右侧航电设备提供充分的通风,当右侧供气循环中的供气风扇失效时,通过备份活门(设置在混合腔上)提供所需冷空气。左侧供气循环给上层座舱电子设备间中的应急电源和电子设备架、主电子设备舱中的左侧电子设备架、驾驶舱中的左侧航电设备和基座提供充分的通风,当左侧供气循环中的供气风扇失效时,通过备份活门(设置在混合腔上)提供所需冷空气。供气风扇根据供气温度调节转速,另外内部集成了压力传感器用来监控供气风扇的压升。每个供气循环均设置了一个冷却效果探测器,用于检测供气温度及供气流量。当冷却效果不佳时,可打开对应循环的备份活门,使用混合腔的冷空气,对电子设备进行冷却。其中过滤器重 2 kg,寿命有 3 000 飞行小时。

排气系统主要由 1 个排气风扇、1 个机外活门和 1 个机内活门组成,排气系统将冷却电子设备的供气排到机外的同时冷却主电源。飞行中,排气经前货舱地板下,通过机内活门排到前部排气活门附近,最终通过前部排气活门排到机外。地面排气时,直接通过机外活门排到机外。当排气风扇失效时,排气可在座舱压差作用下通过机外活门排至机外。空客 A380 飞机排气系统中的排气风扇示意图如图 6 - 7 所示。

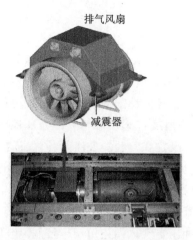

图 6－7　空客 A380 飞机排气系统中的排气风扇示意图

　　电子设备的地面冷却是可选项。当外界环境温度较高时,利用两个地面空调制冷组件将供气系统的空气进行冷却后,给电子设备进行冷却。电子设备地面冷却通过安装在机身上的外部维护面板上的按钮启动。空客 A380 飞机电子设备通风系统原理如图 6-8 所示。

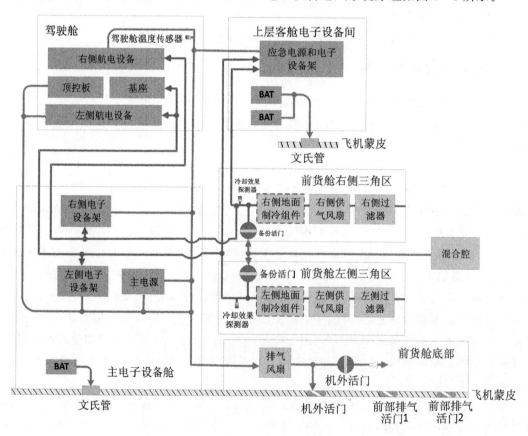

图 6－8　空客 A380 飞机电子设备通风系统原理

6.2.6　座舱压力控制系统

座舱压力控制系统通过控制座舱压力及压力变化率,保证乘客和机组人员的安全性和舒适性。系统由 4 个排气活门控制模块(或称组件)、4 个排气活门、2 个安全活门(A380-900 是 3 个)和 2 个负压活门组成。其中,4 个排气活门控制组件分别安装在前货舱门和后货舱门附近,2 个排气活门安装在机腹前部,2 个排气活门对称安装在机腹后部,2 个安全活门和 2 个负压活门都安装在水位线上机尾气密隔间内。

座舱压力控制系统保证飞机在最大巡航高度时座舱高度不超过 2 400 m。系统失效时,座舱高度不超过 4 600 m。空客 A380 飞机排气活门如图 6-9 所示。

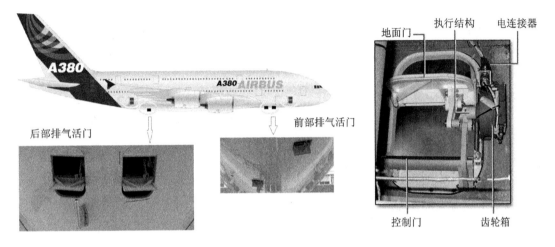

图 6-9　空客 A380 飞机排气活门

座舱压力控制系统有 4 个相同且相互独立的排气活门控制模块,分别控制对应的排气活门。有 2 个排气活门控制模块内设有一个高精度压力传感器,另外每个排气活门控制模块均设置了一个超调压力传感器,这些传感器用于自动控制。每个排气活门控制模块内均设置了自动控制、应急压力控制和安全超调控制 3 个功能,此 3 个功能相互隔离。

自动控制时,座舱压力控制系统通过调节程序和排气活门内的控制模块实现座舱压力及压力变化率的自动控制。具体而言,排气活门控制模块按照座舱压力制度,调节排气活门开度,控制座舱排气流量,实现对座舱压力及压力变化率的控制。如果排气活门驱动失效,排气活门在飞机内外压差及外部气流作用下被迫关闭。

为了保护飞机结构和乘员安全,当出现座舱高度或座舱压差超出限制时,应急压力控制优先于自动控制。压差传感器安装在气密隔间后部,用来计算外界和座舱之间的压差,采用备份设计。应急压力控制时,座舱压力控制系统的调节程序基于飞行参数,计算目标座舱压力和座舱压力变化率,同时,排气活门控制模块的自动控制部分接收调节程序计算的目标座舱压力和座舱压力变化率,与实际座舱压力进行比较后,计算出排气活门位置,并将计算的排气活门位置发送给排气活门模块的应急压力控制部分。排气活门模块应急压力控制部分将对应的电流信号发送给对应的排气活门电机,并获取排气活门反馈位置,调节排气活门开度位置,实现控制座舱压力及座舱压力变化率的目的。

安全活门实现超压保护和应急通风功能。

一般情况下,座舱压力调节系统可满足正超压防护功能,安全活门组件仅仅起到一个机械备份的作用。当座舱压差超过座舱最大正压差时,安全活门组件在气动作用下自动工作。

当上层座舱处于排烟程序时,安全活门组件给上层座舱提供应急通风。通常,座舱高度或飞行高度限制应急通风,只有在座舱压差很大的情况下,空气从上层座舱流向机外产生的引射作用,将下层舱室空气流向上层座舱,上层座舱中的活门可以在排烟程序时辅助空气流动。安全活门组件是由后部通风控制组件电动监控。需要应急通风时,通过按压安装在"AIR"面板上的"CABIN AIR EXTRACT P/BSW"按钮手动启动。

当来自混合腔的新鲜供气中断时,由 VCS 程序自动启动,随后,后部通风控制组件给安全活门组件通电使其打开。

当后部通风控制组件同时接收到来自"CABIN PRESS"面板上"DITCHING P/BSW"按钮的水上迫降信号和来自前部 OCSM2 或后部 OCSM4 的禁止打开信号时,禁止打开安全活门组件。

如果座舱高度很高,则后部通风控制组件控制所有安全活门组件关闭;如果座舱高度大于一定值,则后部通风控制组件只允许一个安全活门组件打开。超压安全活门组件状态显示在ECAM 状态页上。

当外界压力大于座舱压力和负压活门弹簧压力之和时,负压活门打开。为了保证高可靠性,负压活门采用简单的纯机械结构设计。负压活门主要部件包括:1 个圆形门、1 个圆形框架、3 个导向销和 1 个密封件。

6.3 系统性能

6.3.1 气源系统

气源系统数据如下:

- 气源系统出口温度:200 ℃,150 ℃(仅空调)。
- 气源系统出口压力:276 kPa(G)(正常工作)。
- 高温限制:引气压力低于表压 310 kPa,温度达到 260 ℃超过 55 s,引气活门关闭;引气压力高于表压 310 kPa,温度达到 245 ℃超过 55 s,引气活门关闭。
- 高压限制:温度低于 245 ℃,压力超过 414 kPa(G)15 s,压力调节活门自动关闭;温度高于 245 ℃,压力超过 310 kPa(G)15 s,压力调节活门自动关闭。
- 调压失效:压力增加到 586 kPa(G)时,超压活门关闭;压力降低到 379 kPa(G)时,超压活门重新打开。

6.3.2 空调系统

空调系统数据如下:

- 冷凝器进口温度:不低于 2.2 ℃。
- 高度活门打开高度:8 845 m。

- 应急通风手动打开高度：3 000 m。
- 座舱最大高度限制：4 600 m。
- 巡航时座舱高度：2 400 m。

6.4　设计特点

A380 飞机环境控制系统的典型设计特点如下：

① 气源系统采用四发动机两级引气构型。发动机低功率状态时，从高压级引气，高功率状态时，从中压级引气。该构型减小了发动机的引气代偿损失，提高了经济性。

② 气源系统不仅具有引气温度和压力的调节功能，以适应下游用气系统的需求，而且进行温度限制和压力限制，避免系统超温超压。

③ 机上安装两组（或 4 套）四轮升压式高压除水空调制冷组件，制冷能力大大增加，配合使用座舱空气再循环，有效降低了发动机的引气量，明显降低引气代偿损失，提升了飞机的经济性能。

④ 当飞行高度高于 8 845 m 时，设置在水分离器出口空气与冷凝器冷边出口空气混合之前的高度活门打开，旁通第一级涡轮，起到提高供气流量和节约能源的作用。

⑤ 空调制冷组件的温度控制使用调节冷风道风门和冷/热路混合的两种方式。其中，通过调节冷风道风门的大小，降低了冲压空气量，减小了飞机的燃油代偿损失，也是提升经济性的一种设计理念。

⑥ 在保证必需的通风流量基础上，通过控制和限制涡轮出口温度以保证充足的压气机风扇喘振裕度，使得冲压空气流量最小化，飞机代偿损失最小化。

⑦ 座舱空气分配采用常规的空气分配方式，可在每层座舱内选装一套个人通风系统。为了降低发动机引气量，减少燃油消耗，飞机设置了顶部和底部再循环系统。

⑧ 设置非气密舱通风系统对机腹整流罩内空调制冷组件及引气管路进行通风冷却，对安装在中央翼盒下面的燃油和配平进行通风冷却。

⑨ 电子设备通风系统给安装在上层座舱、下层座舱和驾驶舱中的电子设备提供通风，且采取空调供气，风扇排气的冷却方式。蓄电池冷却利用座舱内外压差，通过安装在飞机蒙皮上的文氏管限流，实现对其冷却。

⑩ 座舱压力采用数字式控制系统，具有 4 个相同且相互独立的排气活门控制模块，分别控制对应的排气活门。每个排气活门控制模块内均设置了自动控制、应急压力控制和安全超调控制 3 个功能，此 3 个功能相互隔离。正常工作时，排气活门控制模块按照座舱压力制度，调节排气活门开度，控制座舱排气流量，实现座舱压力及压力变化率的控制。

6.5　原 理 图

空客 A380 飞机环境控制系统原理图如图 6 - 10 所示。

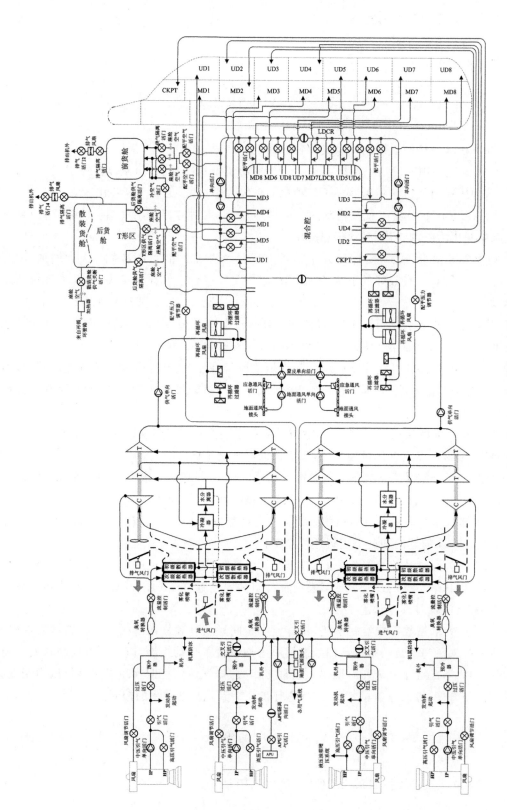

图6-10　A380飞机环境控制系统原理图

第7章　波音B707飞机

7.1　飞机概况

波音B707飞机是美国波音公司研制的四发动机远程喷气运输机。原型机于1954年7月15日首飞,最初型号是为美国空军研制的KC-135空中加油机。1957年经美国空军同意,公司在KC-135基础上研制成功波音B707民用客机,并于1958年交付使用。波音B707共获得订货1 010架,生产线于1991年关闭,1992年5月交付最后一架军用型。

中国在20世纪70年代初仿造了两架外观、大小都与波音B707非常相似的飞机,采用波音B707使用的普惠引擎,称为"运-10"。波音B707飞机如图7-1所示。

图7-1　波音B707飞机

波音B707基本型飞机的基本数据如下:
- 翼展:44.42 m。
- 机长:46.61 m。
- 机高:12.93 m。
- 最大起飞质量:150 590 kg。
- 最大巡航速度:966 km/h。
- 经济巡航速度:886 km/h。
- 最大航程:12 086 km。
- 典型布局载客量:215人。
- 动力装置:4台普惠公司生产的JT3D-7涡扇发动机。

7.2 系统说明

波音 B707 飞机装有空气循环式环境控制系统,在有些型号上装有蒸发循环式空气调节系统,本书着重介绍空气循环式环境控制系统。环境控制系统主要由气源系统和空调系统(制冷系统、空气分配系统、温度控制系统和座舱压力控制系统)组成,满足乘员的生理需求和电子设备的冷却要求。

7.2.1 气源系统

波音 B707 飞机气源系统为空调系统、发动机起动及防冰系统提供高温高压空气,主要由涡轮压气机、涡轮进口压差调节器、涡轮进口关断活门、限流文氏管、单向活门、负压单向活门和翼侧断流活门等组成。主气源来自飞机发动机高压压气机的引气驱动的 3 台涡轮压气机。辅助气源来自发动机压气机的中压引气。

来自发动机高压压气机最后一级的高温高压引气经涡轮进口压差调节器和涡轮进口关断活门进入涡轮压气机中的涡轮中,引气在涡轮中膨胀做功带动同轴的压气机旋转。地面时的外界大气或飞行时的冲压空气,经发动机短舱顶部进气口进入压气机,在压气机中升温升压后,经左侧支路上带有防喘振排气活门的出口管路和单向活门供往机翼前缘空气总管,供下游用气系统使用。

根据座舱空调需要,从发动机中压压气机最后一级引出的辅助空气由引气活门控制,经过单向活门、引气活门及限流文氏管与涡轮压气机出口的压缩空气汇合进入机翼前缘空气总管。压差调节器调节涡轮进口压力,使涡轮进口压力与大气压力之差保持恒定。进入涡轮的空气由关断活门控制。

飞机的一号发动机没有涡轮压气机,它的中压压气机引气直接进入连通左右机翼前缘的空气总管,该引气也供发动机起动系统使用。在机身内连通管路上,有两个翼侧断流活门,必要时可以隔断一侧的气源供气。在每个翼侧断流活门外侧管路上,装有负压单向活门,当总管内压力低于外面压力时,该活门平衡管内外压力,保护管路。气源压力表指示气源系统出口的供气压力。

涡轮压气机的控制包括工作状态控制和保护性控制。

① 利用涡轮喷嘴作动筒改变喷嘴面积,控制涡轮压气机工作状态,流量控制器的最大转速控制器控制涡轮喷嘴作动筒。流量控制器调节压气机出口流量,同时还控制压气机转入大流量状态,作为起动发动机的压缩空气源。为了限制涡轮压气机转速,最大转速限制器在达到最大转速时关小喷嘴,减少流入涡轮的发动机引气流量,降低涡轮压气机转速。

② 保护性控制包括防喘振放气控制、涡轮进口超压控制、涡轮压气机超速控制和压气机超温控制。当涡轮超速或超温或进口超压时,控制系统关闭涡轮进口关断活门,使涡轮压气机停止工作,防止涡轮压气机损坏。

7.2.2　制冷系统

波音 B707 飞机包括两套相同的空调制冷组件,两套空调制冷组件同时工作。每套组件主要由初级换热器、次级换热器、升压式涡轮冷却器、低压水分离器、防冰控制活门、防冰恒温器、冲压空气进气风门、次级换热器出口风门、冲压空气排气风门、涡轮风扇和涡轮风扇排气活门等组成。

从气源系统来的高温高压空气首先经过初级换热器冷却,然后分成两路:一路直接通到座舱温度控制活门,称为次热路;另一路空气通过升压式涡轮冷却器的压气机提高压力,再进入次级换热器冷却,最后经冷却涡轮膨胀降温变成冷空气。冷空气通过水分离器除水后,供往温度控制活门,该活门控制冷空气、次热路空气和直接来自气源系统的热空气之间的混合比例,最终将调节空气供往座舱。为防止水分离器内结冰,系统设有防冰恒温器和防冰控制活门,保持涡轮出口空气温度不低于 1.7 ℃。

地面,发动机压气机引气驱动涡轮风扇,风扇旋转抽吸外界大气流过初/次级换热器。飞行时,冲压空气进口风门、出口风门和次级换热器出口风门控制冲压空气流量,满足系统冷却要求。在巡航飞行时,仅初级换热器工作就可满足座舱空气调节要求。

7.2.3　空气分配系统

波音 B707 飞机空气分配系统分为驾驶舱空气分配系统和座舱空气分配系统。

驾驶舱空气分配系统将来自空调制冷组件出口的冷空气和来自配平系统的热空气按一定比例混合后供往驾驶舱。调节空气从驾驶舱顶部、空勤人员附近出口、驾驶员脚部通风口及风挡下缘喷管进入驾驶舱。供气温度由驾驶舱温度控制活门控制冷、热空气混合比例实现,供气流量由驾驶舱流量调节器进行调节。在玻璃钢供气管路上游,安装释压活门,在供气超压时,保护管路。在驾驶舱地板下的供气管路上,装有手控应急活门,必要时可用来关断驾驶舱供气。

座舱空气分配系统将调节好温度的空气(调节空气)汇集在空调分配总管里,再分成三部分分别通过地板下三根玻璃钢管路流入座舱的前、中、后区,以保证供气均匀。在两框之间的玻璃钢供气管路上装有上升支管,通过侧壁里的塑料升压管使调节空气经行李架下侧壁上的格栅口供入座舱,最后从座舱地板处侧壁排气孔排入下货舱。

因流量分配需求,在前、中、后区的玻璃钢供气管路上以及每个上升支管里均安装有限流环。

7.2.4　温度控制系统

波音 B707 飞机温度控制系统包括座舱温度控制系统和区域温度控制系统两部分。

座舱温度控制系统包括座舱和驾驶舱两套独立的温度控制系统。每套系统均由座舱温度选择器、座舱温度调节器、温度控制活门和温度传感器组成。两套系统除温度控制活门不同外,其他附件均相同。

座舱温度既可自动控制也可手动控制。自动控制时,座舱温度调节器通过控制温度控制活门,调节冷、热空气流量的混合比例,实现座舱温度的调节。座舱温度调节器有正常控制和极限控制两种方式。座舱加热时,供气温度升高。为了限制座舱空气温度,当供气温度升高至71.1 ℃时,座舱温度调节器由正常控制转入极限控制。座舱温度控制活门由一个热路活门、一个反压活门、两个次热路活门和两个冷路活门组成。根据活门位置不同,有全热、半热、半冷、全冷四种工作状态。座舱温度控制活门还包括一套人工操控机构,以备应急时使用。

座舱区域温度控制系统是座舱温度控制系统的补充,用于消除狭长座舱内的温度不均匀或由乘客分布不均引起的座舱温度变化。区域温度控制系统也可使座舱各区域保持不同温度,最大温差可达 4.4~15.6 ℃,这在客货两用机上是需要的。区域温度控制系统是人工控制系统,通过三个区域加温活门将气源系统来的热空气直接引到前、中、后区供气管路里。根据需要,可提高各区域的供气温度。

驾驶舱温度控制活门由热路和冷路两个活门组成。

7.2.5 座舱压力控制系统

波音 B707 飞机的早期型号装有气动式压力控制系统,后期型号装有电子气动式压力控制系统。电子气动式座舱压力控制系统由座舱压力调节器、安全活门、推力回收活门、均压活门和释压板组成。其中,座舱压力调节器包括一个座舱压力选择器、一个电子控制器、两个排气活门和两个真空泵。

座舱压力选择器的功能包括座舱高度选择、座舱高度变化速率选择、起飞和着陆状态选择、气压修正、排气活门位置平衡控制、人工控制和自动控制选择等。结合起落架安全电门的工作,座舱压力选择器可选择三种控制方式:

① 最小压差控制。地面停机时,排气活门全开,满足座舱最大通风要求。

② 地面压差控制。起飞前座舱进行地面增压,压差基准低于机场高度 76 m,目的是消除起飞时飞机滑跑抬头引起的座舱压力波动。

③ 座舱高度控制。座舱高度由选择器提供的信号通过电子控制器控制。

真空泵的用途是:在地面时,使排气活门全开以及在较小压差下保证活门具有迅速反应的特性。三个推力回收活门在座舱压差大于 3.43 kPa 时打开,座舱排气由喷口向后喷出,产生一定的推力,部分补偿因发动机引气而损失的推力。在货舱壁板上,装有两个均压活门和两个释压板,用于两舱的压力平衡。

7.3 系统性能

空调系统数据如下:

● 正常供气流量:5 440 m³/h。

● 最小供气流量:2 720 m³/h。

● 最大供气流量:7 650 m³/h。

- 驾驶舱和座舱温度选择范围：18～30 ℃。
- 温度控制精度：小于±0.83 ℃。
- 座舱高度选择范围：−305～3 050 m（自动控制），−305～3 965 m（人工控制）。
- 座舱高度变化率：0.254～10.16 m/s（自动控制），0～5.08 m/s（人工控制）。
- 座舱最大压差限制：58.8 kPa。
- 座舱正释压压差：64.68 kPa。
- 座舱负释压压差：2.49 kPa。
- 起飞滑跑座舱地面增压：0.862 kPa。

7.4　设计特点

波音 B707 飞机环境控制系统的典型设计特点如下：

① 气源系统采用发动机高压压气机引气作为主气源，发动机中压引气作为辅助气源的方式。3 台涡轮压气机是主气源，涡轮压气机直接压缩环境空气并供给空调系统，避免座舱空气污染。

② 制冷系统为升压式空气循环制冷系统，有些型号上装有蒸发循环制冷系统。

③ 空气循环制冷系统设置冲压空气风门，通过调节冲压空气风门，减少由飞机阻力造成的飞机航程损失。

④ 驾驶舱和座舱温度单独控制，既可自动控制，也可手动控制。

⑤ 电子式座舱温度调节器具有较高的控制精度和较好的系统动态特性。

⑥ 区域加温系统能使整个座舱温度保持均匀，也可根据需要控制一定温差。

⑦ 在座舱空气分配系统的分配总管和支管上均装有限流孔，保证空气分配均匀。

⑧ 座舱压力控制系统采用电子气动式座舱压力调节器，具有较高的灵敏度和反应特性。

⑨ 座舱压力控制系统设置 3 个推力回收活门，利用座舱排气回收推力，减少系统代偿损失。

7.5　原理图

波音 B707 飞机环境控制系统原理图如图 7-2 所示。

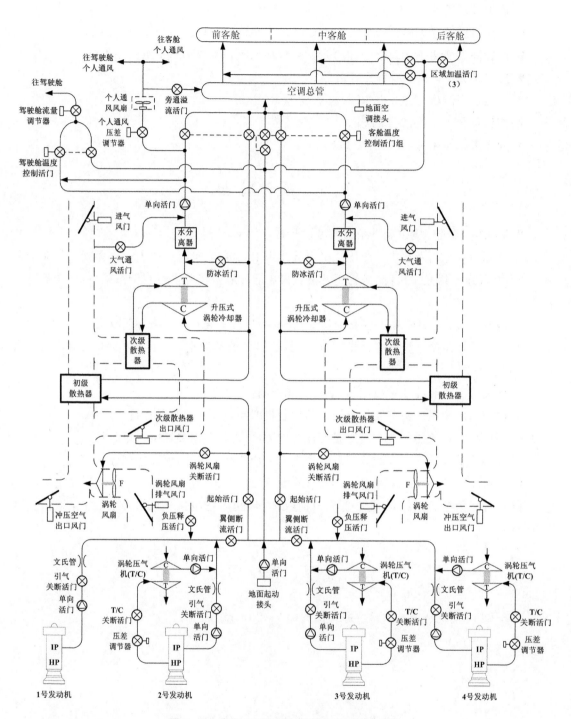

图 7 - 2 波音 B707 飞机环境控制系统原理图

第8章 波音 B717 飞机

8.1 飞机概况

波音 B717 飞机是美国波音公司开发生产的最小型的双引擎喷气式客机,定位在 100 座级的市场。波音 B717 飞机的前身是美国原麦克唐纳·道格拉斯(简称麦道)公司的 MD-95。1997 年,麦道公司被波音公司并购后,波音公司继续 MD-95 的计划,并且在 1998 年将其改名为波音 B717。1995 年,波音 B717 飞机接到第一张订单,1998 年 9 月 2 日首次飞行,1999 年 9 月 1 日美国联邦航空局和欧洲联合航空局同时为波音 B717 颁发了型号许可证,1999 年 9 月正式投入运营服务。波音 B717 飞机如图 8-1 所示。

图 8-1 波音 B717 飞机

波音 B717 飞机的基本数据如下:

- 翼展:28.5 m。
- 机长:37.8 m。
- 座舱宽:3.15 m。
- 货舱容积:26.5 m³。
- 设计载客量:106 人(两级座舱布局)/117 人(单级座舱布局)。
- 空重:31 674 kg。
- 最大起飞总重:49 940 kg。
- 最大速度:930 km/h。
- 巡航空速:840 km/h。
- 满载航程:2 650 km。
- 实用升限:11 300 m。
- 动力装置:2 台罗-罗 BR715 涡扇发动机。

8.2 系统说明

环境控制系统主要由气源系统和空调系统(制冷系统、空气分配系统、温度控制系统、电子设备通风系统和座舱压力控制系统等)组成。

8.2.1 气源系统

波音 B717 飞机气源系统可分别从发动机、辅助动力装置(APU)或地面高压气源获得高温高压空气,经过调温调压后,供给各系统使用。发动机引气系统包含高压活门、高压引导活门、低压单向活门、压力调节关断活门、压力调节关断引导活门、预冷器、风扇空气活门和管路等。气源系统由气源系统控制器控制,系统控制器包括左、右两个独立的通道。

发动机引气系统中,在高压引气口与压力调节关断活门之间安装有高压活门。高压活门是一个气动活门,包括一个驱动器、活门本体、目视指示器以及手动锁紧装置。高压活门的驱动器通过引压管与高压引导活门连接,由高压引导活门所获得的空气压力打开。一般情况下,高压活门关闭,自动从发动机压气机 5 级引气(低压引气)。当低压引气不满足要求时,气源系统控制器自动打开高压活门,转换到高压引气(从发动机压气机 8 级引气)。防冰系统开启时,低压引气温度太低,高压活门自动打开,进行高压引气,提高引气温度。此时,高压活门的开度不足以关闭低压引气单向活门,这样可以减少从高压引气的引气量,从而提高发动机的效率。同时,气源系统控制器监控下游温度是否在设定的防冰所需温度值。波音 B717 飞机发动机引气系统示意图如图 8-2 所示。

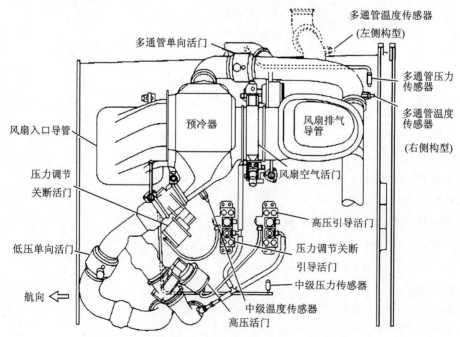

图 8-2 波音 B717 飞机发动机引气系统示意图

压力调节关断活门调节来自发动机压气机的引气压力。压力调节关断活门也是电控气动活门,由来自压力调节关断引导活门的空气压力打开。气源系统控制器接收来自多通管压力传感器的信号,当引气压力低于传感器的限定值时,气源系统控制器将压力调节关断活门全开,当压力值达到设定值时,气源系统控制器将压力调节关断活门开度调小,保持压力值在设定值。气源系统控制器持续监控预冷器下游的气体压力。在大部分飞行状态时,气源系统控制器控制预冷器下游的最大压力值为 221 kPa(G)。在地面状态和飞机下降时,控制预冷器下游的最大压力值为 275.8 kPa(G)。

预冷器是一个空-空换热器,发动机引气经过预冷器降温。在预冷器冷边出口安装有风扇空气活门(见图 8-3),其作用是调节流经预冷器冷边的冲压空气流量,控制气源系统供气温度。气源系统控制器控制风扇空气活门的开度,使预冷器下游的引气温度达到设定值。当机翼防冰系统开启时,引气温度调节在 249 ℃。当两侧机翼防冰系统关闭且飞行高度大于 6 096 m 时,温度调节至 210 ℃。当两侧机翼防冰系统关闭且飞行高度小于或等于 6 096 m 时,温度调节至 177 ℃。

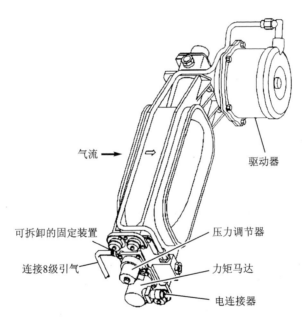

图 8-3　波音 B717 飞机风扇空气活门示意图

在 APU 供气管路上安装了 APU 引气单向活门,当发动机引气或者地面气源引气工作时,该单向活门关闭,避免高温高压气体反流至 APU。在地面,当发动机和 APU 的引气均不可用时,由地面高压气源通过地面气源接头提供高压空气进入到气源总管。

8.2.2　制冷系统

波音 B717 飞机制冷系统有两套完全相同的制冷组件(见图 8-4),对来自气源系统的引气进行降温,为空气分配系统提供调节空气,满足乘客舒适度要求。制冷组件主要包括空气循环制冷机(涡轮-压气机-风扇)、初级换热器、次级换热器、水分离器以及温度开关等。

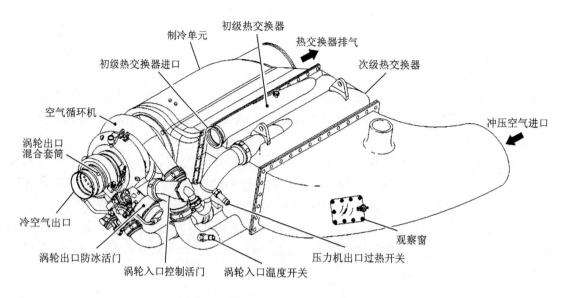

图 8-4 波音 B717 飞机制冷组件示意图

制冷组件的入口安装一个流量控制活门,控制进入制冷组件的空气流量,同时具有关断制冷系统的作用。流量控制活门是个电控气动活门,入口压力在 69~276 kPa(G)之间,最小打开压力为 52 kPa。流量控制活门有正常流量 1 630 kg/h 和最大流量 2 667 kg/h 两种流量模式。

流量控制活门调节来自气源系统的高温气体流量后,首先进入初级换热器被冲压空气冷却,然后进入压气机压缩,温度和压力再次升高,接着进入次级换热器,再一次被冲压空气冷却。从次级换热器出来的气体在冷却涡轮中膨胀降温到露点温度以下,析出的水分在水分离中被收集,并喷射到初次级换热器的冷边再次蒸发吸热,提高换热器冷却效率。从涡轮出来的冷却空气温度大约降低到 1.7 ℃,同时压力降低到大约比座舱压力高 7 kPa。

从压气机入口引出一股热气到涡轮出口,由涡轮出口防冰活门控制,使涡轮出口空气温度不低于限定值,防止空气中的游离水结冰。在水分离器的出口管路上有一个温度传感器和一个温度控制器,当传感器测得的空气温度低于 3 ℃时,温度控制器发出指令,打开涡轮出口防冰活门,保证制冷组件出口温度不低于设定值。从压气机的出口还可引出一股热气,由涡轮入口控制活门控制,与被次级换热器冷却的空气混合后,再流入涡轮进口,防止涡轮结冰。当涡轮进口空气温度高于 27 ℃时,此活门全关;当空气温度低于 13 ℃时,此活门全开。

当换热器出现故障或被灰尘堵塞,或者换热器的效率不够时,可能会发生系统过热现象。此外,当流量控制活门的空气流量大于制冷组件的限定值时,也可能导致过热。为保护制冷组件,过热时必须关闭引气。为此,每套制冷组件设置两个开关防止过热。

压气机出口过热开关安装在压气机出口和次级换热器之间的管路上。当所测温度高于225 ℃时,过热开关发出信号关闭流量控制活门;当温度降低到 205 ℃时,过热开关再次打开活门。

涡轮入口温度开关安装在次级换热器出口与涡轮入口之间的管路上。当所测温度高于

115 ℃时,温度开关输出信号关闭流量控制活门;当温度降低到 90 ℃时,温度开关再次打开活门。

在混合腔出口供往驾驶舱和座舱的供气管路上各安装一个温度开关测量调节空气的温度。驾驶舱供气管路上的温度开关信号与左空调制冷组件相关联,座舱供气管路上的温度开关信号与右空调制冷组件相关联。如果所测温度高于 88 ℃,则此温度开关发出信号关闭相应的制冷组件。

8.2.3　空气分配系统

空气分配系统的功能是将调节空气按不同舱室需求送到驾驶舱、座舱和设备舱。来自制冷系统的调节空气进入后座舱顶部的混合腔,当左、右空调制冷组件同时工作时,混合腔可以在极热天时实现最佳冷却效果。若只有一个空调制冷组件工作,则另一个空调制冷组件的空气通过混合腔保证驾驶舱和座舱的合适的空气分配比例。

从混合腔出来的空气分为两路:一路是座舱供气管,沿着座舱顶部布置,通过分配支管将空气送到行李箱上的通风口,供给座舱乘员,同时通过地板附近的排气孔将座舱排气排到货舱区域。座舱供气管路上还有一个支路给后盥洗室提供通风。另一路是驾驶舱供气管,沿着座舱顶部通往驾驶舱,从驾驶舱顶部的通风口将空气供给驾驶舱,同时通过地板上的排气孔和排气管将驾驶舱的排气排入驾驶舱地板下的附件舱和电子设备舱,为其提供通风冷却。在驾驶舱供气管路上,也有支路将调节空气供给前部盥洗室和厨房区域。另外,在左空调制冷组件出口管路上安装个人通风风扇,将冷空气抽往个人通风系统,增加个人通风系统的空气流量。

当左、右空调制冷组件出现故障,无空调供气时,如果飞机在非增压高度飞行,则冲压空气活门打开,外界空气通过冲压空气活门进入混合腔,满足驾驶舱和座舱的通风要求。

在冲压空气供气管路上还有一个支路,与地面通风接头连接。当左、右空调制冷组件均不工作,使用地面空调车供气时,地面空调车空气经地面通风接头直接供往混合腔,为驾驶舱和座舱提供通风。

8.2.4　温度控制系统

波音 B717 飞机温度控制系统包括温度控制器、温度控制活门和温度传感器等,其功能是控制系统温度、显示温度控制活门位置及管路和舱室温度等。温度控制活门安装在流量控制活门之后,调节从空调制冷组件出口进入混合腔之前的空气温度,保证在所有飞行状态下舱室的温度在合适范围内。驾驶舱和座舱的温度控制器接受来自各舱室温度传感器所测的温度值,控制相应的温度控制活门开度来调节相应座舱的供气温度。

温度控制系统有自动和手动两种控制模式,允许驾驶舱和座舱温度单独控制。机组人员可以将选择器打到"AUTO"挡位,开启自动控制模式,并设置各舱室温度在 18～30 ℃之间。温度控制器比较设定温度和座舱实际温度,然后通过调节温度控制活门的开度来调节供气温度,从而控制座舱温度。机组人员将选择器打到"STOP"挡位时,温度控制活门的开度不从温度控制器获得指令,温度控制活门发出位置信号给驾驶舱,机组人员根据活门位置指示,实施手动控制温度。

温度控制器提供供气管路和舱室的温度给驾驶舱的显示器,同时,顶控板上的温度设定值也显示在显示器上。机组人员可以根据供气管路和舱室的温度值监控系统自动控制,以便给予手动调节。各舱室管路供气温度显示在驾驶舱显示器上的空调页面上,通常以白色数字显示。当供气温度超过限定值 88 ℃时,以带方框线的琥珀色数字表示。当管路供气温度超过80 ℃时,系统告警显示相应舱室供气超温。

8.2.5 货舱加温系统

波音 B717 飞机前货舱设有电加热器,保证前货舱温度在 16~24 ℃之间,适宜于运输动物。电加热器设有恒温控制器,一般情况下,当前货舱温度低于 16 ℃时,恒温控制器关闭,电加热器开始加热;当前货舱温度升高到高于 24 ℃时,恒温控制器打开,停止加热。电加热器设有过热保护功能,当电加热器温度高于 149 ℃时,恒温控制器打开,保证电加热器温度不至于过高。后货舱仅从座舱获得热空气,保证后货舱温度在冰点以上。

8.2.6 电子设备通风系统

波音 B717 飞机电子设备通风系统包括两个冷却风扇、文氏管限流活门、单向活门和相关管路等。冷却风扇安装在前货舱的管路上,正常飞行时,主冷却风扇工作,使前附件舱和电子设备舱成为负压区,迫使驾驶舱的空气流到驾驶舱地板下,对前附件舱和电子设备舱的电子设备进行冷却通风。主冷却风扇出现故障时,备用风扇自动起动,对电子设备进行通风。地面时,主冷却风扇和备用风扇同时工作。前附件舱和电子设备舱的排气均通过货舱加热管路排出机外。在非飞行状态时,机组人员可以关闭冷却风扇,打开文氏管限制活门,使货舱加热管路形成负压区,使前附件舱和电子设备舱的空气流通,达到冷却通风的效果。

8.2.7 座舱压力控制系统

在任何飞行条件下,座舱压力控制系统保证座舱压力在合适的范围内。座舱压力控制系统具有座舱压力自动控制、座舱压力手动控制、压力指示和座舱释压等功能。

座舱压力控制系统的主要部件包括两个自动控制器、控制面板、排气活门和释压活门。一个控制器按照设定程序自动控制排气活门开度,另一个控制器处于监控备用状态,当发生异常情况时,备用控制器自动参与控制。飞行机组人员还可以通过座舱压力的手动控制功能(其优先于自动控制器),控制排气活门的开度。座舱压力指示系统为控制面板提供包括告警信息在内的数据,飞行机组人员可根据这些信息决定是否采用手动控制功能。座舱释压包括 2 个释压活门、1 个负压活门和 4 个货舱压力平衡活门。

座舱压力控制参数为:最大座舱高度爬升率为 180 m/min,最大座舱高度下降率为 91 m/min,当飞行高度为 11 278 m 时,最大座舱高度为 2 377 m,最大座舱内外压差为 53.5 kPa。对于典型飞行过程,在地面时,座舱无增压;起飞时,座舱压力高度低于起飞高度 91 m,一旦轮载信号消失,座舱继续保持低于起飞高度 91 m 的压力高度,直到飞行高度高于机场高度 1 524 m,然后,座舱高度随飞行高度的继续增大,按设定的高度爬升率变化;飞机在巡航高度时,座舱高度为设定值;飞机下降时,座舱高度按设定的高度下降率变化,降落地面时,座舱高度仍保持低于机场高度 91 m 的压力高度,直到获得轮载信号,座舱高度开始增加到与机场高度一致,60 s 后完全达到座舱无增压状态。

当自动控制模式出现异常,座舱高度超出安全值,座舱压力控制器发现座舱高度超过 4 572 m 时,发出信号给高度限制电路,此电路超越自动控制模式关闭排气活门,直到座舱高度达到安全值。

座舱释压活门从压力传感器获得外界环境的静压值,保证座舱内外压差不超过限定值,当座舱正压差达到 54.1 kPa 时,座舱释压活门开启,保证内外压差小于 57.2 kPa。座舱负压活门安装在机身后部气密框上,当外界环境压力高于座舱空气压力时,活门打开,保证座舱压力高度在任何非正常情况下都不超过飞行高度。4 个货舱压力平衡活门分为两组,每组的两个活门打开方向相反,如果座舱和货舱压差超过 3.4 kPa,则两个活门中的一个打开,保证座舱和货舱的压力达到平衡。

座舱压力告警显示有提示级、注意级和告警级三个等级。提示级和注意级信息都是琥珀色,告警级信息是红色。红色告警信息有两条:一是当座舱高度超过 3 048 m 时,显示座舱高度红色告警信息;另一条是当座舱高度高于 4 496 m 且氧气面罩失效时,显示无氧气面罩红色告警信息。当系统出现如下三种情况时,显示琥珀色注意级告警信息:

① 空调系统流量过低,不能满足座舱压力调节的最低限度;
② 飞机在地面,且座舱内外压差超过 3.4 kPa;
③ 座舱内外压差超过 57.9 kPa。

系统出现座舱高度变化率超出舒适度限制,座舱压力控制器失效,或者座舱压力控制系统开关处于手动控制模式等情况时,显示琥珀色提示级信息。

8.3　系统性能

8.3.1　气源系统

气源系统数据如下:

- 压力限制:正常飞行,221 kPa(G);地面和飞机下降,275.8 kPa(G)。
- 温度限制:249 ℃(开机翼防冰),210 ℃(不开机翼防冰且环境高度＞6 096 m),177 ℃(不开机翼防冰且环境高度≤6 096 m)。

8.3.2　空调系统

空调系统数据如下:

- 涡轮出口温度:不低于 1.7 ℃。
- 正常供气流量:3 260 kg/h。

- 最大供气流量:5 334 kg/h。
- 涡轮出口与座舱压力差:7 kPa。
- 混合腔出口管路温度:不高于 88 ℃。
- 驾驶舱和座舱温度:18～30 ℃。
- 前货舱温度:16～24 ℃。
- 后货舱温度:不低于 0 ℃。
- 座舱高度:2 400 m。
- 座舱最大正压差:53.5 kPa。
- 最大座舱爬升率:180 m/min。
- 最大座舱下降率:91 m/min。
- 座舱与货舱压差:3.4 kPa。
- 座舱高度限制:4 572 m。

8.4　设计特点

波音 B717 飞机环境控制系统的典型设计特点如下:

① 气源系统采用发动机高低压两级引气,一般情况使用低压引气。当防冰系统开启,低压引气温度不满足要求时,高压引气打开,同时,低压引气并未全关,从而减小了发动机的引气代偿损失,提高了发动机效率。

② 气源系统具有调节引气温度和压力的功能,以适应下游用气系统的需求,并且进行温度限制和压力限制,以避免系统超温超压。

③ 机上安装两套三轮升压式低压除水空调制冷组件,无回热器和冷凝器,系统构型简单,但是除水效率较低,制冷能力不足。

④ 空调制冷组件分离出来的液态水被喷射到初次级换热器的进口,水分蒸发吸热,提高热交换效率。

⑤ 空气分配系统利用混合腔实现温度控制。

⑥ 座舱压力控制系统具有自动控制和手动控制功能。

⑦ 座舱排气用来给前、后货舱通风,确保货舱温度不低于冰点。前货舱还设有电加热器,保持前货舱温度适宜于运输动物。

⑧ 驾驶舱排气用来给附件舱和电子设备舱通风,并采用多余度设计,保证系统的可靠性。

8.5　原理图

波音 B717 飞机环境控制系统原理图如图 8-5 所示。

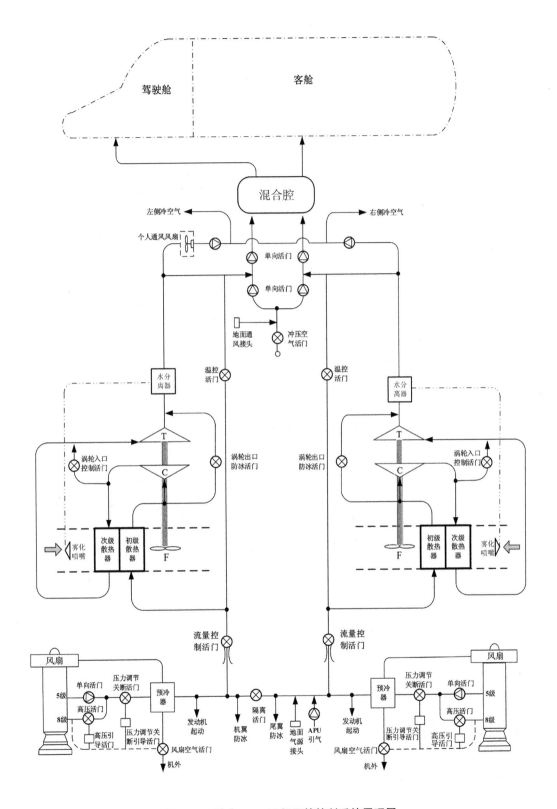

图 8 - 5　波音 B717 飞机环境控制系统原理图

第 9 章　波音 B727 飞机

9.1　飞机概况

　　波音 B727 飞机是波音公司研制的三发中短程民用客机,是波音公司继波音 B707 后的第二种喷气式客机。波音 B727 在机身尾部装备 3 台低涵道比的涡扇喷气发动机(类似英国三叉戟客机的设计),降低了油耗,提高了中短程航线运营的经济性,基本满足中短程航线的客货运输需求,主要用于中短程内陆航线。

　　波音公司于 1956 年 2 月开始进行波音 B727 飞机的方案论证,经过 3 年方案论证,于 1959 年 6 月正式开始设计工作。1961 年 6 月开始制造原型机,1963 年 9 月第一架波音 B727-100 开始试飞,1963 年 12 月获美国联邦航空局型号合格证,1964 年 2 月首架波音 B727 交付使用,并且成为历史上第一种销量突破 1 000 架的喷气式民用客机。

　　波音 B727 飞机为 3 人操控,其主要型号有波音 B727-100(基本型)、波音 B727-100C(客货两用型)、波音 B727-100QC(客货两用快速转换型)、波音 B727-200(客运型)、波音 B727-200(Advanced 型)、波音 B727-200F(货运型)等。波音 B727 飞机如图 9-1 所示。

图 9-1　波音 B727 飞机

波音 B727 基本型飞机的基本数据如下:

- 翼展:32.92m。
- 机长:46.69 m。
- 机高:10.36 m。
- 座舱长度:28.24 m。
- 最大起飞质量:83 820 kg。
- 最大巡航速度:953 km/h。

- 经济巡航速度:917 km/h。
- 最大载重航程:2 970 km。
- 最大燃油航程:4 635 km。
- 典型布局载客量:131(最多 189 人)。
- 动力装置:普惠 JT8D‐9 涡扇发动机(3 台)。
- 单台发动机推力:6 577 kg。

9.2　系统说明

波音 B727 飞机环境控制系统主要由气源系统和空调系统(制冷系统、空气分配系统、个人通风系统、温度控制系统、电子设备通风系统和座舱压力控制系统)组成,满足乘员的生理需求和电子设备的冷却要求。

9.2.1　气源系统

波音 B727 飞机装有 3 台涡轮喷气发动机,空调系统的正常供气为发动机引气。由于空调系统由两套相同的独立系统组成,因此一般情况下,1 号发动机引气供给左侧空调系统,3 号发动机引气供给右侧空调系统。供气从发动机压气机低压第 8 级或高压第 13 级引出,低压引气一般适用于起飞、爬升、巡航状态,在飞机下降、等待着陆、地面滑行、高空巡航时,高压引气辅助供气。从 1 号发动机和 3 号发动机低压引气口引出的空气经过单向活门、发动机引气活门、引气预冷器、流量控制活门等流入制冷系统。从高压引气口引出的空气经过调节/关断活门与低压引气汇合。

在制冷组件关断活门上游有一条互输管路连通左右引气系统,在互输管路上游设置两个隔离活门,两个隔离活门之间管路与 2 号发动机引气系统连接。2 号发动机引气系统只有低压第 8 级引气供给空调系统,当空调系统利用 2 号发动机引气时,会打开相应的隔断活门。

1 号和 3 号发动机的高压引气由压力调节关断活门控制,当低压引气流量不能满足系统要求时,压力调节关断活门自动打开,汇合后的空气流入引气预冷系统,引气预冷系统包括引气预冷器、预冷器调节活门、温度调节器等。引气预冷器是一个换热器,利用发动机风扇空气冷却引气。温度调节器通过控制预冷器调节活门,调节预冷器冷却风扇空气流量,进而改变冷却空气流量调节预冷器出口的引气温度,达到自动控制供给空调系统的引气温度的目的。

流经引气预冷系统的气体将通过流量控制活门和文氏管进入空调系统,流量控制活门通过接受文氏管的流量信号,依靠气动作用进行工作,控制系统供气流量。当流量控制活门全开仍然不能满足系统流量要求时,它便发出信号指令,打开调节/关断活门,使 13 级压气机引气流入系统。

地面时,空调系统可以利用辅助动力装置(APU)供气,也可以用地面空调车直接供气。

9.2.2　制冷系统

波音 B727 飞机采用了两轮升压式低压除水制冷系统,主要组成部分是空气循环机(涡轮‐压气机)、初级换热器、次级换热器、低压水分离器以及各种控制活门。制冷系统利用外界冲压空气作为热沉,与系统引气进行热量交换。

经过预冷的发动机引气温度降到 188 ℃，压力约为 330 kPa(G)；先进入初级换热器由冲压空气冷却到 62.2 ℃，再进入空气循环机中的压气机进而提高供气压力，压气机出口温度可达到 151 ℃，压力升至 400 kPa(G)；继续由次级换热器冷却，供气温度大约下降到 135 ℃，压力降至 390 kPa；然后进入冷却涡轮进行膨胀降温，出口温度最低可以达到 1.7 ℃，压力为 140 kPa；冷空气经过单向活门和水分离器，最后通过温度控制活门与热路空气混合进入座舱。

初级换热器和次级换热器在飞行过程中均由冲压空气冷却，冲压空气通过冲压空气进气风门进入换热器。冲压空气进气风门和两个冲压空气排气风门由相对应的作动器自动控制，目的是减小飞机的代偿损失。当飞机在地面或者飞行速度较低时，由冷却风扇抽吸外界环境空气冷却热空气。

在冲压空气系统中还包括一个冲压空气活门和连接空调制冷组件涡轮出口的管路，当飞机不增压飞行时，可以利用冲压空气为座舱通风。

为了防止制冷组件过热或者超速，在压气机出口和涡轮进口均装有过热电门。当出现过热时，该电门关闭组件关断活门，将温度控制活门调至全关位置。

为了防止水分离器结冰，装有防冰活门。活门打开时，从初级换热器出口引出部分热空气至涡轮出口，使水分离器出口温度不低于 1.7 ℃。

9.2.3　空气分配系统

经过空调制冷组件冷却的空气与热空气按比例混合后，供往驾驶舱和座舱的空气分配系统。其中左侧系统的调节空气一部分通过限流文氏管对流量进行控制，通过左侧地板下的管路直接供往驾驶舱。左侧系统的另外一部分调节空气与右侧系统的调节空气在空调总管中混合，经过选择器活门后分为两路供给座舱：一路空气到座舱顶部管路，从顶部进入座舱；另外一路空气经过座舱地板下两侧的分配管路，再从分配管路上的支路到行李架下面的出口进入座舱，支路在内外蒙皮之间沿座舱侧壁布置。选择器活门控制座舱顶部管路与侧壁分配管路的空气流量分配，选择器活门可由驾驶舱手动控制。

流入驾驶舱的调节空气在驾驶舱循环后进入电子设备舱冷却设备，最后排出机外，有一部分空气排入前货舱进行加热。流入座舱的调节空气在座舱内循环后通过地板上面两侧舱壁通气孔排入前后货舱，再由排气活门排到机外。

个人通风系统由个人通风风扇、个人通风集气管、个人通风喷嘴以及分配管路组成，在驾驶舱每个空勤人员座位附近、在座舱行李架下面每位乘客顶部、在厕所等处均装有个人通风喷嘴，可以提供凉爽的通风空气。

9.2.4　温度控制系统

驾驶舱和座舱由两套独立但相同的温度控制系统调节座舱温度，每套温度控制系统均由座舱温度选择器、座舱温度调节器、座舱温度传感器、预感传感器、管路温度极限传感器和温度控制活门组成。

座舱温度既可以自动控制也可以手动控制。在自动控制时，用选择器旋钮预先选定一个要求的座舱温度，当座舱温度传感器感受的温度与选择器选定的温度不同时，座舱电桥输出误差信号，经过调节器里的放大器放大后控制座舱温度控制活门，改变冷热路空气流量混合比例，通过改变供气温度来调节座舱温度。当调节温度达到 60～71 ℃时，管路温度极限电桥输出信号,取消加热指令,给出冷却指令控制温度控制活门,打开冷路活门,关闭热路活门,防止供气过热损坏管路和设备以及伤害乘员。

在空调分配混合腔上装有两个过热电门。一个在 88 ℃时工作,控制温度控制活门到全关状态;另外一个在 121 ℃时工作,关闭组件关断活门,切断供气。

座舱温度手动控制时,由选择器上的旋钮直接接通温度控制活门电机线路,控制温度控制活门工作,调节座舱温度。

9.2.5　电子设备通风系统

电子设备通风系统用于冷却电子设备舱和驾驶舱中的电子设备,主要利用驾驶舱排气管内的设备冷却风扇,使空气强迫流过需要冷却的设备,从而达到冷却电子设备的目的。风扇出口有两条管路通向机外,一条管路装有流量控制活门,另外一条管路装有流量限制喷嘴。

在增压飞行时,设备冷却风扇不工作,流量控制活门关闭,座舱与外界大气压差迫使驾驶舱空气流过设备,最后经过带有流量限制喷嘴的管路排到机外。在低空飞行时,由于座舱压差较小,则打开流量控制活门,利用设备冷却风扇将驾驶舱空气排到机外,风扇流量为 1 280 kg/h。

9.2.6　座舱压力控制系统

波音 B727 飞机座舱增压系统包括座舱压力调节系统和压力指示系统。

座舱压力通过排气活门改变排气流量从而达到调节的目的,在一般情况下座舱压力自动控制,必要时可以手动控制。

在自动控制时,座舱压力高度和座舱压力变化速率可以在座舱压力调节器面板上预先选定。在地面时,排气活门在地面风扇文氏管控制下全开。在飞行时,座舱压力自动调节器接受座舱压力、大气压力信号,并输出一个气动信号给排气活门控制其开度。

座舱压力自动调节器配有等压控制机构、座舱压力变化速率控制机构和座舱压差控制机构,可根据不同飞行状态自动调节座舱压力及座舱压力变化速率。在压力调节器面板上还有气压修正选择器旋钮,利用该旋钮在着陆时按着陆机场场压进行修正,可防止飞机着陆时座舱增压。

当座舱压力自动调节器发生故障或者在需要时,座舱压力可以使用手动调节器控制。

座舱压力排气活门除具有调节座舱压力功能外,还有座舱高度限制、座舱超压释压和真空释压等功能。在仪表板上装有座舱高度表和座舱压差表指示座舱高度和座舱压差,当座舱高度超过 3 000 m 时,座舱高度告警系统接通告警喇叭发出警告。

9.3　系统性能

9.3.1　气源系统

气源系统数据如下:

- 供气流量:2 390 kg/h(海平面),1 795 kg/h(12 200 m)。
- 气源系统出口压力:330 kPa(G)。
- 气源系统出口温度:188 ℃。

9.3.2 空调系统

空调系统数据如下：

- 设计条件：飞行高度从海平面到 3 050 m，座舱可冷却至 29.4 ℃；6 100 m 至最高飞行高度，座舱可冷却至 21.1 ℃；在 3 050～6 100 m 之间，座舱温度呈直线变化；座舱可以加热至 21.1 ℃。
- 座舱温度自动控制选择范围：18.3～29.4 ℃。
- 前货舱：可保持 0 ℃。
- 后货舱：可保持 7.2 ℃。
- 座舱高度选择范围：-305～3 050 m。
- 座舱压力变化速率选择范围：0.25～10.2 m/s。
- 正常控制座舱最大正压差：58.8 kPa。
- 排气活门正释压压差：65.66 kPa。
- 排气活门负释压压差：2.45 kPa。

9.4 设计特点

波音 B727 飞机环境控制系统的典型设计特点如下：

① 气源系统采用发动机两级引气，3 台发动机作为主供气源，正常情况下，1 号和 3 号发动机可为空调增压系统提供足够的供气流量。

② 气源系统供气流量由流量控制系统自动控制，感受流量的文氏管信号输送给流量控制活门，自动调节供气流量。当 8 级引气流量不能满足系统要求时，流量控制活门的控制器发出信号，打开 13 级引气调节关断活门，补充供气。

③ 机上安装两套两轮升压式低压除水制冷组件，冲压空气冷却系统利用冲压空气进口风门、初级换热器出口风门和次级换热器出口风门调节冲压空气流量，减小飞机代偿损失；地面工作时，由冷却风扇抽吸外界大气进行冷却。

④ 在压气机出口和涡轮进口装有两个过热电门，防止供气温度过高或者涡轮超速损坏涡轮。

⑤ 驾驶舱、座舱和货舱的区域温度可分别自动控制，并能单独选择调节温度。

⑥ 两套空调系统的调节空气分别供给驾驶舱和座舱，驾驶舱供气由文氏管限流，其余部分供给座舱；座舱调节空气由侧壁分配管路和顶部分配管路进入座舱，两个管路空气流量分配比例由选择器活门控制，从而改变座舱内流场，提高乘客舒适性。

⑦ 每个乘员位置均布置个人通风喷嘴，喷嘴可以单独调节气流流量和方向，乘客头部个人通风喷嘴的气流方向调节有所限制，防止空气喷到邻座乘客。

⑧ 电子设备通风系统中，电子设备舱和驾驶舱内的电子设备可以利用座舱排气进行冷却。

⑨ 采用气动式座舱压力调节系统，既可以手动控制也可以自动控制，另外压力调节系统中的排气活门兼有安全活门的功能。

9.5　原理图

波音 B727 飞机环境控制系统原理图如图 9－2 所示。

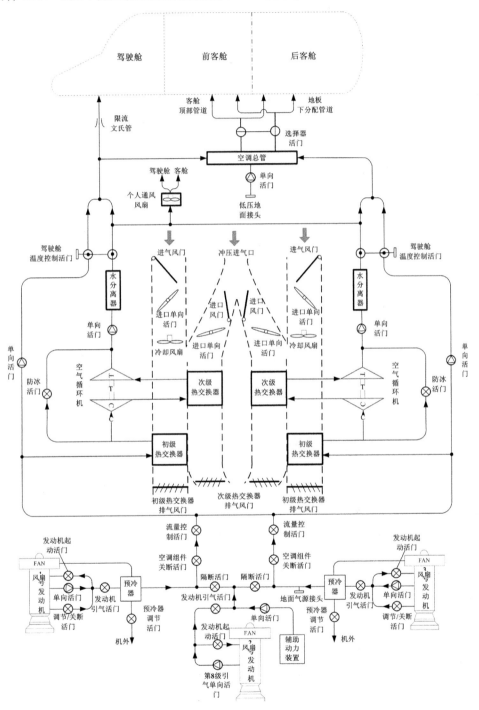

图 9－2　波音 B727 飞机环境控制系统原理图

第 10 章　波音 B737 飞机

10.1　飞机概况

波音 B737 系列飞机是美国波音公司生产的一种中短程双发喷气式客机。波音 B737 飞机自投产以来四十余年销路长久不衰。波音 B737 飞机主要针对中短程航线的需要,具有可靠、简洁,以及运营和维护成本低的特点,但是它并不适合进行长途飞行。根据项目启动时间和技术先进程度分为传统型 B737 和新一代 B737。传统型 B737 包括 B737 - 100/200/300/400/500,新一代 B737 包括 B737 - 600/700/800/900。波音 B737 飞机如图 10 - 1 所示。

图 10 - 1　波音 B737 飞机

波音 B737 飞机的基本数据如下:
- 翼展:34.3 m。
- 机长:39.5 m。
- 机高:12.5 m。
- 机身宽度:3.53 m。
- 最大起飞质量:79 010 kg。
- 巡航速度:0.785Ma。
- 最大速度:0.79Ma。
- 最大航程:5 665 km。
- 实用升限:10 700~11 300 m。
- 载客量:162~189 人。

● 动力装置:CFM56-7 涡扇发动机。

10.2　系统说明

波音 B737 飞机环境控制系统主要由气源系统和空调系统(制冷系统、空气分配系统、电子设备通风系统和座舱压力控制系统)组成,满足乘员的生理和舒适性需求和电子设备的冷却要求。

10.2.1　气源系统

波音 B737 飞机气源系统主要由发动机引气系统、辅助动力装置(APU)引气系统和地面气源系统组成。气源系统从发动机压气机或 APU 或地面高压气源获得高温高压空气,并为防冰系统、空调系统、发动机起动系统、液压油箱增压系统、水箱增压系统等使用系统提供引气。

发动机引气系统安装在发动机短舱和吊挂内,包含中压单向活门、高压活门、压力调节关断活门、预冷器、发动机引气活门、风扇活门和管路等。APU 引气系统安装在机身中部和后部,包括 APU 引气活门、APU 引气单向活门和管路等。地面气源系统安装在中机身的左下部,主要包含地面高压气源接头(单向活门安装在接头内)。此外,在主供气管路上,安装一个交叉引气活门,用于连通或隔断左右发动机引气系统。波音 B737 飞机气源系统示意图如图 10-2 所示。

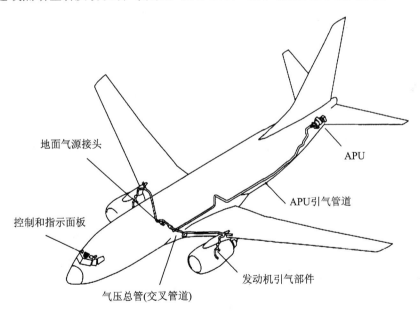

图 10-2　波音 B737 飞机气源系统示意图

气源系统从发动机压气机的中压级和高压级引气。当发动机转速低时,特别在飞机下降发动机慢车状态时,由于中压级(IP)引气口的压力不足,此时从高压级(HP)引气,中压引气单向活门自动关闭以防止空气流入低压级。当发动机转速高时,自动从中压级引气,并且高压引气活门关闭。引气调节器和压力调节关断活门控制系统的引气压力和引气量,并在引气调节器上设有超压开关来防止过压。调压后的引气经预冷器降温后，输送到各个使用系统。预冷器的冷却空气来自发动机风扇，通过调节风扇活门的开度控制冷空气流量，进而实现温度的调节。当引气温度达到 232 ℃时，控制压力调节关断活门关小，降低引气温度。当温度超过 254 ℃时，压力调节关断活门关闭，防止高温气体损坏下游系统和部件。

APU 引气系统用于辅助供气和地面起动发动机，安装在飞机中后机身。当 APU 引气活门完全打开时，压力调节活门关闭，切断发动机引气，主供气管路上的交叉引气活门打开，将引气供给各个使用系统。在 APU 供气管路上安装了 APU 引气单向活门，当发动机引气或者地面气源引气时，该单向活门关闭，避免高温高压气体反流至 APU。

在地面，当发动机引气和 APU 引气不可用时，由连接的外部气源供给高压引气，给各个使用系统。当地面气源工作时，高压引气推开单向活门流入到飞机的气源系统内。当外部的供气停止时，单向活门关闭，确保由发动机或者 APU 供气时，空气不会从系统流出。

气源系统的控制和指示装置安装在驾驶舱的空调和引气控制面板上，控制和指示装置使用 28 V 直流电和 115 V 交流电。双指针式压力表显示右侧和左侧气压总管的压力，当气压总管的压力来自 APU 或一发、双发引气系统时，引气灯亮。压力传感器为压力表提供气压压力信号，管路压力传感器使用 28 V 直流电并且为管路压力表提供指示信号。引气断开指示灯显示过压和超温情况。

10.2.2　制冷系统

制冷系统调节空调制冷组件的空气流量，并控制空调制冷组件的出口温度和湿度，主要包括空调/引气控制器、流量控制活门、空调制冷组件、冲压空气系统和水分离器等。

制冷系统主要分布于环控系统设备舱及翼身整流罩。流量控制活门为电控气动活门，位于环控系统设备舱，控制空调制冷组件的供气流量。当流量控制活门电磁线圈 C 接通时，该活门打开，使得位置电门移到打开位，位置电门向飞行管理计算机系统、公用显示系统、增压系统、温度控制系统、再循环系统发送信号。当电磁线圈 B 被接通时，流量控制活门在低流量模式下工作；当电磁线圈 B 断电时，流量控制活门在高流量模式下工作。波音 B737 飞机流量控制活门示意图如图 10-3 所示。

制冷系统采用两套升压式低压除水空气循环制冷组件，每套组件主要由初级换热器、次级换热器、压气机、冷却涡轮、水分离器、温控活门和低限活门等部件组成。每套制冷组件分别有一个冲压空气进气道和排气管路。外界空气从冲压空气进气口进入换热器，从排气管路排出机外。冲压空气进气道位于环控设备舱外，由冲压进气口延伸至翼身整流罩。排气管路在环控设备舱后部。初级换热器位于环控设备舱后外部，用于冷却要进入压气机的引气。次级换热器在初级换热器之后，用于对压缩的空气进行再次冷却。波音 B737 飞机制冷组件示意图如图 10-4 所示。

制冷组件的空气循环机由涡轮-压气机-风扇组成。空气循环机位于环控系统设备舱内。空气在涡轮内膨胀做功，温度降低。水分离器安装在环控设备舱内，收集并除去组件空气中的游离水分。低限活门安装在环控设备舱内，可以调整流进水分离器的热空气量。

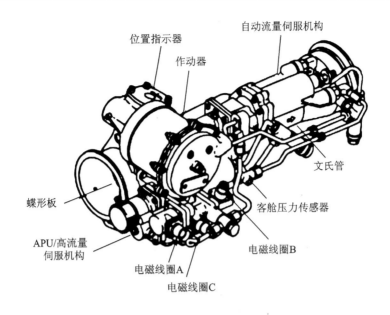

位置指示器
自动流量伺服机构
作动器
文氏管
蝶形板
客舱压力传感器
APU/高流量
伺服机构
电磁线圈B
电磁线圈A
电磁线圈C

图 10 - 3　波音 B737 飞机流量控制活门示意图

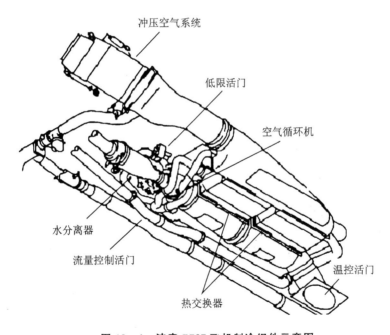

冲压空气系统
低限活门
空气循环机
水分离器
流量控制活门
温控活门
热交换器

图 10 - 4　波音 B737 飞机制冷组件示意图

气源系统的引气通过流量控制活门后分成两路:一路引气进入初级换热器里,由冲压空气初步冷却,再经过温控活门到达压气机;另一路经由温控活门进入混合腔用于温度调节。温控活门是一个联动活门。供气经过压气机压缩,增加了压力和温度后,在次级换热器里被进一步冷却,最后在冷却涡轮里膨胀降温,冷却涡轮带动压气机工作。涡轮冷却器有一个旁路,由低限活门控制。初级换热器的出口热空气可以直接流到冷却涡轮出口,防止涡轮和水分离器结冰。涡轮出口冷空气经过水分离器分离出水分,游离水通过喷嘴进入冲压空气进气道再次蒸发,提高了换热效率。经过除水的空气通过单向活门后进入混合腔,与来自热路的引气混合,调节供气温度。

低限活门由温度传感器、控制器和活门组成,通过监测和调节水分离器里的温度,防止结冰情况发生。当涡轮出口管路里的空气温度低于 1.1 ℃时,控制器向活门输出打开信号;当空气温度高于 2.2 ℃时,控制器向活门输出关闭信号;当空气温度为 1.1~2.2 ℃时,控制器不输出信号。

制冷系统采取了过热保护措施。在压气机出口、涡轮进口以及组件出口管路上分别布置了压气机排气过热开关、涡轮进气过热开关、组件供气过热开关,用于过热保护。下列情况之一发生时,这些过热保护部件可以自动中断制冷组件的工作。

① 压气机排气温度超过 199 ℃;

② 涡轮进气温度超过 99 ℃;

③ 制冷组件供气温度超过 121 ℃。

空调/引气控制面板位于驾驶舱顶部面板上,制冷系统由空调/引气控制面板控制并提供提示信息。整个组件的控制由空调系统控制器(ACAU)根据系统需要自动执行,通过温度传感器、控制器和活门执行机构完成。

10.2.3　空气分配系统

空气分配系统将调节空气分配给飞机座舱的不同区域(如驾驶舱、座舱以及厨房/盥洗室)进行通风,并对座舱空气进行再循环(目的是减少飞机发动机的引气)。空气分配系统主要由以下几个分系统组成:

① 主空气分配系统;

② 驾驶舱空气分配系统;

③ 座舱空气分配系统;

④ 再循环系统;

⑤ 通风系统。

主空气分配系统通过飞机侧壁的立管和顶部的分配总管把两套空调系统的调节空气输送到座舱。系统主要由地面空调接头、混合腔和系统管路组成。其中成品部件布置在前货舱后部的分配舱内,管路布置在座舱侧壁和顶板上方区域。

驾驶舱空气分配系统为驾驶舱机组人员提供温度可调的空气。来自左空调制冷组件的空气流过飞机左侧分配管路,最终通过驾驶舱管路供往驾驶舱。当左侧空调制冷组件故障时,转为右侧空调制冷组件为驾驶舱提供温度可调的空气。驾驶舱空气分配系统由顶部出风口、底部出风口、脚部出风口、风挡出风口、侧壁出风口、单独面板出风口、限流环及消音器组成。飞行员可以通过调整导流板来调整顶部出气口气流的方向,但不能关闭供气;限流环和消音器安装在供气管路上,限流环用来控制气体流量,消音器用来减少空气噪声。

座舱空气分配系统主要通过侧壁立管、舱顶分配管路、集气/喷嘴组件、软管、侧壁扩压、扩压器/管等组件将空调空气分配到座舱。从主空气分配总管路来的空调空气通过侧壁立管、左/右机身两侧扁管、舱顶分配管路供往座舱。舱顶分配管路沿着座舱中央的顶部纵向分布，空调空气通过扩压器/管和消音器流至侧壁扩压和集气/喷嘴组件。舱顶分配管路连接至软管将空调供气输送到前/后座舱区域的厨房和盥洗室。座舱排气通过地板格栅排至地板下，一部分排气通过再循环系统重新参与座舱空气分配，其他排气通过排气活门排至机外。座舱顶部分配管路是一个圆柱形的复合材料管，安装在座舱中央的顶板区域，沿管路长度方向侧边有接口，分别通过连接侧壁立管和侧面的软管，将空调供气分配到座舱。个人通风系统由一系列个人通风喷嘴组成。通过这些可调节流向和流量的通风喷嘴向每位乘客附近提供空调空气。

再循环系统安装在分配舱内，由集气管套、空气滤、再循环风扇及单向活门等组成，回收座舱内空气并与空调制冷组件的出口空气进行混合（目的是调节温度），然后一起被分配输送到座舱。再循环系统安装在分配舱内顺航向右侧，再循环风扇抽取座舱内的空气，通过一个高效的微粒空气过滤器后送至货舱顶部分配总管。该过滤器能过滤掉类似于微生物的非常小的颗粒。再循环单向活门用 V 形卡箍安装在风扇与总分配管路之间，防止空调系统供气通过再循环系统流出主分配总管。

波音 B737 飞机再循环风扇示意图如图 10-5 所示。

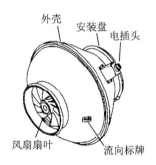

图 10-5　波音 B737 飞机再循环风扇示意图

通风系统利用座舱和环境的压差对盥洗室进行通风。通风系统主要由盥洗室空气进口、连接软管、盥洗室通风消音器和排气管嘴组成。安装在盥洗室天花板上的空气进口和安装在飞机蒙皮上的排气管嘴之间使用连接软管进行连接。盥洗室通风消音器降低从增压座舱流出的空气噪声。如果盥洗室通风消音器外壳腐蚀或损坏后，空气噪声会增大。

10.2.4　温度控制系统

温度控制系统用来控制飞机座舱的空气温度，具有自动和手动两种控制状态，并在飞机的空调/引气控制面板和温度控制面板上显示控制和指示信息。温度控制系统主要由温度控制器、温度传感器、空调辅助装置（ACAU）和活门等部件组成。当引气系统提供引气时，空调制冷组件工作，温度控制系统处于可工作状态。

座舱温度控制器（CTC）安装在电子设备舱 E4-1 架上，主要控制座舱区域的空气温度。座舱温度传感器组件（包含温度传感器、进气格栅、空气滤和温度传感器风扇等）给座舱温度传感器和传感元件提供过滤的空气流，并发送座舱温度数据到座舱温度控制器，温度控制器使用这个数据与选定的温度进行比较。管路温度预测传感器为座舱温度控制器提供温度变化率，温度控制器使用这个数据调节温控活门的开度大小。当管路温度超过 60 ℃时,管路温度限制传感器给座舱温度控制器发送超温信号。空调辅助装置(ACAU)安装在电子设备舱 E4-1 架上,提供飞机工作逻辑和飞机系统之间的接口,监控引气和空调系统逻辑电路的工作。温控活门安装在空调舱的后部区域,调整流进制冷组件和空气分配系统的冷热空气的比例。

当空调制冷组件工作时,温度控制系统开始工作,温度传感器发送座舱温度数据到温度控制面板和座舱温度控制器,温度控制面板显示空气温度和温控活门开度位置。座舱温度控制器接收温度控制面板信号,通过空调辅助装置发出控制和工作信号,自动控制座舱温度。座舱温度控制器监测从座舱温度传感器、管路温度预测传感器和管路温度限制传感器来的空气温度,并与座舱温度选择器的温度进行比较,比较结果为热或冷的偏差信号。如果偏差大于 0.5 ℃时,热或冷的信号通过空调辅助装置传到温控活门。管路温度限制传感器给座舱温度控制器提供信号,当管路温度增加到 60 ℃时,座舱温度控制器断开热信号并且将冷信号通过空调辅助装置送到温控活门。温控活门通过接收的这些温度信号来控制空调制冷组件冷热路空气的混合比例。

温度控制系统采取了过热保护措施。在供气管路上布置了管路过热电门,如果供气管内的温度达到 88 ℃或更高时,管路过热指示灯亮,管路过热电门闭合,并将冷信号通过空调辅助装置送到温控活门,关闭热路。温控活门的指位表从温控活门传感器获得位置信号,活门位置显示热气和冷气的比例。当选择器放在"座舱"位时,温度表指示座舱空气温度。当选择器放在"供气管"位时,温度表显示管路空气温度。

10.2.5 电子设备通风系统

电子设备通风系统利用风扇抽取座舱空气冷却驾驶舱和电子设备舱内的电子设备。电子设备通风系统分为供气系统和排气系统两个分系统,每个系统都有一个主风扇和一个备用风扇。供气系统和排气系统用风扇作为动力源,输送座舱空气到电子设备周围。

供气系统管路沿着电子设备舱右侧壁向前延伸,分别向电子电气舱的设备架和驾驶舱内的面板供气。排气系统通过排气活门使冷却电子设备后的热气排向机外。低流量传感器安装在前设备舱内,位于电子设备通风系统的供、排气管上,监测电子设备通风系统的空气流量。空气过滤器安装在电子设备舱的右侧壁上,在供气风扇的上游,确保冷却空气流进电子设备之前滤去小的脏物颗粒,防止污染电子设备。

供气风扇将冷却空气供至显示器(P1、P2)、飞行管理计算机(FMC)、控制显示器(P9)、中央操纵台(P8)和电子设备舱内的设备架。排气管路分布在电子设备舱的后下部。排气风扇从显示器(P1、P2)、飞行管理计算机(FMC)、控制显示器(P9)、电路跳开关面板(P6)、控制和指示面板(P5)和电子设备舱内的设备架抽气。飞行中,热气排向前货舱。在地面时,热气通过排气活门排出机外。供、排气系统使用低流量传感器来监测流过系统的冷却空气流量,当冷却空气不足或低流量时,低流量传感器向驾驶舱控制面板发送告警信号。波音 B737 飞机电子设备通风系统原理图如图 10-6 所示。

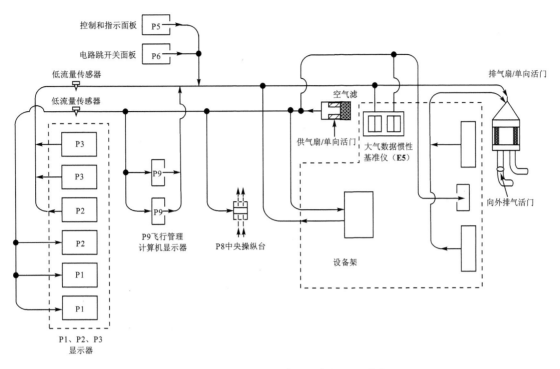

图 10-6 波音 B737 飞机电子设备通风系统原理图

电子设备通风系统的控制和指示在前顶 P5 板上的设备冷却面板上。电子设备冷却面板有设备冷却供气和排气电门,每个电门有"正常"和"转换"两个位置。每一个开关都有"正常"和"应急"两个位置。电子设备通风系统的每个风扇都有一个单向活门,并安装在一起作为整体。风扇上安装有防止受到过热损坏的热敏开关。

10.2.6 座舱压力控制系统

座舱压力控制系统由座舱压力控制组件、座舱高度面板、座舱压力控制器、排气活门、正压释压活门、负压释压活门、货舱爆破板、压力平衡活门和座舱高度警告电门等组成。

座舱压力控制组件可以进行自动/手动模式的选择,并且显示着陆高度及飞行高度。座舱高度面板能够显示座舱高度及压差。座舱压力控制器接收座舱压力信号,计算实际参考压力并且估算排气活门开度。排气活门控制流出飞机机体的气流量。正压释压活门是一个失效安全装置,当机舱内外压差太高时,活门打开,空气流出机舱;正压释压活门控制座舱压力与大气压差保持在 61.7 kPa 范围内。负压释压活门主要防止飞机快速下降期间,负的压差损坏飞机结构,当飞机外大气压力超过飞机内的压力 6.9 kPa 时,负压释压活门打开。货舱爆破板防止飞机结构在突然减压期间受到损坏。压力平衡活门允许空气流进或流出货舱,以便保持货舱和座舱压力一致。座舱高度警告电门在座舱高度为临界值时给予机组警告。

座舱压力控制系统的两台数字式座舱压力控制器交替工作。每台座舱压力控制器都安装有系统接口和活门马达系统,因此,自动控制模式是双余度构型。在任何时候只有一台座舱压力控制器控制排气活门开度大小,另一台进行备份。每次飞行时,如果有故障事件存在,则两台控制器之间将进行无扰动切换。手动控制系统安装有单独的活门马达。整个压力调节系统是三余度构型。

自动控制状态是正常工作状态。在这种状态下,系统根据飞行前选择器的旋钮所选择的位置,在整个飞行过程中自动控制座舱压力,共有 5 种压力控制程序如下:

① 地面不增压程序。在地面滑行前(舱门未关时),飞行/地面开关放在"地面"位置,发出座舱高度高出机场 305 m 的信号,使排气活门全开。

② 地面预增压程序。飞行/地面开关放在"飞行"位置,发出座舱高度低于机场高度 58 m 的信号,使排气活门部分关闭,座舱预增压,防止起飞抬头时座舱压力波动。

③ 爬升程序。调节器的函数发生器根据选择的飞机高度编制爬升程序,控制飞机从离地爬升到巡航高度的座舱压力变化率。

④ 巡航程序。系统根据选择的巡航高度保持正常的座舱压差值。

⑤ 下降程序。函数发生器根据选择的着陆高度编制下降程序,在着陆接地时,座舱高度低于着陆机场高度 91 m,然后系统继续执行地面增压和地面不增压程序,飞行结束。

当自动控制故障时,座舱压力控制系统可以进行手动控制。手动控制状态下,自动控制系统断开,控制组件的排气活门电门接通,绿色的手动控制系统指示灯亮,机组人员可以手动控制座舱压力。

10.3 系统性能

10.3.1 气源系统

气源系统数据如下:

- 气源系统出口温度:199～227 ℃。
- 气源系统出口压力:289.6 kPa(G)。
- 高温限制:当温度达到 232 ℃时,控制压力调节关断活门关小;当温度达到 254 ℃时,压力调节关断活门关闭。
- 高压限制:当压力超过 1 516.9 kPa 时,压力调节关断活门关闭。

10.3.2 制冷系统

制冷系统数据如下:

- 双制冷组件工作时,新鲜供气量:4 000 kg/h(地面状态),2 900 kg/h(巡航状态)。
- 单制冷组件工作时,新鲜供气量:2 400 kg/h(地面状态),1 800 kg/h(巡航状态)。
- APU 供气时,新鲜供气量:3 600 kg/h,热天(温度＋38 ℃);4 600 kg/h,冷天(温度－23 ℃);3 000 kg/h,常温(温度－5～30 ℃)。

10.3.3　座舱压力控制系统

座舱压力控制系统数据如下：

- 座舱高度：不超过 2 400 m。
- 压力变化率：0.030 5 kPa/s。
- 最大正压差：61.7 kPa。
- 最大负压差：6.9 kPa。

10.4　设计特点

波音 B737 飞机环境控制系统的典型设计特点如下：

① 气源系统采用发动机压气机中压级和高压级引气作为空调系统的主气源。一般用中压级引气，以减少发动机引气损失。当中压级引气流量不能满足要求时，采用高压级引气。

② 机上有两套升压式空气循环制冷系统，涡轮旁路安装有低限活门，能够防止涡轮出口管路和水分离器结冰。

③ 采用单独的冲压空气系统调节冲压空气流量，既满足冷却要求又减少飞行阻力。

④ 驾驶舱和座舱两套温度控制系统完全相同，但相互独立，每套系统都可自动控制，也可手动控制。

⑤ 座舱温度控制系统具有过热保护措施，在供气管路上布置了管路过热电门，防止供气管路内的温度超过 88 ℃。

⑥ 电子设备通风系统包括供气和排气两个分系统，利用座舱空气冷却驾驶舱和电子设备舱内的电子设备。

⑦ 座舱压力控制系统具有自动和手动控制状态，整个系统具有三余度控制结构，在每种状态下可以单独控制座舱压力，控制可靠性得到提高。

⑧ 在起飞前将选择器旋钮开关调整好，整个飞行过程中，座舱压力控制器便能自动控制座舱压力及压力变化速率。

10.5　原理图

波音 B737 飞机环境控制系统原理图如图 10-7 所示。

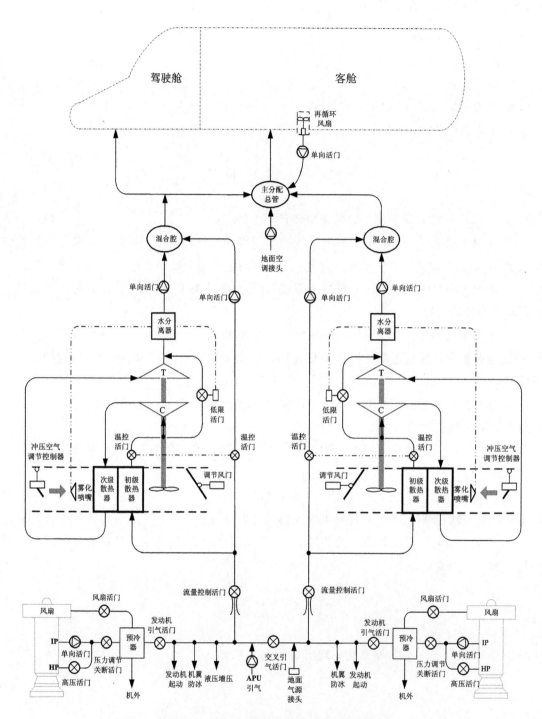

图 10 - 7 波音 B737 飞机环境控制系统原理图

第 11 章　波音 B747 飞机

11.1　飞机概况

波音 B747 飞机是一种大型宽机身远程飞机,除客运型外还有货运型和客货混合型。波音 B747 飞机的机翼采用悬臂式下单翼,全动水平尾翼。其动力装置为 4 台涡轮风扇喷气式发动机,由发动机带动 4 台交流发电机为飞机供电,并具有 4 套独立液压系统。波音 B747 飞机机身是普通半硬壳式结构,采用两层座舱的布局方案,驾驶室置于上层前方,之后是较短的上层座舱。驾驶舱配置了 2 个观察员座椅。公务舱在上层座舱,头等舱在主座舱前部,中部可设公务舱,经济舱在后部,座舱地板下为货舱。波音 B747 飞机如图 11-1 所示。

图 11-1　波音 B747 飞机

波音 B747 飞机的基本数据如下:

- 翼展:64.4 m。
- 机长:70.6 m。
- 机高:19.4 m。
- 载客量:416 人。
- 空载质量:178 756 kg。
- 最大起飞质量:396 890 kg。
- 巡航速度:0.85Ma。
- 最高巡航速度:0.92Ma。
- 满载航程:13 450 km。
- 动力装置:普惠 4056;GE CF6-80C2B5F,罗-罗 RB211-524H。

11.2 系统说明

波音 B747 飞机环境控制系统主要由气源系统和空调系统(包括制冷系统、空气分配系统、电子设备通风系统和座舱压力控制系统等)组成。

11.2.1 气源系统

波音 B747 飞机气源系统包括发动机引气系统、APU 引气系统和地面气源系统。气源系统从发动机、APU 或地面气源处获得压缩空气,并将压缩空气通过管路送达空调系统、机翼前缘作动装置、短舱和机翼防冰系统、发动机交叉起动系统、液压油箱增压系统、水箱增压系统等各个使用系统。

发动机引气系统安装在发动机短舱和吊挂内,由单向活门、高压活门、压力调节活门、风扇活门、预冷器、引气超温开关、引气温度传感器、压力调节关断活门和管路等组成。APU 引气系统安装在机身中部和后部,由 APU 引气活门、单向活门和管路等组成。地面气源系统安装在中机身的左下部,主要包括地面高压气源接头,单向活门安装在接头内。此外,在主供气管路上,安装两个交叉引气活门,用于连通或隔断左右发动机引气系统、APU 引气系统和地面气源系统。

发动机引气系统从 4 台发动机的中压压气机或高压压气机引气,同时调节发动机引气的流量、温度和压力。当发动机转速较低时,中压级(IP)供气压力不能满足系统要求,高压活门自动打开,此时从高压级(HP)引气。高压活门可以自动调节活门出口的压力,单向活门防止高压引气时气体逆流至中压级。当发动机转速高时,高压活门关闭,自动从中压级引气。引气通过压力调节活门,将压力调节至 406.8～475.8 kPa(G)后进入预冷器。预冷器是一个空气-空气换热器,安装在每台发动机上,预冷器冷边空气来自发动机风扇,通过调节风扇活门的开度控制冷空气流量,实现引气温度的调节,预冷器能够保持引气温度在 160～193 ℃范围内。当发动机引气温度低于 160 ℃时,风扇活门关闭,预冷器内没有冷空气流过。当发动机引气温度高于 193 ℃时,风扇活门全开。从预冷器出来的气体经过压力调节关断活门进行压力调节,调节范围为 207～345 kPa(G),并防止在发动机起动时发生逆流。当预冷器出口温度超过 220 ℃时,压力调节关断活门开始关闭,如果温度超过 232 ℃,则活门完全关闭。

波音 B747 飞机发动机引气系统示意图如图 11-2 所示。

在地面或者空中飞行时,APU 引气系统作为第二气源为制冷系统提供引气。当 APU 引气时,单向活门打开,压缩空气进入气源总管。当发动机引气或者地面气源引气工作时,APU 引气单向活门关闭,避免高温高压气体反流至 APU。

在地面,当来自发动机和 APU 的引气不可用时,地面气源车经过高压地面接头提供压缩空气,供制冷系统等各个使用系统使用。高压地面接头包括一个单向活门。当地面气源工作时,高压引气推开单向活门流入到飞机的气源系统内。当外部的供气停止时,单向活门关闭,避免由发动机或者 APU 供气时,空气从该系统逆流至机外。

发动机指示和机组告警系统可以监测引气管路的温度和压力。当引气管路内气体超温或超压时,系统故障灯亮,并且发动机指示和机组告警系统发送故障信息。发动机引气控制开关

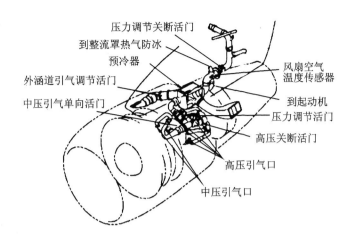

图 11-2　波音 B747 飞机发动机引气系统示意图

控制单发引气操作,机翼交叉引气活门控制开关可以控制飞机左翼或右翼进行引气。APU 开关可以控制 APU 关断活门的开度并且为制冷系统提供引气。

11.2.2　制冷系统

制冷系统采用三套相同且相互独立的三轮升压式空气循环制冷组件。每套制冷组件包括初级换热器、次级换热器、空气循环机(涡轮-压气机-风扇)、压气机旁路单向活门、温控活门、水分离器等。冷风道调节风门可以自动控制通过换热器的冷边空气流量,进而调节制冷组件的温度。从气源系统引出的热空气由制冷系统冷却后分配给座舱。

空调制冷组件调节供气流量、压力和温度,为座舱提供调节空气,满足座舱乘客舒适性的需求。空调制冷组件安装在中央翼盒下方。

流量控制活门调节每套空调制冷组件的空气流量,保持制冷组件供气流量的稳定。飞机巡航时,制冷组件为正常工作状态。飞机在地面、起飞、爬升、下降、降落时,制冷组件为最大流量工作状态,此时,流量控制活门全开。

波音 B747 飞机制冷系统示意如图 11-3 所示。

来自气源系统的高温高压气体,通过流量控制活门进入初级换热器被初步冷却,初级换热器为板翅式换热器。当飞机在飞行状态时,初级换热器将热量传递给冲压空气。当飞机在地面状态时,热量传递给由风扇驱动的冷却空气。初步冷却后的空气分成两路:一路进入压气机旁路单向活门(压气机旁路单向活门安装在压气机旁路内);另一路进入压气机被升温升压。被压气机压缩后的气体经过次级换热器,由冲压空气进一步冷却。冷却后的空气分成两路:一路进入涡轮进行膨胀降温;另一路通过温控活门,调节涡轮出口的空气温度,防止水分离器结冰。从涡轮出来的冷空气由水分离器除掉所包含的水分,水分由雾化喷嘴喷到换热器冷却空气进口,提高冷却效率。

为了防止供气过热导致空调制冷组件损坏,制冷系统采用了过热保护措施。在压气机出口管路上安装了过热开关,当温度超过 218 ℃时,过热开关闭合,给出信号关闭流量控制活门,并给出空调制冷组件失效告警信号。在水分离器出口下游管路上,还布置了一个组件供气超温开关,

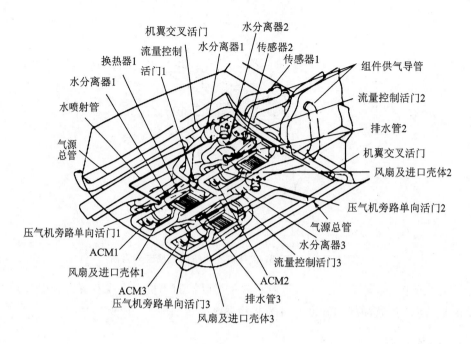

图 11 - 3　波音 B747 飞机制冷系统示意图

如果组件供气温度超过 85 ℃,则流量控制活门关闭,并发出空调制冷组件失效的告警信号。

11.2.3　空气分配系统

　　波音 B747 飞机空气分配系统将制冷系统出口冷空气和再循环空气充分混合后供往飞机座舱。波音 B747 飞机空气分配系统主要由主空气分配系统、驾驶舱空气分配系统、座舱空气分配系统、个人通风系统、再循环系统、通风系统、货舱通风系统、机组休息区通风系统等分系统组成。空气分配系统的主要功能如下:

　　① 为飞机座舱提供调节空气;

　　② 对座舱空气进行再循环;

　　③ 对厕所和厨房进行通风;

　　④ 给电子设备提供冷却空气等。

　　主空气分配系统的空气来自空调制冷组件和再循环系统,空调制冷组件出口的空气进入分配总管与再循环系统空气充分混合后,通过分配支管送至舱内。分配总管由两段铸造的三叉管相互焊接连接而成,位于飞机机翼段座舱地板下区域,分为左右两个部分,每个部分有 3 个支管。每套空调制冷组件出口处都有一个单向活门,该单向活门为一个带弹簧的双活门瓣活门,用于防止空调制冷组件出口空气倒流。地面通风接头安装在空调制冷组件 1 与空调制冷组件 3 出口的管路上,用于地面状态时空调车代替空调制冷组件为飞机提供冷空气,地面通风接头内有一个单向活门,防止空调制冷组件正常工作时空气产生倒流。

　　驾驶舱空气分配系统的供气来自分配总管左侧,由驾驶舱通风管路、地板和顶板出风口、个人出风口、风挡玻璃出风口和肩部加热空气进口组成。风挡供气关断活门安装在驾驶舱左右侧分支管路上,该活门是一个由 28 V 直流电控制的蝶形活门,用于打开或关闭通往风挡玻璃的气流。左右分支管路上还安装一个加温装置,该装置能够为驾驶员肩部加温,飞行员可手动控制肩部加温出口活门,为飞行员肩部提供适宜空气。

座舱分为上部座舱和下部主座舱,下部主座舱分为 A～E 共 5 个区域,其中 A 区域为飞机 1 号舱门往前至主舱门处,B,C 和 D 区域位置分别为飞机 1 号舱门到 2 号舱门、2 号舱门到 3 号舱门和 3 号舱门到 4 号舱门处,飞机 4 号舱门往后的区域为 E 区。分配总管的左侧供气输送至 A 区、C 区、E 区和驾驶舱,分配总管右侧供气输送至 B 区、D 区和上部座舱区域。座舱供气流过舱内后经地板两侧排气格栅排至货舱区域,最终由排气活门排往机外。

个人通风系统通过可调节的个人通风喷嘴为乘员提供面向座椅区域的单独供气,乘员通过旋转喷嘴控制气体的流量及方向。个人通风系安装在座椅上方,包括一台个人通风风扇、过滤器、分配管路及个人通风喷嘴。天花板周围的空气通过风扇抽取后送入过滤器,过滤后全部送往个人通风系统,调节不同乘员周围空气的流速,使乘员达到最舒适的状态。个人通风的空气是来自下部主座舱的 100% 再循环空气。

再循环系统可以增加飞机座舱内的空气流动,并且改善舱内空气流通效果。再循环系统由顶部再循环和底部再循环两部分组成。顶部再循环系统包含两个并排的风扇,抽取天花板上的空气后通过顶部再循环供气管分配到各区域管路。风扇出口处安装有单向活门,防止风扇不工作时分配管路内气体倒流。底部再循环系统包含两个独立的风扇和供气管,抽取地板下空气分配至左右两侧区域管路。风扇出口处安装有单向活门,防止风扇不工作时分配管路内气体倒流。每个再循环风扇还带有过滤器,保证再循环空气的品质。顶部和底部再循环供气供往上部座舱和下部主座舱,驾驶舱的再循环空气由底部再循环风扇提供。当飞机处于爬升、下降或地面状态时,三套空调制冷组件处于大流量工作状态,此时仅顶部再循环系统工作。在地面,仅一套或者两套空调制冷组件工作时,地板下再循环系统工作。正常巡航飞行,顶部和地板下再循环系统同时工作。如果探测到烟雾,再循环系统停止工作。

通风系统可以提高座舱空气循环并去除座舱空间中的气味,包括机身后段的厨房/盥洗室排气分系统和机身前段的排气分系统。厨房/盥洗室排气分系统抽取厨房和盥洗室内的空气,排至货舱区域后,通过排气活门排出机外。厨房/盥洗室排气分系统由两台风扇连接一段进气管路和排气管路组成,风扇安装在货舱区域,每台风扇出口都有一个单向活门,两台风扇互相备份进行工作。机身前段排气分系统通过排气活门将空气排到前起落架舱,促进起落架舱的空气流动。

货舱通风系统供气来自空调制冷组件 3 的部分调节空气,从空调制冷组件 3 出来的空气一部分空气流向分配总管用于座舱空气调节,一部分经机身右侧管路流向货舱。机组人员通过操纵货舱流量控制面板调节通往货舱的供气流量。

机组休息区通风系统利用通风风扇抽取天花板上的空气,与来自顶部再循环系统的空气按一定比例混合后分成两路,一路经过蒙皮换热器冷却,并与通过双路调节活门的另一路混合后,通过加热器送至人员休息区。通风风扇出口和再循环供气管路上各有一个单向活门,防止管路内的气体产生倒流。机组休息区域温度控制器通过控制加热器和双路调节活门,实现舱区的温度调节。

11.2.4　温度控制系统

波音 B747 飞机温度控制系统包括区域温度控制系统和制冷组件温度控制系统。

区域温度控制系统由驾驶舱温度控制面板、数字式座舱温度选择器、区域温度控制器、备用温度控制器、座舱温度传感器、管路温度传感器、管路超温开关和配平活门等部件组成。为满足各区域的温度需求,各区域温度单独控制。其各种工作模式如下:

驾驶舱温度在温度控制面板上选择,区域温度控制器将选定温度、驾驶舱供气管路温度和驾驶舱实际温度进行对比,然后输出控制信号,控制驾驶舱配平活门开度,调节来自配平系统的热空气和来自空调制冷组件的冷空气的混合比例,直至驾驶舱温度达到控制面板上选择的温度。如果温度控制器失效,则可以采用手动控制模式,通过旋转手动调节按钮,控制驾驶舱配平活门的开度,实现驾驶舱温度控制。

座舱区域温度由区域温度选择器来设定,范围为 18～29 ℃。在座舱的 B、C 和 D 区,分别布置了两个区域温度传感器,区域温度控制器采集两个传感器信号的平均值,作为温度控制参数的输入。座舱的 A 区和 E 区以及顶部座舱各配备了一个温度传感器。区域温度控制器将选定温度、各舱段管路供气温度和区域温度传感器测量的温度进行比较,然后输出控制信号,控制对应舱区的配平活门的开度,调节冷热空气的混合比例,达到温度控制的目的。

货舱温度在货舱温度选择器上选定,温度控制器根据货舱供气温度、货舱实测温度和设定值的对比,输出调节信号,控制货舱配平活门的开度,调节冷热空气的混合比例,使货舱温度达到预定值。如果区域温度控制器失效,则可以采用手动控制模式,通过手动旋钮调节货舱配平活门的开度,使货舱温度达到预定值。

每个区域都装有一个管路超温开关,如果某个区域的管路温度超过 85 ℃,则相应的管路超温开关和配平活门关闭,系统故障指示灯亮。

制冷组件温度控制系统由组件温度控制器、温控活门、冲压空气进口风门和冲压空气出口风门等部件组成。该系统通过控制温控活门和冲压空气风门,实现制冷组件出口温度的调节。组件出口温度被控制在 2～57 ℃之间。其各种工作模式如下:

在地面时,冲压空气进口风门及出口风门全开,风扇提供动力,使冷空气通过换热器,并通过控制温控活门的开度,调节空调制冷组件出口温度。

飞机起飞以后,冲压空气进口和出口风门不再处于全开位置。如果要求空调制冷组件处于加热状态,则首先打开温控活门,提升组件出口温度;若温控活门全开仍未达到加热要求,则冲压空气风门关小,直至组件出口温度达到要求。如果要求组件处于制冷状态,则冲压空气风门的开度增大,温控活门的开度关小。

11.2.5　电子设备通风系统

波音 B747 电子设备通风系统维持电子设备工作环境的正常温度,保证电子设备工作时具有较高可靠性。

电子设备通风系统主要由供气风扇、排气风扇、单向活门、过滤器、低流量传感器、地面排气活门、蒙皮温度开关、压差开关、流量传感器和烟雾/超控活门等组成。

驾驶舱面板、前设备架和中央设备架的电子设备通过冷却空气进行冷却。位于前货舱左侧壁的供气风扇将空气依次经过滤网、吸尘器和电子设备。排气风扇从电子设备周围环境抽气并排至前货舱或机外。

电子设备通风系统有正常模式、备用模式和超控模式等三种基本工作模式。飞机在地面及飞行中可使用正常模式。当系统选择为正常模式时,供、排气风扇工作,烟雾/超控活门关闭。系统从座舱下的空气区域抽气,冷却空气通过舱内供气活门、供气风扇和空气过滤器供往电子设备架和驾驶舱面板,再从排气风扇及排气活门排出。当 EICAS 信息表明地面排气活门无法关闭时,系统可以转换到备用模式关闭该活门。除了地面排气活门长时间关闭且舱内排气活门正常打开之外,备用模式工作原理与正常模式相同。当 EICAS 信息表明空气冷却量不足、超温或电子设备通风系统检测出有烟雾时,系统将转换到超控模式。超控模式下,供、排气风扇不工作,烟雾/超控活门打开,舱内排气活门、舱内供气活门和旁路活门也都将关闭。座舱压差使空气逆流通过设备,并通过烟雾/超控活门排出机外。飞机在地面时,由于没有座舱压差,超控模式不能工作。

波音 B747 飞机电子设备通风系统原理图如图 11 - 4 所示。

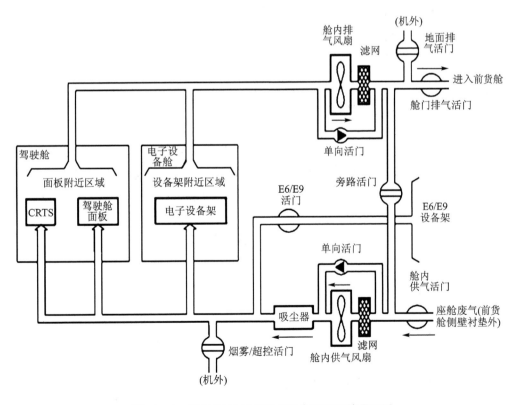

图 11 - 4 波音 B747 飞机电子设备通风系统原理图

11.2.6　座舱压力控制系统

座舱压力控制系统通过控制排气量大小来维持座舱环境的舒适性和安全性,两个排气活门开度越大,排出座舱外的空气量越多,座舱压力降低将越快。同时,座舱压力控制系统限制座舱压力变化率和座舱内外压差在合理范围之内。

座舱压力控制系统包含控制面板、2个座舱压力控制器、2个接口控制器、2个排气活门、手动控制继电器和释压活门。释压活门防止座舱产生过大的正压差或负压差。

通常,座舱压力控制系统工作在自动模式下。座舱压力控制器根据大气数据和飞行数据,按照座舱压力制度的要求,向排气活门驱动电机发出活门位置信号,调节排气活门的开度,从而控制座舱压力在合理的范围内。座舱压力控制系统也可以独立于自动模式采用手动模式控制,此时座舱压力控制器被屏蔽,飞行员通过一条单独控制的回路调节排气活门的开度来控制座舱压力。

座舱压力控制系统处于自动控制模式时,对于飞行的不同阶段有以下压力控制模式:

① 地面停机阶段:当空/地系统指示左右起落架在地面状态时,系统处于地面停机阶段,排气活门全开,机舱内压力和外部大气压力相同。

② 起飞阶段:当地速超过 120 km/h 时,座舱压力控制系统由地面停机阶段进入起飞阶段,飞机处于起飞模式,排气活门控制流出座舱的空气量,座舱压力略微增加。

③ 爬升阶段:爬升阶段开始后,座舱压力控制器控制座舱高度变化率不超过 5.1 m/s。

④ 巡航阶段:当飞机爬升速度下降到 5 m/s 以下时,巡航阶段开始,座舱高度设定为 2 400 m,波动范围不超过±7.6 m。

⑤ 下降阶段:当飞机下降速率达到 5.1 m/s 时,下降阶段开始。为了保证乘客的舒适性,座舱压力变化率最大不超过 1.53 m/s。

⑥ 着陆阶段:飞机着陆时,排气活门打开,座舱高度比着陆高度低 30.5 m。系统以 2.56 m/s 的速率进行卸压,当座舱压力与着陆地外界大气压力一致时,排气活门全开。飞机降落后,座舱压力控制系统对两台压力控制器的工作模式进行转换。

11.3　系统性能

11.3.1　气源系统

气源系统数据如下:

- 气源系统出口温度:160~193 ℃。
- 气源系统出口压力:406.8~475.8 kPa(A)(A,指绝对压力,相对于表压简称绝压)。

11.3.2　空调系统

空调系统数据如下:

- 供气流量：13 600 kg/h(总)。
- 最大制冷量：750 kW。
- 座舱温度自动控制范围：18~29 ℃。
- 空调制冷组件出口温度范围：2~57 ℃。
- 座舱供气温度：不超过 85 ℃。
- 空调制冷组件压气机超温限制：218 ℃。
- 座舱再循环空气流量：供气流量×20%。

11.3.3　座舱压力控制系统

座舱压力控制系统数据如下：

- 座舱高度：不超过 2 400 m。
- 最大压力增长率：5.1 m/s。
- 最大压力降低率：1.53 m/s。
- 正压释压活门打开时座舱压差：(63.77±1)kPa。
- 正压释压活门失效时另一辅助活门打开时座舱压差：(66.9±1)kPa。

11.4　设计特点

波音 B747 飞机环境控制系统的典型设计特点如下：

① 气源系统采用发动机压气机高压和中压两级引气方式。发动机高功率时，由中压级引气；低功率时，由高压级引气，减少了发动机功率损失。

② 安装三套三轮升压式低压除水空气循环制冷系统，水分离器分离出的水通过雾化喷嘴喷到换热器冷却空气进口，提高了系统制冷能力。

③ 冲压空气的进口和出口设有调节风门，与温控活门一起工作，形成空调制冷组件的温度控制系统。

④ 座舱空气分配系统的再循环风扇使 20% 的座舱空气再循环，降低了发动机引气。

⑤ 飞机驾驶舱、座舱和货舱等各个区域的温度独立控制。正常情况下，采用自动控制模式；控制模式失效后，可以转为手动控制。

⑥ 通过调节配平活门的开度，控制供往各个舱室冷热空气的比例，实现座舱区域温度控制。

⑦ 座舱压力控制系统具有自动和手动控制功能，且设计有正负释压功能。

11.5　原理图

波音 B747 飞机环境控制系统原理图如图 11-5 所示。

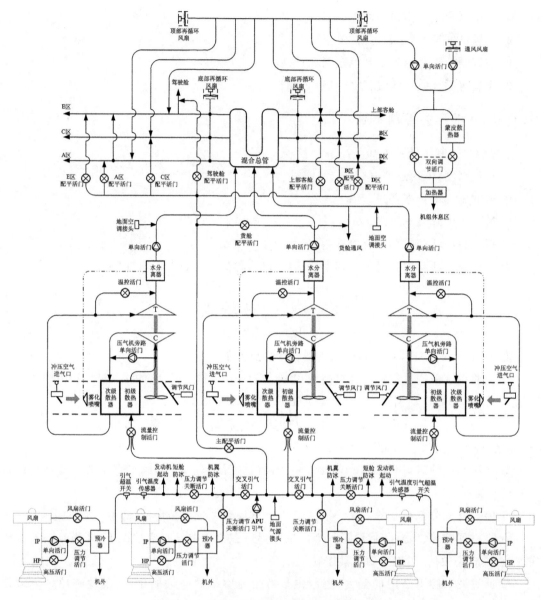

图 11-5 波音 B747 飞机环境控制系统示意图

第 12 章　波音 B757 飞机

12.1　飞机概况

波音 B757 为美国波音公司开发生产的 200 座级单通道双发窄体中程民航客机,用于替换波音 B727,并在客源较少的航线上作为波音 B767 的补充。

波音 B757 在波音 B727 的基础上采用了新机翼和高涵道比发动机,并修改了机身外形,机身直径与波音 B707、波音 B727 和波音 B737 一样。波音 B757 拥有较新颖的设计,包括采用双发动机、双人操作的驾驶舱。波音 B757 最初的型号为波音 B757-200,1982 年 2 月首飞,同年取得适航证,1983 年投入航线运营。波音 B757 飞机如图 12-1 所示。

图 12-1　波音 B757 飞机

波音 B757 飞机的基本数据如下:

● 翼展:38.05 m。

● 机长:47.32 m。

● 设计载客量:178~239 人。

● 货舱容积:43 m³。

● 最大起飞总重:115 600 kg。

● 最大商载:25 000 kg。

● 航程:6 320 km。

12.2 系统说明

12.2.1 气源系统

波音 B757 飞机气源系统从发动机、辅助动力装置(APU)或地面高压气源获得高温高压空气,经过调温调压后,供给各系统使用。这些用气系统包括:空调系统、机翼防冰系统、发动机起动系统、液压油箱增压系统和水箱增压系统等。

波音 B757 飞机发动机引气系统示意图如图 12 - 2 所示。

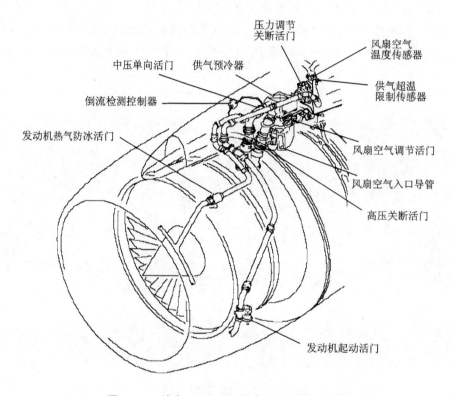

图 12 - 2　波音 B757 飞机发动机引气系统示意图

发动机引气系统安装在发动机短舱和吊挂内,包含单向活门、高压活门、压力调节关断活门、预冷器、风扇空气调节活门、超温限制传感器和管路等。在机身引气总管上,安装一交叉引气活门,用于连通或隔断左右发动机引气系统。发动机引气来自压气机的高压级或者低压级,两台发动机引气系统相同且可相互独立操作。当发动机转速低,中压级(IP)引气口的压力不足时,高压引气关断活门打开,转换到高压级(HP)引气,此时,中压引气单向活门自动关闭以防止引气倒流入低压级。当发动机转速高时,高压活门关闭,自动地从中压引气。发动机引气首先进入预冷器,预冷器是一个空-空换热器,利用风扇空气对引气进行冷却,风扇空气调节活门根据下游的风扇空气温度传感器来调节进入预冷器冷边的空气压力。压力调节关断活门将预冷器出来的引气压力控制在 276~366 kPa(表压)。发动机引气经预冷器冷却到(193±7)℃,供气超温限制传感器将压力调节关断活门下游的引气温度限制在 232 ℃。

APU 引气系统安装在机身中部和后部,包括了 APU 引气关断活门、APU 引气单向活门和管路等。飞机在地面时,APU 给飞机引气系统供气;当飞机飞行在一定高度时,APU 作为备用气源,以免发动机引气系统故障时不能供气。当 APU 引气时,压力调节关断活门关闭,防止 APU 引气逆流至发动机。主供气管路上的隔离活门打开,将引气供给各个使用系统。由于 APU 引气的温度、压力流量都能符合使用系统的要求,所以无需对其进行调节。在 APU 供气管路上安装了 APU 引气单向活门,当发动机引气或者地面气源引气时,该单向活门关闭,避免高温高压气体反流至 APU。

地面气源系统用于起动发动机引气和空调引气,地面气源接头位于机翼和机身结合部的左右两侧空调系统冲压进气口的后部,每个接头都有一弹簧加载的单向活门。地面供气时,单向活门打开,高压空气供入气源系统;地面供气停止时,单向活门关闭,避免发动机或者 APU 引气外泄。

12.2.2 制冷系统

制冷系统由两套完全相同的空调制冷组件组成,将来自气源的高温高压空气进行降温降压处理后,供给座舱空调。

空调制冷组件上游安装有流量控制关断活门,当流量控制关断活门打开,气流进入冷却组件,空调制冷组件开始工作。反之,活门关闭,空调制冷组件停止工作。组件流量由流量控制活门调节。流量控制关断活门有正常流量模式(1 905 kg/h)和高流量模式(2 858~3 184 kg/h)两种流量模式。

两套相同的空调制冷组件安装在飞机左、右环控设备舱。一套空调制冷组件由空气循环机(涡轮-压气机-风扇)、初级换热器、次级换热器、回热器、冷凝器、水分离器、温度控制活门和低温限制活门等部件组成。空气首先在初级换热器中被冲压空气冷却,然后进入空气循环机,经过压气机后,温度和压力都有所上升,随后空气进入次级换热器,经冲压空气再次冷却。冷却空气中的凝结水分在水分离器中分离进入水收集器,水收集器收集这些水分通过雾化喷嘴进入冲压空气入口,提高换热器的换热效率。除水后的空气经过回热器和冷凝器后进入空气循环机的冷却涡轮。空气通过涡轮时膨胀降温,膨胀时发出的轴功率又驱动压气机和冷却风扇叶轮转动,空气膨胀做功,热能转换成机械能,使涡轮出口排气温度降得很低。

波音 B757 飞机空调制冷组件示意图如图 12-3 所示。

空调制冷组件设有一个压气机出口过热开关,当压气机出口温度超过 254 ℃时,压气机过热,组件温度控制器发送过热信号到流量控制电路板,此开关关闭。当温度低于 232 ℃时,此开关再次打开。组件的出口设有超温开关,当组件出口温度大于 88 ℃时,超温开关关闭;当温度低于 71 ℃时,超温开关再次打开。组件温度传感器输出信号到组件温度控制器,使水分离器温度保持在 63~1.7 ℃之间。当飞行高度在 9 000 m 以上时,高度活门输出信号到组件温度控制器,使水分离器温度保持在 1.7~-18 ℃之间。

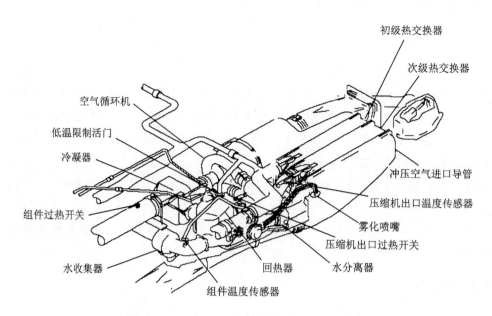

图 12 - 3　波音 B757 飞机空调制冷组件示意图

　　低温限制活门从初级换热器入口引出一股气流到空气循环装置的涡轮出口,防止涡轮出口结冰。温度控制活门控制流经空气循环装置的空气流量,从而控制空气循环装置压气机的出口温度。

12.2.3　空气分配系统

　　波音 B757 飞机空气分配系统将空调制冷组件出来的新鲜空气和座舱再循环空气在混合腔中混合,然后将调节好的温度和湿度适宜的空气通过座舱分配管路输送到驾驶舱、座舱、盥洗室和厨房区域。系统主要由驾驶舱空气分配系统、座舱空气分配系统、空气再循环系统和后设备舱/盥洗室/厨房通风系统组成。

　　波音 B757 飞机混合腔示意图如图 12 - 4 所示。

　　混合腔位于前货舱的后壁板处,材料为浸透树脂的纤维编织物。两侧竖管管路为直径64 mm 的塑料管路。两侧乘客头顶板出风口管路为直径 38 mm 的伸缩管,材料为玻璃纤维。空气回流口位于座舱两侧地板附近,为网状塑料格栅。

　　驾驶舱通风系统将左空调制冷组件出口的冷空气旁通混合腔后和配平系统的高温空气混合,通过相关出风口供往驾驶舱中,为驾驶舱乘员提供温度、湿度适宜的调节空气。驾驶舱通风系统由驾驶舱通风管路、地板出风口、个人出风口、风挡玻璃出风口、顶板出风口和肩部加热空气进口组成。当左空调制冷组件不工作时,来自右空调制冷组件的空气通过混合腔的左空调制冷组件空气进口进入驾驶舱通风管路,对驾驶舱进行通风。当左右空调制冷组件均不工作,使用地面空调车供气时,地面空调车空气经地面通风接头直接进入驾驶舱通风管路,给驾驶舱通风。

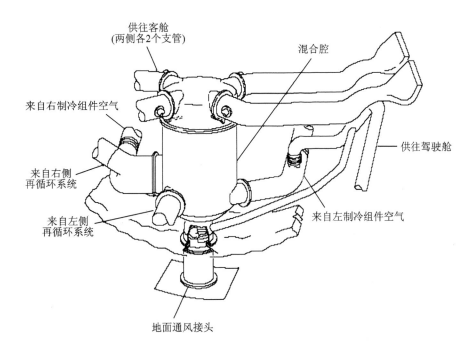

图 12-4　波音 B757 飞机混合腔示意图

座舱空气分配系统主要布置在座舱机身两侧和顶部,从混合腔出来的两侧竖管管路位于座舱壁板内机翼前缘处。主供气管路座舱顶部,两侧乘客头顶板出风口管路分布在座舱两侧,且贯穿整个座舱。从混合腔出来的空调供气与配平空气混合后,通过供气管路进入座舱主供气管路,然后经过两侧乘客头顶的出风口供往座舱,空气通过座舱两侧地板附近的排气口流出,进入再循环系统。在座舱供气总管路上有支路将空气送往盥洗室和厨房。

再循环系统由左、右再循环系统两个子系统组成。左再循环系统由再循环过滤器、再循环单向活门和再循环风扇组成。左再循环风扇抽吸驾驶舱空气经主仪表板、顶控板、气象雷达、设备舱、再循环过滤器和再循环单向活门送达混合腔,与来自空调制冷组件的冷空气在混合腔中混合,实现对主仪表板、顶控板、气象雷达和设备舱的通风冷却。

右再循环系统由再循环过滤器、再循环单向活门和再循环风扇组成。右再循环风扇抽吸经座舱地板空气回流口进入地板下的空气送达混合腔,与来自空调制冷组件的冷空气在混合腔中混合,为座舱提供循环使用的空气。再循环系统空气和空调制冷组件出口冷空气按比例各为 50% 在混合腔中混合后,通过头顶板分配总管均匀分配到座舱中。

后设备舱/盥洗室/厨房通风系统分别给后设备舱提供冷却空气,对盥洗室和厨房进行通风。后设备舱/盥洗室/厨房通风系统通过 2 个后设备舱/盥洗室/厨房通风风扇(其中 1 个为备份)抽吸后设备舱、盥洗室、厨房空气,经过头顶板管路、通风风扇单向活门后排到排气活门附近,经排气活门排出机外。

地面供气接头与混合腔连接,在地面状态时,地面空调车将调节空气送往混合腔给舱内通风。

12.2.4　温度控制系统

波音 B757 飞机温度控制系统为驾驶舱和前、后座舱提供区域温度控制。每个区域对应一个温度选择器,安装在驾驶舱飞行员顶控板上。温度选择器允许各区域温度在自动模式下进行控制,温度选择范围在 18～29 ℃之间。每个区域各设置有一个区域温度传感器用来测量驾驶舱和前、后座舱的环境温度。在混合腔出口的两路管路上以及供往各区域的供气管路上,各安装有一个管路温度传感器用来测量管路供气温度。此外,在各区域的供气管路上还有一个管路过热开关,当管路供气温度高于 88 ℃时,此开关开始工作,控制相应的活门关闭,同时顶孔板上黄色告警灯点亮。当管路温度低于 71 ℃,此开关停止操作。

座舱供气来自空调制冷组件、配平系统和再循环系统,供气温度由区域温度控制器控制。区域温度控制器将采集到的温度选择器的选择温度和区域温度传感器所测得的舱室温度进行对比,以三个区域温度的最低值计算空调制冷组件的出口温度初始目标值,并将此信号发给组件温度控制器。组件温度控制器同时接受来自混合腔出口的管路温度传感器的温度值,来修正组件出口温度目标值。各区域供气管路温度传感器的信号同样进入区域温度控制器。通常左空调制冷组件的输入由驾驶舱决定,右空调制冷组件的输入由前座舱决定。自动模式下,座舱温度选择范围在 18～29 ℃之间。当区域温度控制器失效或者温度选择开关不在自动位置时,组件自动控制出口温度在 24 ℃,此时,配平系统关闭。

12.2.5　货舱加温系统

货舱加温系统包括前货舱加温系统、后货舱加温系统和辅助加温系统。

前货舱加温系统通过前货舱加温风扇使前货舱空气循环加热后再供入前货舱,如果货舱温度低于 10 ℃,则温度电门闭合,加温风扇通电开始工作,将冷空气循环加热后供入货舱。当前货舱温度升高到 21 ℃时,温度电门跳开,断开加温风扇电路。

后货舱加温系统通过后货舱风扇驱动后货舱空气循环,后货舱电加温器对循环空气进行加温,从而实现对后货舱加温。如果后货舱温度低于 10 ℃,则温度控制电门闭合,后货舱风扇和后货舱电加温器通电开始工作,将冷空气循环加热后供入货舱。当后货舱温度升高到 21 ℃时,温度电门跳开,加温器立即停止工作,风扇延迟 20 s 后停止工作。

辅助加温系统包括驾驶舱的 4 个脚部电加温器和 2 个肩部热空气加温器。

12.2.6　电子设备通风系统

电子设备通风系统为舱内设备提供强迫制冷空气。前部电子设备通风系统通过两个电子设备冷却风扇中的一台抽取座舱排气,另一台风扇处于备用状态,经过过滤器和单向活门对后主设备中心和驾驶舱仪表进行通风冷却。左再循环风扇抽取空气通过主设备中心进行冷却。后电子设备通风系统是通过后设备/盥洗室/厨房排气风扇抽取后设备架附近的空气来达到冷却效果。前、后电子设备通风系统的排气均通过管路排往机外。

在前电子设备供气管路上安装有一个低流量传感器，提供低流量告警。此外，在前电子设备供气管路上还安装有两个烟雾探测器，任何一个探测到烟雾都会触发烟雾清除作动和指示。

12.2.7　座舱压力控制系统

座舱压力控制系统包括增压控制系统、正负释压活门及座舱压力指示与告警系统。

空调系统为增压控制系统提供气体来源。在所有飞行模式下增压控制系统通过控制座舱压力的变化率维持安全适宜的座舱压力，主要附件包括数字式自动压力控制器、座舱压力选择面板、排气活门及其执行机构。

系统有自动和手动两种工作模式（两套自动和一套手动控制）。选择面板发出信号给座舱压力控制器，压力控制器通过打开或关闭排气活门以维持安全的座舱压力。两个压力控制器互相独立，其中一个保持备用状态，并监控系统工作。如果所选的压力控制器故障，那么备用控制器接管系统工作。起飞之前，压力控制器设定座舱压力变化曲线，随着飞行高度的改变座舱压力沿曲线变化，着陆高度和最大压差（58.5 kPa）决定了压力变化曲线。如果座舱高度达到 3 353 m，则压力控制器将自动关闭排气活门以增加座舱压力。

当飞机增压系统故障或者出现飞机紧急下降情况时，释压活门打开释放座舱压力，以消除座舱与大气环境的极端压差。两个正压释压活门安装在左机翼与机身结合部的后上方，彼此独立。当正压差达到 60.9 kPa 时，活门打开，以免产生极端正压差。两个负压释压活门安装在前货舱的前机身右上方，彼此独立。当负压差达到 2.04 kPa 时，活门打开，5.1 kPa 时活门全开，以免产生负压。

当增压控制系统故障时，增压指示及告警系统可以提供目视和音响告警。当座舱压力下降到 3 048 m 时，空气压力高度电门触发驾驶舱的音响，EICAS 和目视告警。

12.3　系统性能

12.3.1　气源系统

气源系统数据如下：

● 气源系统出口温度：(193±7)℃(正常)且不超过 232 ℃。

● 气源系统出口压力：276～366 kPa(表压)。

12.3.2　空调系统

空调系统数据如下：

● 空调制冷组件出口温度：不超过 88 ℃。

● 压气机出口温度：不超过 254 ℃。

● 水分离器温度：63～1.7 ℃(9 000 m 以下飞行)，1.7～−18 ℃(9 000 m 以上飞行)。

● 正常供气流量：1 905 kg/h。

- 最大供气流量:2 858~3 184 kg/h。
- 座舱温度选择范围:18~29 ℃。

12.3.3 座舱压力控制系统

座舱压力控制系统数据如下:
- 座舱最大压差:58.5 kPa。
- 座舱正压差:60.9 kPa。
- 座舱负压差:2.04 kPa(负压活门打开),5.1 kPa(负压活门全开)。

12.4 设计特点

波音 B757 飞机环境控制系统的典型设计特点如下:

① 气源系统采用发动机两级引气,在发动机低功率状态时,从高压级引气;高功率状态时,从中压级引气,减少了发动机的引气代偿损失,提高了飞机的经济性。

② 气源系统具有对发动机引气温度和压力调节的功能,以适应下游用气系统的需求,并进行温度限制和压力限制,以避免系统超温超压。

③ 机上安装两套三轮升压式高压除水空调制冷组件,制冷能力大大增加,配合使用再循环,大大降低了发动机的引气量,进一步降低引气代偿损失,提升飞机的经济性能。

④ 空气分配系统利用混合腔实现温度和湿度控制。

⑤ 空调制冷组件供气和再循环空气在混合腔中混合后,分别为驾驶舱、座舱和个别通风供气,有利于降低发动机的引气量,降低飞机的代偿损失。

⑥ 空调制冷组件分离出来的液态水被喷射到初次级换热器的进口,水分蒸发吸热,提高了热交换效率。

⑦ 充分利用座舱排气、再循环空气和厨房盟洗室的通风空气对电子设备进行冷却,实现了不同系统之间能量的综合利用。

12.5 原理图

波音 B757 飞机环境控制系统原理图如图 12-5 所示。

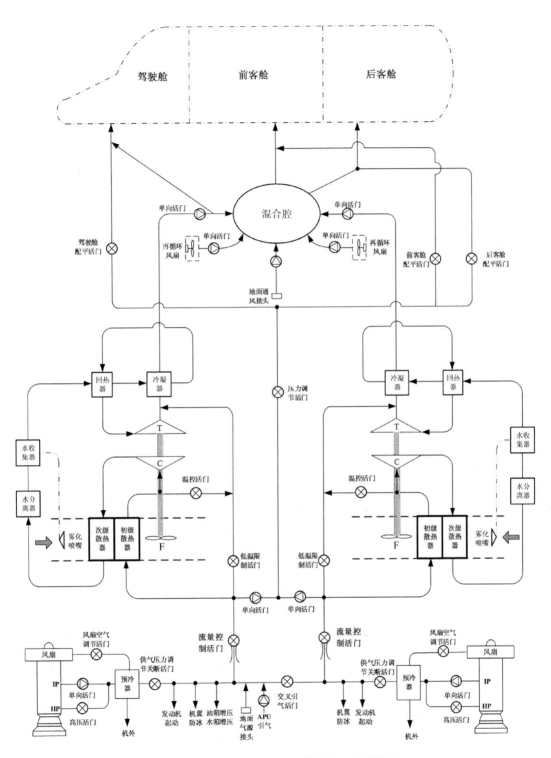

图 12 - 5　波音 B757 飞机环境控制系统原理图

第13章 波音 B767 飞机

13.1 飞机概况

波音 B767 是美国波音公司开发生产的双发、半宽体、中远程运输机,波音 B767 的座舱采用双通道布局,主要面向 200～300 座级市场。波音 B767 系列大小介于单通道的波音 B757 和更大的双通道的波音 B777 之间。

波音公司于 1978 年 2 月宣布发起波音 B767 研制计划,1980 年 4 月,第一架波音 B767 出厂,1981 年 9 月 26 日第一架波音 B767 飞机首飞,1982 年 7 月取得型号合格证,同年 9 月交付,并于同年 12 月首次用作商业飞行。

波音 B767 是波音民航机中首先使用 2 人操控的驾驶舱,也是波音客机中最先采用电子飞行仪表的飞机。波音 B767 的基本型是 200 型,此外尚有长途专用的 200ER、300ER、400ER 及基于波音 B767 - 200ER 的军用空中预警机和空中加油机。波音 B767 飞机如图 13 - 1 所示。

图 13 - 1　波音 B767 飞机

波音 B767 - 200 基本型飞机的基本数据如下:

● 翼展:47.2 m。

● 机长:48.5 m。

● 机高:15.8 m。

● 机身直径:5.03 m。

● 最大机舱宽度:4.72 m。

- 最大起飞质量:142 880 kg。
- 巡航速度:0.8Ma。
- 满载航程:7 300 km。
- 典型布局载客量:181～255 人。
- 最大巡航高度:13 137 m。

13.2　系统说明

波音 B767 飞机环境控制系统主要由气源系统和空调系统(包括制冷系统、空气分配系统、温度控制系统、电子设备通风系统和座舱压力控制系统等)组成。

13.2.1　气源系统

波音 B767 飞机气源系统由发动机引气系统、辅助动力装置(APU)引气系统和地面气源引气系统组成。其可以从发动机、APU 和地面高压接头引气,并通过管路提供给空调系统、机翼防冰系统、货舱加热、水系统增压、总温传感器加热、发动机起动系统和液压系统使用。

发动机引气系统安装在发动机短舱和吊挂内,包含中压引气单向活门、高压引气单向活门、高压引气关断活门、防火墙关断活门、隔离活门、压力调节关断活门、风扇空气调节活门、控制器、预冷器、风扇空气温度传感器等。APU 引气系统安装在机身后部,包括了 APU 单向活门、APU 关断活门和管路等。地面气源系统安装在中机身的左下部,主要包含了一个地面高压气源接头。波音 B767 飞机发动机引气布置示意图如图 13-2 所示。

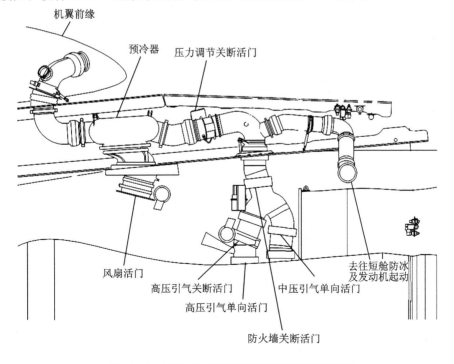

图 13-2　波音 B767 飞机发动机引气布置示意图

发动机引气系统由高压 15 级引气口和中压 8 级引气口引气。当使用高压引气时,高压引气关断活门打开,中压引气单向活门可以防止来自高压引气口的引气逆流至中压引气口;当高压引气关断活门关闭,系统使用中压引气。当飞行高度低于 8 235 m、压力超过(724±21)kPa 时,系统由高压引气转换为中压引气;当飞行高度高于 12 810 m、压力超过(531±21)kPa 时,系统由高压引气转换为中压引气;当飞行高度在 8 235~12 810 m 之间时,系统由高压引气转换为中压引气,转换压力随着高度增加线性减小。

来自高压引气口和中压引气口的引气汇合至同一管路后经过防火墙关断活门。当防火墙关断活门上游管路压力高于(862±34)kPa 或下游管路温度超过 290 ℃ 保持在(5±1)s 以上时,活门关闭。引气通过防火墙关断活门后,一路用于发动机起动和短舱防冰,另一路进入压力调节关断活门。当下游管路温度超过(233±8)℃ 或压力超过(276±34)kPa 时,压力调节关断活门关闭。通过压力调节关断活门后,引气进入预冷器被来自发动机风扇的冷空气冷却至(188±16)℃。之后,引气将流至机翼前缘并分为两路,一路去往机翼防冰,另一路供给其他用气系统。

正常情况下,双侧引气隔离活门关闭,引气通过单向活门,APU 隔离活门给后货舱及主货舱加热系统供气;当仅有一台发动机工作或仅使用 APU 或地面气源时,隔离活门打开,满足相应供气要求。波音 B767 飞机 APU 引气布置示意图如图 13-3 所示。

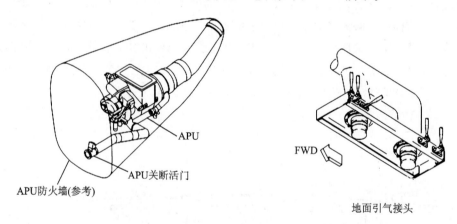

图 13-3　波音 B767 飞机 APU 引气布置示意图

APU 引气系统用于地面起动发动机和空中发动机不工作时辅助供气。飞机在地面时,APU 为发动机起动、空调制冷组件和货舱加热系统供气。APU 单向活门可以避免其他引气源工作时,高温高压气体反流至 APU。

在地面时,地面高压气源通过高压地面接头提供高压空气进入到气源总管,供给用气系统使用。当地面供气时,单向活门打开,高压空气供入气源系统;当地面供气停止时,单向活门关闭,避免发动机或者 APU 引气外泄。

13.2.2　制冷系统

来自气源系统的引气在进入空调制冷组件进行温度和压力调节之前,首先经过臭氧转换器将空气中的臭氧除去(臭氧转换器属于选装设备,在原理图 13-7 中没有表示),然后根据流量需要和引气压力,通过流量控制关断活门控制空调制冷组件的供气流量。

空调制冷组件的供气流量有经济流量、正常流量和最大流量三种模式。供气流量通过在驾驶舱的空调控制面板上的控制旋钮进行选择。在供气压力满足的情况下,最大流量可以比正常流量多 65%。当流量控制活门同侧的再循环风扇发生故障或另一侧空调制冷组件流量控制活门关闭时,系统转入大流量模式。起飞和着陆时,或一台发动机供气且机翼防冰系统工作时,系统不能使用大流量模式。当单套空调制冷组件故障时,无论另一套空调制冷组件处于经济工作模式还是正常工作模式,系统都会自动切换到最大流量工作模式。冷风道调节风门可以自动控制通过换热器的冷边空气流量,进行组件温度控制。冲压进气风门全开且温控活门关闭时,系统制冷量最大。逐步减小进气风门开度且打开温控活门将提高组件供气温度。

波音 B767 飞机采用成熟的三轮式高压除水制冷系统,主要组成部分是空气循环机(涡轮-压气机-风扇)、初级换热器、次级换热器、回热器、冷凝器和水分离器等,安装在飞机翼身整流罩的非增压区域。空调制冷组件利用外界冲压空气作为热沉,与系统引气进行热量交换。波音 B767 飞机空调制冷组件示意图如图 13 - 4 所示。

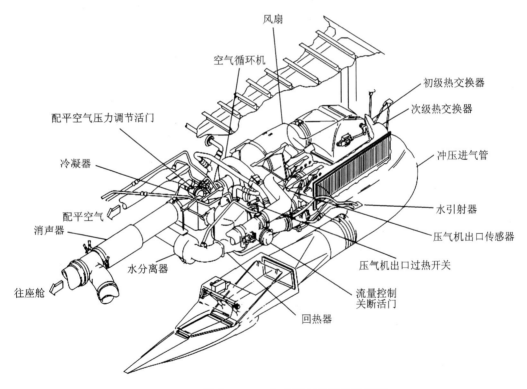

图 13 - 4　波音 B767 飞机空调制冷组件示意图

制冷系统的初次换热器安装在空气循环机的抽风风扇和冲压空气进气口之间,来自气源系统的空气进入换热器,由冷风道引入的冲压空气进行冷却。通过初级换热器的空气进入压气机进行压缩,压力和温度升高后,进入次级换热器进行再次冷却。次级换热器析出的水分进入管路水分离器后引入高压水分离器。空气从次级换热器出来后进入回热器和冷凝器。在冷凝器中,热空气被涡轮出口的低温空气冷却到露点温度以下,析出水分。经水分离器对游离水进行处理后进入涡轮膨胀降温。高压水分离器将凝结的水分引流入雾化喷嘴中,用于降低冷风道中冷空气温度。这种三轮高压除水的制冷方式在空气进入涡轮膨胀之前,通过冷凝器对空气中的水蒸气进行冷凝,并且高压水分离器可以将大部分冷凝水除掉,这就有利于避免涡轮出口管路和附件的结冰,可以使涡轮出口温度降低至 0 ℃ 以下,从而获得更大的制冷能力。因此,在制冷量相同的情况下,所需引气量更小,减小了发动机的提取功率。

在正常工作模式下,组件温度是自动控制的。压气机出口传感器和压气机过热开关用于防止压气机排气过热,控制器通过调节冲压空气进气门、流量控制活门和低限活门保证压气机排气低于 232 ℃。当压气机排气温度超过 254 ℃ 时,流量控制关断活门关闭,空调制冷组件停止工作。组件出口温度超过 88 ℃ 时,冷风道全开,温度控制活门全关。低限活门用于防止涡轮出口处结冰,同时低限活门打开也可以保证压气机出口温度低于 232 ℃。

引气经过初级换热器冷却后,分为两路:一路进入压气机压缩升温升压;另一路通过旁路活门,供至涡轮出口。为了防止在低环境温度下结冰且限制组件排气超温,组件出口温度应限制在低限值和 63 ℃ 之间。当飞行高度在 9 455 m 以下时,低限值为 2 ℃;当飞行高度在 9 455 m 以上时,低限值为 −18 ℃。

13.2.3　空气分配系统

波音 B767 飞机空气分配系统将制冷系统出口冷空气和再循环空气在混合腔中充分混合,与配平系统高温空气一起供往座舱、驾驶舱、盥洗室、厨房、后部电子设备柜、前货舱和主货舱。飞机在地面时,使用地面空调车通过地面通风接头给飞机供气。波音 B767 飞机空气分配系统主要包括主分配系统、驾驶舱空气分配系统、座舱空气分配系统、前货舱排气活门系统、通风系统等分系统。波音 B767 飞机混合腔示意图如图 13 − 5 所示。

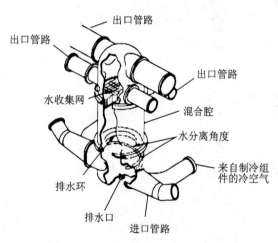

图 13 − 5　波音 B767 飞机混合腔示意图

再循环系统分为独立的左再循环系统和右再循环系统。左、右再循环系统分别安装在混合腔的左右两侧,每个再循环系统均由再循环空气过滤器、管路、再循环单向活门和再循环风扇组成。主分配系统由混合腔、地面通风接头和管路组成,将来自空调制冷组件出口的冷空气和再循环空气在混合腔中充分混合后供往驾驶舱、座舱、盥洗室和厨房中。在不增加引气量或者空调制冷组件流量的情况下,为了提高座舱供气流量,再循环系统抽吸座舱经过地板格栅流入前货舱的空气和空调制冷组件出口新鲜空气在混合腔中混合后供往座舱。飞机在地面时,空调车通过地面通风接头、混合腔和分配管路将调节好的空气供到相关区域。

驾驶舱空气分配系统将来自混合腔的调节空气通过各出风口供往驾驶舱,为驾驶员提供温度、湿度适宜的调节空气。该系统由驾驶舱通风管路、驾驶舱配平活门、地板出风口、个人通风喷嘴、风挡玻璃出风口和顶板出风口组成。供气温度由驾驶舱配平活门调节热空气流量来控制。

座舱空气分配系统由侧壁上升管路、顶部管路、顶部出风口、空气回流格栅和消音器组成。座舱空气分配系统将调节空气由侧壁上升管路进入顶部座舱空气分配管路，通过安装在座舱空气分配管路下的空气出口均匀分配到座舱中，然后从两侧地板附近的空气回流格栅流出。从顶部空气分配管路分一支路将空气送达盥洗室和厨房。盥洗室和厨房的污浊空气通过盥洗室/厨房通风系统带走。

前货舱排气活门系统安装在前货舱顺航向左侧和天花板之间。前货舱排气活门系统由前货舱排气活门、管路和金属网组成。前货舱排气活门可以减少进入释压活门的空气流量。活门打开时，空气从前货舱门前的缝隙里经过前货舱排气活门金属网、管路、前货舱排气活门和电子设备通风系统的超控/除烟活门排出机外。前货舱排气活门打开，可以增加供入座舱的流量，增强空调系统的制冷/加热能力。

通风系统由盥洗室/厨房通风系统和主货舱通风系统组成。盥洗室/厨房通风系统将盥洗室和厨房的污浊空气通过顶部管路排到机外，并对后部电子设备机柜提供冷却空气。主货舱通风系统由主货舱通风风扇和主货舱通风风扇电流探测器组成，增加了主货舱空气循环量，使主货舱可以运送鲜活货物。

13.2.4　温度控制系统

波音 B767 飞机温度控制系统主要由空调制冷组件温度控制系统和座舱区域温度控制系统组成。

空调制冷组件温度由组件温度调节器控制。自动控制时，组件排气的温度控制由座舱温度调节器确定。在最大冷却位置时，冲压空气进出口风门全开，温度控制活门全关。组件温度由水分离器下游的组件温度传感器控制，可控制的温度范围以水分离器里的空气为标准，当飞行高度低于 9 455 m 时，水分离器里的温度在 1.7～62.8 ℃ 之间；当飞行高度超过 9 455 m 时，下限降到 −18 ℃。当要求加热时，组件排气温度不得超过 88 ℃。如果组件排气温度超过 88 ℃，则过热保护线路控制温度控制活门和冲压进出口风门，使它们处于全制冷模式。

座舱区域温度控制系统使用流量控制活门下游的空气分配系统控制各座舱区域的空气温度。分配空气与空调制冷组件空气和再循环空气按设定好的温度进行混合，座舱温度控制系统控制分为驾驶舱、前座舱、中座舱和后座舱独立控制，由区域温度控制器控制 4 个空气配平活门来完成。

驾驶舱及座舱区域温度保持在 18～29 ℃ 之间。当管路温度超过 88 ℃ 时，系统显示过热警告。当系统处于自动模式时，区域温度控制器控制空气配平活门开度，以保证配平空气与混合腔空气的混合比例，实现座舱的温度调节。手动模式时，系统旁通区域温度控制器对各区域温度进行控制。关闭模式时，任何分配空气都不进入相应的座舱区域。

如果座舱区域温度调节器发生故障，则温度可以转由备用控制系统控制。当使用备用系统控制时，系统由两个组件调节器控制，使座舱温度保持在 24 ℃。

13.2.5　电子设备通风系统

电子设备通风系统给电子设备提供通风空气。前部系统对前设备架、电源、电子设备、驾驶舱设备和面板进行通风。后部系统排出流过后设备架的通风空气。通风空气管路内安装有水分离器,以便清除系统内可能积聚的水。

电子设备通风系统主要由蒙皮换热器、供气活门、排气活门、供/排气风扇等组成。系统有自动、备用和超控三种工作模式,由飞行员顶部面板上的模式选择器控制。所有工作模式下,系统都由低流量传感器和烟雾探测器监测。

(1)自动模式

飞机在地面及飞行中可使用自动模式。当系统选择为自动模式时,供、排气风扇工作,超控活门关闭。①地面状态,当环境温度低于 7 ℃时,超控活门关闭,交叉活门处于 A‐B 位置。该状态下,舱内空气通过供气活门和供气风扇抽进货舱侧壁区域空气,再通过空气过滤器进入驾驶舱电子设备及其他设备中心。排气风扇抽出各设备中心的空气后,通过关断活门进入蒙皮换热器,与进入舱内供气活门的空气混合。当环境温度高于 7 ℃时,排气活门开启,关断活门关闭。该状态下,舱内空气通过供气活门和供气风扇抽取前货舱侧壁区域空气,再通过空气过滤器进入驾驶舱电子设备及其他设备中心。为了防止面板冷凝结水,排气风扇抽出各设备中心的空气后,通过舱外排气活门排出机外。②飞行状态,此状态下,供气风扇停止工作,排气风扇保持工作,供气活门、排气活门及超控活门关闭,蒙皮换热器关断活门打开,交叉活门处于A‐B 位置。该状态下,排气风扇将空气抽入驾驶舱设备和其他设备中心,随后通过关断活门、蒙皮换热器、单向活门和空气过滤器形成闭式循环冷却。

(2)备用模式

飞机在地面时,供气风扇和排气风扇同时工作;飞行时,排气风扇关闭,仅供气风扇工作。当供气风扇失效时,排气风扇开始工作。在备用模式下,供气活门、排气活门和超控活门关闭,关断活门打开,交叉活门处于 A‐B 位置。工作风扇将空气抽入驾驶舱设备和其他设备中心,随后通过关断活门、蒙皮换热器、单向活门和空气过滤器形成闭式循环冷却。

(3)超控模式

当 EICAS 信息表明空气冷却量不足、超温或电子设备通风系统检测出有烟雾时,系统将转换到超控模式。当飞行中选择超控模式时,供、排气风扇都停止工作。超控模式下,舱内供气活门、舱外排气活门及关断活门关闭,交叉活门位于 C‐B 位置,驾驶舱空气通过驾驶舱电子设备后,逆流通过中央设备中心和主设备中心,并通过超控活门排出机外。

波音 B767 飞机电子设备冷却系统原理图如图 13‐6 所示。

13.2.6 座舱压力控制系统

座舱压力控制系统通过控制排气量大小来维持座舱环境的舒适性和安全性,由一个控制面板、两台压力控制器、一个排气活门和正/负压释压活门组成。座舱压力控制系统中的控制面板向压力控制器发送信号,压力控制器控制排气活门打开或关闭来保证座舱压力的安全性。正压释压活门防止座舱产生过大的正压,负压释压活门保护座舱负压差在限制范围之内,压力指示器和 3 050 m 高度开关为座舱提供压力指示和告警信号。

座舱压力控制器通过调节排气活门开度来控制座舱压力变化。打开排气活门后多余的气体被排出舱外,座舱压力降低,同理关闭排气活门将会增加座舱压力。在全开位置和全关位置之间调节排气活门开度,可以维持相应的座舱压力。控制器对排气活门开度的定位能够保证

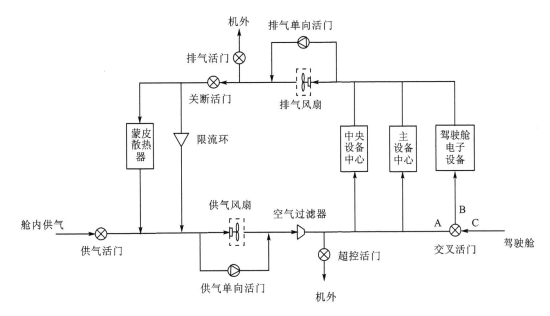

图 13 - 6　波音 B767 飞机电子设备冷却系统原理图

座舱压力及压力变化率,排气活门制动器上的转速表向控制器发送反馈信号。

座舱压力控制系统有两种控制模式:自动控制和手动控制。起飞前机组人员设定自动模式和着陆场高度,由一台控制器的自动通道进行座舱压力控制,另一台控制器进入备份模式并对工作中的控制器进行监测。飞机上的两台大气数据计算机为每台控制器提供大气压力信号并进行气压表修正,压力传感器对座舱压力进行测量。每台控制器都包含自检电路监测系统,用于检查电路故障。当按下自检开关时,所有检测到的系统故障将被记录,如果当时不存在任何故障,则无故障显示将会持续 30 s 后退出。

如果两个控制器均故障,则座舱增压系统可以通过手动模式进行控制。按下手动模式选择开关后,可以控制排气活门的开度,排气活门位置指示器监测活门的开度变化。朝下降方向转动调节旋钮使得排气活门关闭,座舱压力升高,朝爬升方向转动调节旋钮使得排气活门打开,座舱压力下降。如果手动控制模式下座舱高度达到 3 355 m,则活门电机驱动排气活门关闭。

13.3　系统性能

13.3.1　气源系统

气源系统数据如下:
- 气源系统出口压力:不大于(276±34)kPa(G)。
- 气源系统出口温度:(188±16)℃。
- 压力调节关断活门出口温度:不大于(233±8)℃。

13.3.2　空调系统

空调系统数据如下:

- 压气机出口温度:不大于 232 ℃。
- 组件出口温度:2～63 ℃(飞行高度低于 9 455 m 时),−18～63 ℃(飞行高度高于 9 455 m 时),不超过 88 ℃。
- 座舱温度选择范围:18～29 ℃。

13.3.3 电子设备通风系统

电子设备通风系统数据如下:

- 电子设备风扇过热保护温度:135 ℃。
- 地面状态蒙皮温度开关开启关闭温度:7 ℃。

13.3.4 座舱压力控制系统

座舱压力控制系统数据如下:

- 座舱高度:不超过 3 050 m。
- 座舱最大正压差:59.3 kPa。
- 座舱最大负压差:3.45 kPa。

13.4 设计特点

波音 B767 飞机环境控制系统的典型设计特点如下:

① 气源系统采用发动机两级引气。在发动机低功率状态时,从高压级引气;在高功率状态时,从中压级引气,减小了发动机的引气代偿损失,提高了飞机的经济性。

② 气源系统具有对发动机引气温度和压力调节的功能,以适应下游用气系统的需求,并进行温度限制和压力限制,以避免系统超温和超压。

③ 机上安装两套三轮升压式高压除水空调制冷组件,制冷能力大大增加,配合使用再循环,大大降低了发动机的引气量,进一步降低引气代偿损失,提升飞机的经济性能。

④ 管路水分离器能将次级换热器中的凝结水分离出来,然后在水分离器中聚集,并喷到换热器冷边空气的进口,提高了换热器的冷却能力。

⑤ 使用调节冷风道风门和冷热路混合的两种方式控制空调制冷组件的温度。其中,通过调节冷风道风门的大小,降低了冲压空气量,减小了飞机的燃油代偿损失,这是一种提升经济性的设计理念。

⑥ 驾驶舱、座舱和货舱的区域温度均可自动控制,并能单独选择调节温度。

⑦ 空气分配系统采用两个风扇和过滤器,使 50% 的座舱空气再循环,减少供气量。

⑧ 电子设备通风系统应用了蒙皮换热器,利用外界大气和蒙皮之间的对流换热带走电子设备的发热量,此时不要求空调系统为电子设备提供供气,降低了发动机的引气量,提升了经济性。

⑨ 座舱压力采用多余度设计的数字式控制系统,并有自检测装置。

13.5 原理图

波音 B767 飞机环境控制系统原理图如图 13-7 所示。

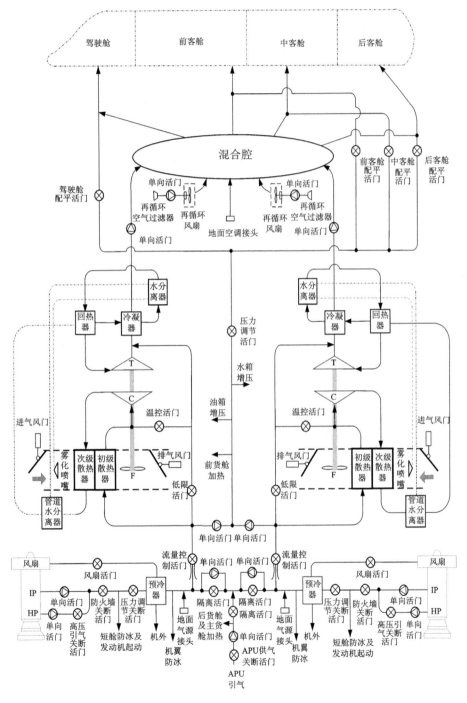

图 13-7 波音 B767 飞机环境控制系统原理图

第 14 章　波音 B777 飞机

14.1　飞机概况

　　波音 B777 是美国波音公司制造的双发干线客机,采用圆形机身设计,左右两侧三轴六轮的小车式主起落架,共有 12 个机轮。波音 B777 上采用了全数字式电传飞行控制系统、软件控制的飞行电子控制器、液晶显示飞行仪表板,大量使用复合材料、光纤飞行电子网络等多项新技术。波音 B777 是与包括空客 A330、A340 及 A350 进行竞争的机型,1990 年 10 月 29 日正式启动研制计划,1994 年 6 月 12 日第 1 架波音 B777 首次试飞,1995 年 4 月 19 日获得欧洲联合适航证和美国联邦航空局型号合格证,1995 年 5 月 30 日获准 180 min 双发延程飞行,1995 年 5 月 17 日首架交付美国联合航空。波音 B777 飞机如图 14-1 所示。

图 14-1　波音 B777 飞机

波音 B777-200 基本型飞机的基本数据如下:

- 翼展:60.9m。
- 机长:63.7m。
- 机高:18.5m。
- 机身宽:6.19 m。
- 最大机舱宽度:5.86 m。
- 最大起飞质量:247 210 kg。
- 空重:139 225 kg。
- 巡航速度:0.84Ma。
- 满载航程:6 020 km。

- 最大航程：9 695 km。
- 典型三级布局载客量：320 人。
- 使用升限：13 140 m。

14.2　系统说明

波音 B777 飞机采用四轮升压式高压除水空气环境控制系统，由气源系统和空气调节系统（包括制冷系统、空气分配系统、电子设备通风系统、温度控制系统和座舱压力控制系统等）组成。

14.2.1　气源系统

飞机气源系统由发动机引气系统、辅助动力装置（APU）引气系统、地面气源系统组成，可以从发动机、APU 和地面高压接头引气，通过管路提供给发动机起动、货舱加热、座舱增压及空气调节系统、机翼防冰系统、总温探测、液压系统、水箱增压和气动泵等使用。

发动机引气系统安装在发动机短舱和吊挂内，包含中压引气单向活门、高压引气关断活门、预冷器、风扇调节活门、风扇空气温度传感器、压力调节关断活门等。APU 引气系统安装在机身后部，包括了 APU 单向活门、APU 关断活门和管路等。地面气源系统安装在中机身的左下部，主要包含了一个地面高压气源接头。

发动机引气来自高压 15 级引气口和中压 8 级引气口引气。使用高压引气时，高压引气关断活门打开，中压引气单向活门可以防止高压引气口的引气逆流至中压引气口。当高压引气关断活门关闭时，系统使用中压引气。当飞行高度低于 8 230 m，压力超过 276 kPa 时，系统由高压引气转换为中压引气。当飞行高度高于 13 106 m，压力超过 224 kPa 时，系统由高压引气转换为中压引气。当飞行高度在 8 230～13 106 m 之间时，系统由高压引气转换为中压引气的转换压力随着高度增加由 276～224 kPa 线性减小。

高压引气口和中压引气口的引气汇合至同一管路后，流过压力调节关断活门，再进入预冷器被来自发动机风扇的冷空气冷却。当压力调节关断活门上游管路压力连续 5 s 高于 1 672 kPa 时，压力调节关断活门关闭，系统停止从发动机引气。正常模式下，系统将预冷器热边出口温度设置为 193 ℃，以确保有足够的热量用于机翼防冰。当飞机的双发动机工作并进行巡航时，预冷器出口温度要求不高于 160 ℃。当座舱温度控制器需要更低温度且机翼防冰系统不工作时，预冷器出口温度要求不高于 121 ℃。引气经过机翼前缘并分为两路，一路去往机翼防冰，另一路去往机身给其他系统供气。

正常模式下，双侧发动机引气系统都会正常工作，此时，双侧引气隔离活门打开，中间引气隔离活门和 APU 关断活门关闭。当仅有一台发动机工作或仅使用 APU 或地面气源时，隔离活门打开，供气满足所有用气要求。

APU 引气用于地面起动发动机和空中发动机不工作时辅助供气。飞机在地面时，APU 为起动发动机、驱动气泵和维护时给空调制冷组件和货舱加热系统供电。APU 关断活门用于避免引气反流至 APU 或发动机，APU 单向活门也可以避免其他引气源工作时，高温高压气体反流至 APU。

在地面时,地面高压气源通过高压地面接头提供高压空气进入到气源总管,供用气系统使用。地面供气时,单向活门打开,高压空气供入气源系统。地面供气停止时,单向活门关闭,避免发动机或者APU引气外泄。

发动机引气时,通过控制压力调节关断活门控制器和高压风扇控制器来控制发动机引气,左侧供气压力控制器控制左侧发动机引气系统,右侧供气压力控制器控制右侧发动机引气系统。根据需要,压力调节关断活门控制器通过调节压力调节关断活门和高压关断活门的开度,调节引气压力和流量。根据需要,高压风扇控制器通过调节风扇调节活门的开度,调节引气温度。

引气分配系统由总分配管路、左/右隔离活门、中间隔离活门、APU关断活门及地面高压引气接头组成,将引气源引气供给用气系统。供气座舱压力控制器通过监控飞机、气源及用气系统的状态确定系统使用何种引气源供气,以及将引气供往何处;还可以根据需要,通过开关隔离活门及APU关断活门,分配用气系统的供气量。

监控指示系统由8个传感器监控气源系统的引气流量、压力及温度。供气座舱压力控制器将系统状态传递给飞机信息管理系统(AIMS),AIMS发出EICAS信息及维护信息。

14.2.2 制冷系统

波音B777飞机制冷系统(制冷组件)的主要组成部分是空气循环机(涡轮1-涡轮2-压气机-风扇)、初级换热器、次级换热器、回热器、冷凝器和水分离器等,安装在飞机翼身整流罩的非增压区域。制冷系统利用外界冲压空气作为热沉,与系统引气进行热量交换。制冷组件布置示意图如图14-2所示。

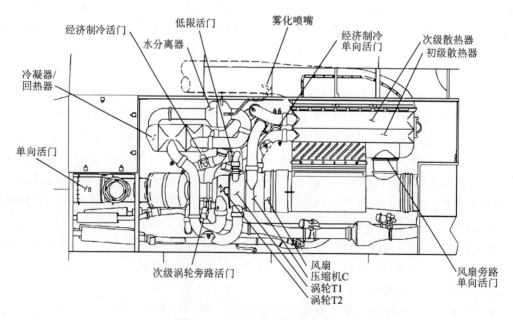

图14-2 制冷组件布置示意图

气源系统的引气在进入空调制冷组件进行温度和压力调节之前,在爬升阶段飞行高度高于 7 930 m 及下降阶段飞行高度高于 7 315 m 时,引气首先经过臭氧转换器将空气中的臭氧除去,然后根据流量需要,通过下部流量控制关断活门控制由气源系统提供到空调制冷组件的供气流量。在爬升阶段飞行高度低于 7 930 m 及下降阶段飞行高度低于 7 315 m 时,根据流量和供气压力需要,引气直接通过上部流量控制关断活门控制由气源系统提供到空调制冷组件的供气流量。

制冷系统的初、次级换热器安装在空气循环机的抽风风扇和冲压空气进气口之间,来自气源系统的空气进入换热器,由冷风道引入的冲压空气冷却降温。通过初级换热器的空气进入压气机进行压缩,压力和温度升高后进入次级换热器进行再次冷却。之后,空气进入回热器和冷凝器。在冷凝器中,热空气被一级涡轮出口的低温空气冷却到露点温度以下,析出水分。通过水分离器对游离水进行处理后,空气再次通过回热器,然后进入一级涡轮膨胀降温。水分离器将凝结的水分引流入雾化喷嘴中,在冲压进气道中蒸发吸热,提高换热效率。一级涡轮出口的空气再次通过冷凝器后进入次级涡轮,再次膨胀降温后进入混合腔。当制冷组件的空气循环机失效时,经济制冷单向活门打开,空气直接由初级换热器进入次级换热器。在空气循环机风扇的冷风道内,安装了一个风扇旁路单向活门。当冲压空气压头足够时,单向活门打开,降低风扇的空气流通量,避免流量过大导致风扇损坏。

波音 B777 飞机制冷系统有 4 种流量控制模式,模式 1、2、3 的流量为常数,且随着飞行高度的升高而减小。模式 1 为常用模式,给空调制冷组件提供最大引气流量,模式 1 的供气流量与飞机乘员数有关,其最大及最小流量分别根据 440 名乘员及 348 名乘员计算得出。模式 2 与模式 3 的流量与最大乘员数有关,分别根据最大可能乘员数的 81% 和 50% 计算得出。模式 4 用于飞机增压及空气循环机工作的最小流量,其流量与飞行高度相关。

14.2.3　空气分配系统

空气分配系统由主空气分配系统、驾驶舱空气分配系统、座舱空气分配系统、再循环系统、通风系统等分系统组成。

主空气分配系统将空调制冷组件出口或通过地面通风接头的新鲜空气送达混合腔,左主供气管路将左空调制冷组件出口的新鲜空气分为两路分别供往混合腔和驾驶舱空气分配系统。

驾驶舱空气分配系统将左空调制冷组件的新鲜空气通过各空气出口均匀供往驾驶舱中,给驾驶舱乘员提供温度、湿度适宜的环境。当左空调制冷组件失效时,将混合腔空气供往驾驶舱。

座舱空气分配系统将经混合腔充分混合后的空气通过顶部各出风口均匀送达座舱。在地板下区域,座舱空气分配系统将经混合腔充分混合后的空气通过管路送达上升管路中。在座舱区域,座舱空气分配系统将来自地板下区域管路的空气通过上升管路、顶部分配管路和空气出风口送达座舱中。座舱空气分配系统由空气供气管路、上升管路、空气分配管路、空气出风口和空气回流格栅组成。

为了减少引气流量,再循环系统抽吸座舱空气,送达空气分配系统管路中,重新参与座舱空气分配。安装在座舱顶部的再循环风扇抽吸座舱空气,送达座舱顶部空气分配管路中。安装在前货舱后部的地板下的再循环风扇抽吸地板下空气,送达混合腔参与座舱空气分配。

通风系统的功能为:将盥洗室和厨房的污浊空气排走;给驾驶舱区域温度传感器、货舱区域温度传感器和座舱区域温度传感器提供气流;将座舱天花板内的热气和座舱前部天花板内厨房冷却单元排气带走;给主货舱提供通风气流。通风系统分为厨房冷却单元通风、主货舱通风和盥洗室/厨房通风三个子系统。地面时,使用地面空调车实现对座舱和驾驶舱的通风。

厨房冷却单元通风中的冷却器排气风扇将来自厨房冷却器的热气和座舱天花板内的热气带走。只有厨房上部座舱天花板内和机翼前部的冷却器连接有风扇。冷却器排气风扇将热气排到混合腔区域,地板下再循环风扇将其抽吸到混合腔中。冷却器排气管路上开有一些小孔,当风扇失效时,热气排进天花板内。

当运送动物时,通过主货舱通风风扇提高主货舱的通风量。主货舱通风风扇抽吸座舱空气进入主货舱中。当主货舱加热系统设为"HIGH"时,主货舱通风风扇工作。

14.2.4　温度控制系统

波音 B777 飞机温度控制系统主要由空调制冷组件温度控制系统和座舱区域温度控制系统组成。

制冷组件温度由座舱温度控制器控制。左、右座舱温度控制器通过调节次级涡轮旁路活门和低限活门开度,分别控制左、右两侧制冷组件内部空气温度及出口温度。正常情况下,制冷组件出口温度保持在 4～43 ℃。次级涡轮旁路活门用于制冷组件出口温度的基本控制,当次级涡轮旁路活门全开而系统仍需提高制冷组件出口温度时,低限活门打开。系统通过低限活门将回热器冷边出口直接通往冷凝器冷边入口,保证冷凝器冷边入口温度不低于 1 ℃,以防止冷边结冰。当制冷组件流量小于规定流量或环境温度低于 −7 ℃时,系统选择经济制冷模式工作。该模式下,引气直接由次级换热器通过经济制冷活门直接进入二级涡轮。当制冷组件出口温度超过 10 s 保持在 99 ℃以上时,发出过热警告;当压气机出口温度超过 5 s 保持在 254 ℃以上时,发出压气机过热警告。

座舱温度控制系统通过设定空调制冷组件的目标温度及 APU 的引气量,分别对驾驶舱和座舱的温度进行控制。系统有区域温度控制和配平空气压力调节关断控制两部分。

座舱温度控制器通过制冷组件控制通往驾驶舱和混合腔的冷空气,通过配平空气调节活门控制通往各个区域的热空气。由冷热空气混合后的空气温度来满足各个区域的温度调节需求。区域温度传感器和区域管路温度传感器反馈各区域的区域温度和管路温度到座舱温度控制器。左座舱温度控制器控制驾驶舱、A 区、C 区和 E 区的空调供气温度;右座舱温度控制器控制 B 区、D 区、F 区的空调供气温度。

区域温度控制通过配平空气调节活门调节热空气的流量,从而使驾驶舱和座舱温度保持在 18～29 ℃。在座舱系统控制面板和座舱区域控制面板上可以调节座舱各个区域的温度,温度范围为空调面板上设定温度值的 ±6 ℃,但最低不能低于 18 ℃,最高不能超过 29 ℃。

配平供气压力调节和关断控制系统,调节、监控和分配到配平供气调节活门的供气压力。配平供气压力传感器发送配平供气管路压力给座舱温度控制器,通过座舱温度控制器进行控制和显示。

14.2.5　电子设备通风系统

电子设备通风系统给电子设备提供通风空气。前部系统利用座舱空气冷却电子设备,有供气及排气两部分。供气系统为设备供气(供气风扇),排气系统为抽吸设备排气(通风风扇);系统利用座舱差压和超控活门为驾驶舱排烟。后部电子设备通风系统从厨房/盥洗室通风系统抽气,为飞机后部需要冷却的设备提供通风冷却。

前部电子设备通风系统主要由空气过滤器、舱内活门、舱外排气活门、供/排气风扇等组成。系统有自动(AUTO)和超控(OVRD)两种工作模式。

在自动模式下,仅一台风扇工作,右风扇为主风扇,左风扇为备用风扇。供气风扇将座舱空气通过空气过滤器及超控活门送达以下区域:①前货舱设备架;②主设备中心;③前设备中心;④驾驶舱:设备、中央过道、顶部面板、主检修终端。排气风扇将空气从以下区域抽出:①主设备中心;②驾驶舱:设备、中央过道、顶部面板、主检修终端(MAT)。

在正常工作状态下,超控活门保持打开状态。通风空气由排气风扇进入排气活门和前货舱加热活门,这两个活门同一时间只开启一个。当总温超过 12.8 ℃时,排气活门打开,前货舱加热活门关闭,空气通过中央设备中心;当总温低于 10 ℃时,前货舱加热活门打开,排气活门关闭,空气进入前货舱。

在超控模式下,供/排气风扇不工作,系统利用座舱差压使空气流过电子设备并排出机外。当飞机增压并在 7 625 m 以上高空时,超控模式可以提供足够的制冷量。机组人员还可以使用该模式排烟。

在超控模式下,系统组件处于以下状态:①供/排气风扇不工作。②超控活门处于超控位置。③前货舱加热活门关闭。④排气活门通常与前货舱加热活门处于相反位置,前货舱防火系统不报警时,排气活门打开;前货舱防火系统报警时,排气活门关闭。

在此状态下,驾驶舱、前设备中心、中央设备中心以及前货舱中电子设备周围的空气都逆向流至超控活门,并排出机外。波音 B777 飞机电子设备通风系统原理示意图如图 14 - 3 所示。

14.2.6　座舱压力控制系统

座舱压力控制系统控制座舱高度并防止由于过大的正、负压差造成的座舱结构的破坏。系统包含座舱压力控制和座舱释压两部分。座舱压力控制系统通过控制流出座舱的空气量来维持座舱压力在限制范围之内。座舱释压系统保证飞机内部压力在限制范围内。

自动控制模式包括以下内容:①控制座舱内外最大压差(59±0.34)kPa(G);②限制座舱压力变化速率;③控制座舱高度不超过 2 440 m;④缓冲起飞和着陆时压力突变;⑤控制通过前排气活门和后排气活门排出气体的比例。

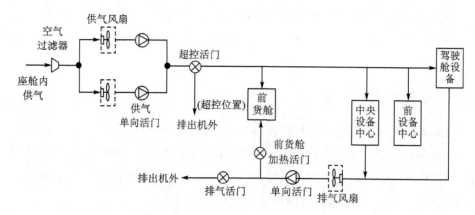

图 14 - 3　波音 B777 飞机电子设备通风系统原理示意图

飞行过程中排气活门可以自动或手动控制,机身前部和后部的排气活门可以独立地进行自动、手动模式的切换,并且相互之间不影响。两个排气活门设置在自动模式时,排出机外的气体中有 20% 的空气从机身前部的排气活门排出,80% 的空气从机身后部的排气活门排出。在手动模式中,可以手动控制排气活门的开度位置。在机身前部的正压释压活门和负压释压活门保证机身内外压差在限制范围之内。

如果两个控制器均故障,则可以通过手动模式进行控制。按下手动模式选择开关后可以控制排气活门的开度。排气活门位置指示器监测活门的开度变化。朝下降方向转动调节旋钮,排气活门关闭,座舱压力升高;朝爬升方向转动调节旋钮,排气活门打开,座舱压力下降。在手动控制模式下座舱高度达到 3 355 m 时,活门电机驱动排气活门全关。

14.3　系统性能

14.3.1　气源系统

气源系统数据如下:

- 发动机引气压力:不大于 1.672 MPa。
- 压力调节关断活门出口温度限制:254 ℃。
- 气源系统出口温度:193 ℃(正常模式下),160 ℃(双发工作巡航时),121 ℃(座舱温度控制器需要更低温度且机翼防冰系统不工作时)。
- 引气流量:不超过 16 344 kg/h。

14.3.2　空调系统

空调系统数据如下:

- 压气机出口温度:254 ℃。
- 组件出口温度:4～43 ℃(飞行高度低于 9 455 m 时),最大不超过 99 ℃。

14.3.3　座舱压力控制系统

座舱压力控制系统数据如下：

● 座舱高度：不超过 2 440 m。

● 座舱最大压力增长率：152.5 m/min。

● 座舱最大压差：59 kPa。

14.4　设计特点

波音 B777 飞机环境控制系统的典型设计特点如下：

① 气源系统采用发动机两级引气。在发动机低功率状态时，从高压级引气；高功率状态时，从中压级引气，减少了发动机的引气代偿损失，提高了飞机的经济性。

② 气源系统具有调节发动机引气温度和压力的功能，以适应下游用气系统的需求，并进行温度限制和压力限制，避免系统超温和超压。

③ 机上安装两套四轮升压式高压除水空调制冷组件，实现了两级涡轮膨胀降温，将冷凝器放置在两个涡轮之间，由于第一级涡轮的出口空气温度不会太低，所以冷凝器结冰的可能性减小。

④ 制冷系统采用高压除水，提高了冷却能力。

⑤ 空调制冷组件的温度由座舱温度控制器控制，左、右座舱温度控制器通过调节次级涡轮旁路活门和低限活门开度分别控制左、右两侧制冷组件内部空气温度及出口温度。

⑥ 驾驶舱和座舱等 6 个区域温度可以单独控制，通过调节配平空气活门控制冷热空气的混合量，从而使驾驶舱和座舱温度保持在设定温度。

⑦ 空气分配采用了再循环模式，将座舱排气和新鲜供气混合，既满足了空调的需求，又降低了发动机引气量。

⑧ 抽取座舱空气为电子设备冷却，当供/排气风扇均不工作时，利用座舱内外压差使座舱空气流经电子设备进行冷却。

⑨ 座舱压力采用数字式控制系统，有自检测装置，控制器具有两套控制通道，两者相互备份，并具有手动控制功能。

14.5　原理图

波音 B777 飞机环境控制系统原理图如图 14 - 4 所示。

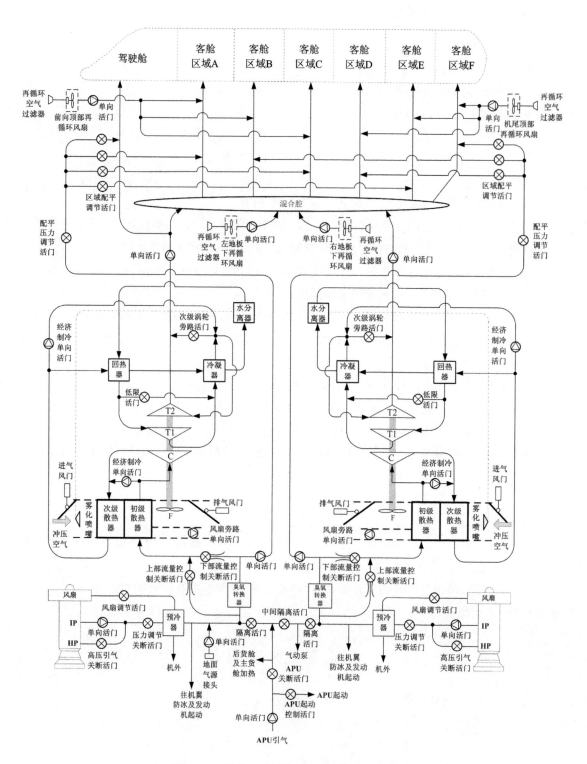

图 14 - 4 波音 B777 飞机环境控制系统原理图

第 15 章　波音 B787 飞机

15.1　飞机概况

波音 B787 是由美国波音公司于 2009 年 12 月 15 日推出的航空史上首架超远型中型客机,机身截面形状采用双圆弧形,并采用平滑机翼、流线机头与鲨鱼鳍形翼端与尾翼的设计,对顶部空间进行了优化,可为乘客提供更宽阔的空间,典型的三层座位设计可容纳 242～335 名乘客。波音 B787 飞机装备了垂直阵风抑制系统,大幅提高了飞行的平稳性。其结构大量采用复合材料,如尾翼、各操纵面、整流蒙皮、座舱地板等均采用复合材料。按质量统计,波音 B787 飞机采用了 61％的碳纤维复合材料、20％的铝、11％的钛和 8％的钢。其主起落架为四轮小车式,前起落架为双轮式,并首次使用电动气源系统。不同厂商的波音 B787 发动机有相同的标准接口,航空公司可将飞机的发动机进行互换。在波音 B767 和空客 A330 竞争中处于下风时,波音公司推出"声速巡航者",旨在打造一款燃油消耗与波音 B767 和空客 A330 相当,飞行速度接近声速(0.98Ma)而使航时大为缩短的飞机。在全球油价不断攀升的情况下,效益比速度呈现更大的诱惑,波音决定顺应趋势推出"7E7"飞机取代"声速巡航者"。"7E7"飞机又称为"梦幻飞机",其中的 E 对应效率(Efficiency)和经济性(Economics)。2004 年 4 月,波音公司宣布"7E7"飞机使用的发动机分别为通用电气的 GENx 和劳斯莱斯的瑞达 Trent1000。2005 年 1 月 28 日,波音公司为"7E7"确定了正式的机型代号:787。2009 年 12 月 15 日在华盛顿州埃佛瑞特潘恩机场完成了首次试飞,2011 年 9 月 26 日在美国西雅图艾佛雷特波音工厂交付用户全日空航空。波音 B787 飞机如图 15－1 所示。

图 15－1　波音 B787 飞机

波音 B787 飞机的基本数据如下：

- 翼展：60 m。
- 机长：56.69 m。
- 机高：17 m。
- 机身高：5.91 m。
- 机身宽：5.75 m。
- 座舱宽：5.49 m。
- 空重：110 000 kg。
- 最大起飞质量：227 930 kg。
- 巡航速度：0.85Ma。
- 最大燃油容量：126 918 L。
- 实用升限：13 106 m。
- 航程：6 500～16 000 km。
- 座位数：200～300。
- 发动机：劳斯莱斯的瑞达 Trent1000 或通用电气的 GENx。
- 研制时间：2004 年 4 月。
- 首飞时间：2009 年 12 月 15 日。
- 交付时间：2011 年 9 月 26 日。
- 运营时间：2011 年 10 月 26 日。

15.2 系统说明

波音 B787 飞机环境控制系统由气源系统和空调系统（包括制冷系统、空气分配系统等）组成，其主要功能如下：

① 对飞机各区域进行温度控制；
② 对飞机舱内压力进行调节；
③ 对飞机顶部区域进行除湿；
④ 对飞机乘员舱室进行加湿；
⑤ 去除座舱供气的臭氧；
⑥ 对电子设备进行冷却；
⑦ 去除厨房和盥洗室的异味；
⑧ 对厨房食品进行冷藏；
⑨ 对货舱进行通风和温度控制。

15.2.1 气源系统

波音 B787 飞机采取电动气源系统为空调系统提供所需空气。电动气源系统包含功能与组成一致的左右两个分系统，每个分系统均由 2 个电动压气机、2 个压气机出口温度传感器、2 个压气机出口压力传感器、1 个进气偏流装置和管路等组成。电动气源系统布置在环控设备舱前部。2 个电动压气机中一个安装在舱内，一个安装在舱外。

进气偏流装置安装在电动压气机进气口上游,其作用是飞机地面防尘和防止水喷射器喷射的水对电动压气机造成损伤。进气偏流装置有 3 个位置,分别是全关(减阻位置)、部分打开和全开。下面对各种情况下进气偏流装置的位置予以说明。①地面、环境温度高于 35 ℃时,进气偏流装置关闭,以提高电动压气机的进气流量;②地面、环境温度高于 35 ℃、发动机轴功率大于起动功率时,进气偏流装置打开至 50％开度;③起飞、发动机轴功率大于 90％时,进气偏流装置全部打开;④飞行中正常情况下,进气偏流装置均处于关闭位置;⑤降落、飞行高度低于 305 m 时,进气偏流装置全开;⑥空中、单侧 2 个电动压气机均失效时,此时,对应的进气偏流装置处于打开位置以保护电动压气机进气管路不受气流冲击。

电动压气机内的主要部件有:1 个无级变速电机、1 个压气机本体、1 个加热活门、1 个可调扩压器执行机构和电机冷却进出口管路等。通过控制电动压气机转速、加热活门位置和可调扩压器的位置,实现流量调节。首先,使用电动压气机的进出口压力、出口温度、流量和电动压气机的性能曲线计算应通过电动压气机的空气流量,依据此计算值,对电动压气机进行控制。必要时,利用加热活门将电动压气机出口热空气供往进口,以提高进口温度。必要时,可调扩压器执行部件改变电动压气机进口截面,提高效率,防止电动压气机发生喘振。电动压气机最大转速可达 43 929 r/min,采用空气动压轴承(利用初散出口空气进行冷却),重约 44 kg,拆装需要 8 h。电动压气机出口温度范围见以下情况:①当飞行高度高于 6 600 m 时,电动压气机出口温度为 94 ℃;②当飞行高度低于 6 600 m 时,电动压气机出口温度为 71 ℃;③正常情况下,电动压气机出口温度最高可达 193 ℃;④如果电动压气机出口温度超过 204 ℃,则会降低电动压气机的流量,使出口温度降低到 204 ℃;⑤如果电动压气机出口温度超过 218 ℃,则关闭电动压气机。

15.2.2　制冷系统

波音 B787 飞机制冷系统的主要组成部分是空气循环机(涡轮 1 -涡轮 2 -压气机)、冲压空气风扇、冲压空气风扇控制器、冲压空气风扇单向活门、冲压空气进气风门、冲压空气排气风门、初级换热器、次级换热器、冷凝器、水分离器、经济制冷活门、涡轮旁通活门、低限活门、水喷射器和管路等。冲压空气风扇控制器安装在后设备舱,其余设备均安装在环控设备舱。其中,冲压空气组件安装在环控设备舱后部,空调制冷组件安装在环控设备舱中心。空调制冷组件利用外界冲压空气作为热沉,与系统引气进行热量交换。

制冷系统的初、次级换热器安装在冲压空气风扇和冲压空气进气口之间,来自气源系统的空气首先进入初级换热器,由冲压空气进气口引入的冲压空气进行冷却。通过初级换热器的空气进入空气循环机的压气机进行压缩,使压力和温度升高后进入次级换热器进行再次冷却。之后,空气进入冷凝器和水分离器。在冷凝器中,热空气被涡轮 1 出口的低温空气冷却到露点温度以下,析出水分。通过水分离器对游离水进行处理后进入涡轮 1 膨胀降温。水分离器将凝结的水分引流入雾化喷嘴中,在冲压进气道中蒸发吸热,提高换热效率。一级涡轮出口的空气作为冷凝器冷边升温后进入涡轮 2,再次膨胀降温后进入混合腔。制冷系统为了提高经济性,采取了两种方式:①根据乘员数量进行供气流量调节,如无乘员数量输入,默认按座椅数;②设置了再循环系统用来降低系统功耗。

冲压空气进气风门的主要作用是:通过控制流过换热组件的冲压空气流量,对组件出口温度进行调节;对电子设备冷却系统的冷却液温度进行调节。特别地,在组件涡轮旁通活门和低限活门失效时,也可实现对组件出口温度的控制。正常情况下,组件出口温度控制优先级最高,只有当功率电子设备冷却系统的冷却液温度高于 68 ℃时,才将功率电子设备冷却系统的冷却液温度控制优先级调整为最高。正常工作时,功率电子设备冷却系统的冷却液温度为 30 ℃。冲压空气进气风门执行机构使用 28 V 直流无刷电机,最大电流 1 A。

每个空调制冷组件均设置了一个冲压空气风扇,主要用于地面时抽吸外界空气。在地面时,不论是空调制冷组件工作,还是功率电子设备冷却系统工作,冲压空气风扇均工作。此时,风扇转速可达 11 500 r/min。另外,在冲压空气进气道内,冲压空气风扇旁边安装了一个冲压空气风扇单向活门。当冲压空气压头足够时,单向活门打开,降低风扇的空气流量,避免流量过大导致风扇损坏。冲压空气风扇控制状态如下:①空中;②功率电子设备冷却系统的冷却液温度高于 68 ℃;③地面环境温度低于−1 ℃;④使用外部电源 1 或 2 供电;⑤主发动机起动;⑥电动压气机失去电源。冲压空气排气风门各状态如下:①起飞或飞行中,为了防止负压对管路系统的影响,冲压空气排气风门角度限制在 20°以下;②地面时,冲压空气排气风门角度可达到 40°。

制冷组件控制单元通过低限活门、涡轮旁通活门和经济制冷活门对空调制冷组件的供气流量进行控制。通过调节供气流量来保证压气机出口温度及组件出口温度在一定范围内,具体情况如下:①正常情况下,压气机出口温度不大于 149 ℃;②两套制冷组件同时工作时,压气机出口温度不大于 157 ℃;③单套制冷组件工作,当 OAT(OAT,指制冷组件的出口温度)为 39 ℃时,压气机出口温度不大于 191 ℃;④单套制冷组件工作,当 OAT 为 54 ℃时,压气机出口温度不大于 168 ℃;⑤压气机出口温度大于 218 ℃超过 10 s,关闭对应的空调制冷组件;⑥组件出口温度一般不大于 82 ℃。空气循环机最大转速约 23 000 r/min,重约 39 kg。

次级换热器出口温度约 7 ℃。冷凝器是双流程空气-空气换热器,为防止冷凝器结冰,通过低限活门保证冷凝器出口空气温度不低于 1 ℃。低限活门是直径 90 mm 的蝶阀,在以下情况下全开:①飞行高度高于 7 620 m,打开经济制冷活门前 15 s;②换热器单制冷模式;③外界环境温度低于 2 ℃。低限活门在冷凝器旁通模式下全关。冷凝器旁通模式在以下情况使用:①飞行高度高于 8 840 m,冷凝器旁通下经济制冷活门打开;②飞行高度高于 8 840 m,两个冷凝器进口温度传感器有一个失效。

当飞行高度高于 8 840 m 时,空气温度较低且含湿量较小,此时为了降低功率需求,将经济制冷活门打开,旁通冷凝器和涡轮 1,直接将空气供往涡轮 2 中。经济制冷活门分别有冷凝器旁通模式和换热器冷全开模式两种非正常工作模式。具体情况如下:①在高空飞行中,当空调制冷组件失效或空调制冷组件出口温度传感器均失效时,冷凝器旁通模式开启工作。此时,经济制冷活门打开,低限活门关闭,空调制冷组件出口温度由冲压空气进气风门、冲压空气排气风门和空调制冷组件旁通活门控制。②在任何高度,当空调制冷组件传感器失效,同时涡轮出口温度很低时,换热器冷全开模式开启工作。此时,经济制冷活门和空调制冷组件旁通活门打开,空调制冷组件出口温度由冲压空气进气风门和冲压空气排气风门控制。空调制冷组件转速低于 600 r/min 或流量高于设计流量 10^{-5} 时,经济制冷活门不工作。制冷活门是直径为 130 mm 的蝶阀。

制冷组件出口空气为涡轮 2 出口冷空气和来自组件涡轮旁通活门热空气的混合,可通过制冷组件涡轮旁通活门控制两者的混合比例,从而控制制冷组件出口空气的温度。制冷组件涡轮旁通活门开度增大,组件出口空气温度升高;组件涡轮旁通活门开度减小,组件出口温度降低。当空调制冷组件失效的时候,组件涡轮旁通活门还可旁通空调制冷组件,直接对座舱和驾驶舱通风。组件涡轮旁通活门是直径为 90 mm 的蝶阀。

15.2.3　空气分配系统

空气分配系统主要包括以下分系统:①驾驶舱空气分配系统;②座舱空气分配系统;③底部再循环系统;④顶部再循环系统;⑤个人通风系统;⑥辅助加热系统;⑦应急通风系统;⑧加湿系统;⑨座舱顶部除湿系统;⑩厨房盥洗室通风系统;⑪地面通风系统。

空气分配系统将来自空调制冷组件或地面空调车的空气分配到座舱和驾驶舱中。空气分配系统设置了 3 个混合腔,分别是安装在左右环控设备舱中的两个小混合腔和安装在主混合腔舱中的一个主混合腔。空气分配系统通过设置不同尺寸管路及限流环两种方式,控制不同区域的供气流量。

驾驶舱空气分配系统将小混合腔的出口空气和配平空气在小混合腔出口进行混合,获得温度和湿度适宜的调节空气,然后通过分配管路分配到驾驶舱中。驾驶舱分配管路通过驾驶员侧窗和遮光罩出口、副驾驶侧窗和遮光罩出口、顶部供气口、4 个个人通风喷口将空气分配到驾驶舱各个区域。当少于 3 台电动压气机工作,或出现火警,或设备冷却超温,或地面空调车供气(此时电动压气机和再循环风扇均不工作)时,打开安装在前货舱左侧的驾驶舱供气关断活门,通过驾驶舱供气风扇将座舱区域 A 的空调供气供往驾驶舱中。另外,在地面时,地面通风系统使用顺航向左侧制冷包出口,给驾驶舱的分配管路供气,从而为驾驶舱提供地面空调供气。

座舱空气分配系统将来自主混合腔的出口空气和对应配平空气混合得到温度、湿度适宜的空气,然后通过分配管路,分配到座舱各区域。地面通风系统使用增压装置管路给座舱区域 A 提供地面空调供气。

小混合腔设置了 2 个进口和 2 个出口。2 个进口分别与底部再循环热交换器出口管路和空调制冷组件出口管路相连,2 个出口分别与座舱空气分配系统管路和驾驶舱空气分配管路相连。使用地面空调时,供往驾驶舱的空气首先通过顺航向左侧的小混合腔混合后,供往驾驶舱空气分配系统。当空调制冷组件关闭时,底部再循环空气是驾驶舱空调的气源。小混合腔的进口和内部导流板的结构采用 40% 玻璃纤维的聚苯硫的复合材料,出口壳体、管路及排水管的结构采用 30% 碳纤维的 PEEK 的复合材料。

主混合腔设置了 3 个进口和 2 个出口,其中每个出口又分成了两路。3 个进口分别对应左右空调制冷组件出口及应急通风系统出口。主混合腔的 2 个出口空气和配平空气混合后,将空气供到 4 个座舱区域。

个人通风系统给座舱每个座位提供流量、角度可调的个人通风空气。来自座舱空气分配主管路的空气供往个人通风管路中,然后通过连接在个人通风管路中的软管,将空气供往设置在每组座位上方的个人通风腔中,最后通过个人通风腔上的个人通风喷嘴,对每个座位的个人通风。

波音 B787 飞机为每个空调制冷组件设置了一套底部再循环分系统。底部再循环分系统将座舱湿热空气冷却后,供往混合腔,具有座舱通风、座舱除湿和降低空调制冷组件负荷的功能。它布置在环控设备舱前部,左右各一套。一套底部再循环分系统主要由 1 个空气过滤器、1 个大流量关断活门、1 个底部再循环风扇、1 个底部再循环换热器和管路等组成。底部再循环风扇抽取座舱的湿热空气,经过空气过滤器、大流量关断活门后,通过底部再循环换热器,在该换热器中被来自集成冷却分系统中的冷却液冷却,然后供往混合腔中。空气过滤器过滤掉来自座舱空气中的颗粒及污染物质。空气过滤器是可更换单元,维修周期推荐为 3 000 飞行小时。为了防止空气过滤器中的污染物接触到工作人员的皮肤,更换时工作人员应正确穿戴防毒面具、手套、护目镜和工装裤等。更换完成后,应使用香皂和水将手清洗干净。空气过滤器重约 18 kg。

当底部再循环系统的流量大于或等于 3 540 kg/h 时,大流量关断活门关闭,以防止环控设备舱下游管路爆裂,导致座舱压力突然降低。通过将 P5 控制板上的底部再循环风扇开关设置在开位,启动底部再循环风扇。当风扇故障、应急通风系统工作或前/后货舱火警时,底部再循环风扇关闭。在 P5 控制板上的底部再循环风扇开关设置在关位的情况下,在地面使用外部电源车供电、2 套空调制冷组件均关闭时,顺航向右侧底部再循环风扇工作。底部再循环风扇重约 18 kg。

顶部再循环系统抽吸座舱顶部区域空气,经过滤器后进入座舱空气分配系统,再一次参加座舱空气再分配,降低了系统代偿损失。顶部再循环系统主要由一个顶部再循环过滤器、一个顶部再循环风扇和管路等组成。当应急通风系统工作时,顶部再循环风扇关闭,顶部再循环系统不工作。

辅助加温系统分为驾驶舱辅助加温和座舱辅助加温两部分。

驾驶舱辅助加温使用加热毯和管路加热器,给驾驶员和副驾驶提供脚部及肩部加温,它包括 4 个脚部加温器和 2 个肩部管路加热器。脚部加温器是 4 个功率 50 W 的加热毯,左右脚蹬处各 2 个。底部再循环风扇工作或空调制冷组件工作时,脚部加温器工作。应急通风系统工作时,脚部加温器不工作。另外,加热器温度高于 41 ℃时,肩部管路加热器关闭。脚部加温器内部设置了双力矩开关、恒温调节器和超温探测器。恒温调节器在 41 ℃打开,32 ℃关闭。超温探测器在 53 ℃打开,57 ℃关闭。肩部管路加热器是 2 个功率为 1 kW 的三相 115 V 交流加热器,左右两侧各一个。底部再循环风扇工作或空调制冷组件工作时,肩部管路加热器工作。地面时,2 个空调制冷组件及对应的底部再循环不工作,或应急通风系统工作时,肩部管路加热器不工作。另外,加热器温度高于 82 ℃时,肩部管路加热器关闭。

座舱辅助加温使用加热毯和管路加热器,给座舱厨房、登机门地板提供加温,它包括 7 个厨房管路加热器和 4 个登机门加热毯。厨房管路加热器安装在厨房供气管路上,给厨房提供加温,它是功率为 1.5 kW 的三相 115 V 交流加热器,具体布置位置是:登机门 1 处的厨房设置 2 个,登机门 2 处的厨房设置 2 个,登机门 3 处的厨房设置 1 个,后部厨房设置 1 个。底部再循环风扇工作或空调制冷组件工作时,厨房管路加热器开始工作。地面时,2 个空调制冷组件及对应的底部再循环不工作,或应急通风系统工作时,管路加热器不工作。另外,加热器温度高于 96 ℃时,厨房管路加热器关闭。登机门加热毯安装在登机门进口,为每个登机门进口提供加温。每个登机门设置 1 个,共 4 个,尺寸各不相同,均是在厚 12.7 mm 的钛结构上覆盖一层加热单元。正常情况下,当环境温度低于 7 ℃时,登机门加热毯工作;当环境温度高于 12 ℃时,登机门加热毯关闭电源。当两个空调制冷组件及对应的底部再循环不工作或应急通风系统工作时,登机门加热毯不工作。登机门加热毯正常工作时,温度调节到 43 ℃,最高不超过 57 ℃。温度到达 65.5 ℃时,加热毯断电自动重设温度值为 46 ℃。

当 2 个空调制冷组件均失效而不能正常提供通风空气时,应急通风系统通过 2 个备用通风单向活门,利用外界空气对驾驶舱和座舱进行通风。系统包括 2 个备用通风进口风门和两个备用通风单向活门。外界空气分为两路:一路供往驾驶舱供气管路,对驾驶舱进行通风;一路供往主混合腔,通过座舱空气分配管路,对座舱进行通风。应急通风系统有手动和自动两种启动方式。通过空调控制面板上的通风开关实现手动启动。飞行中,如果出现双空调制冷组件失效或单发动机工作情况,则自动启动应急通风系统。

加湿系统用来提高驾驶舱空气的相对湿度,包括 1 个加湿器和 1 个关断活门。加湿器设置在驾驶舱供气管路上,来自饮用水系统的水经过关断活门和加湿器,添加到驾驶舱供气中,提高驾驶舱的相对湿度。不使用加湿器,驾驶舱空气相对湿度为 1%～2%;使用加湿器,驾驶舱空气相对湿度可达 20%。加湿器利用相变技术,可防止细菌传播。地面停机时,系统内应无残留水分。加湿器在巡航或开始下降时使用,当液位传感器显示加湿系统中的水太多,或机组人员在面板上选择 OFF 时,加湿器将关闭。

座舱顶部除湿系统对座舱顶部区域的湿空气进行除湿,主要由 2 个过滤器、2 个除湿装置及管路等组成。在座舱前部和后部各设置了 1 个过滤器、1 个除湿装置及相关管路。在除湿装置内部设置了 1 个控制器、1 个风扇、1 个旋转干燥装置和 1 个加热器。风扇抽吸座舱顶部湿空气,经过滤器在风扇出口分为两路:80% 的空气(流量为 288 m³/h)直接经过旋转干燥装置进行干燥;20% 的空气(流量为 60 m³/h)经过加热器后,供往旋转干燥装置进行干燥。除湿装置有 2 个出口,1 个出口通过笛形管将干燥空气反供给座舱顶部区域,1 个出口将湿热空气供给主混合腔,然后通过过滤器和底部再循环风扇与座舱供气混合后,供往座舱以降低座舱湿度。当座舱顶部空气温度高于 49 ℃时,加热器关闭。当座舱顶部空气温度高于 52 ℃时,风扇关闭。除湿装置设置了温度保护,排气温度限制在 85 ℃以下,旋转干燥装置的电机温度限制在 71 ℃以下,风扇温度限制在 130 ℃,加热器跳变温度为 121 ℃。座舱顶部除湿系统原理图如图 15－2 所示。

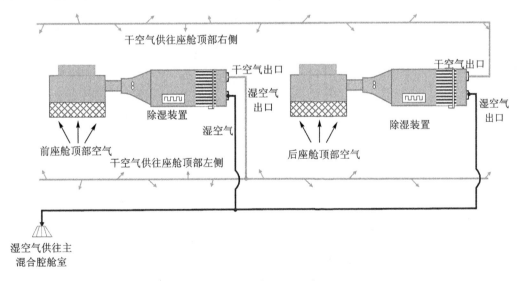

图 15－2　座舱顶部除湿系统原理图

厨房/盥洗室通风系统通过厨房/盥洗室风扇抽吸厨房、盥洗室、温度传感器周围及 3 个安全支管的空气,经换热器和风扇后,排到飞机后部排气活门附近,实现对厨房、盥洗室及温度传感器的通风。当厨房/盥洗室通风系统管路堵塞时,安全支管主要用于确保功率设备冷却空气最小流量(1 530 m³/h)和辅助座舱顶部区域通风。厨房/盥洗室通风系统主要由2台厨房/盥洗室风扇、1个厨房/盥洗室通风-功率设备冷却系统换热器组件、若干消音器、3个安全支管和管路等组成。其中,厨房/盥洗室通风-功率电子冷却系统换热器组件包括1个过滤器和1个换热器,其安装在主货舱右侧;2台厨房/盥洗室风扇安装在主货舱中;管路等分布安装在驾驶舱、前座舱顶部区域。在通风-功率设备冷却系统换热器组件下游,设置了流量/温度传感器,当传感器监测到空气流量低于最低流量(1 530 m³/h)且持续5 min时,控制器会显示厨房/盥洗室通风流量低的状态信息,当传感器失效时,控制器将从下游风扇电机控制器获取最低流量数据。只要飞机上电,厨房/盥洗室风扇就工作,风扇供电采用235 V三相交流电。正常情况下一台风扇工作,另一台风扇备份;当货舱发生火警时,两台风扇均关闭;当应急通风系统工作或在转子爆破模式下,两台风扇同时工作;当厨房/盥洗室通风流量低时,主风扇关闭并启动备份风扇;着陆时,系统进行30 s内的BIT检测,以确保备份风扇状态完好。

15.2.4 温度控制系统

波音B787飞机温度控制系统主要对座舱各区域和驾驶舱的温度进行控制和调节。

温度控制系统通过配平管路为每个空调制冷组件提供供往驾驶舱和两个座舱区域的配平空气。系统包含2个配平压力调节器、2个配平压力传感器、6个配平活门、8个配平空气消声器和2个驾驶舱供气消声器。配平压力调节器用来控制3个配平活门处的热边空气压力,3个配平活门分别布置在驾驶舱和2个座舱区域配平管路上。驾驶舱机组人员在P5面板上设置座舱主温度(座舱主温度范围为18~29 ℃),乘务员可在座舱主温度基础上,对座舱各区域温度进行调节(±3 ℃)。组件温度控制单元利用飞行数据、电动压气机出口空气压力和配平压力调节器出口控制压力控制配平压力调节器,组件温度控制单元使用压力数据控制电动压气机供气,确保配平压力调节器出口控制压力高于座舱压力34.475 kPa。当配平压力增长率大于6.895 kPa(A)/s时,配平压力调节器不动作。当空调制冷组件包工作且P5面板上的配平空气开关放在自动位置时,组件温度控制单元控制配平压力调节器;当P5面板上的配平空气开关放在关闭位置时,组件温度控制单元关闭配平压力调节器。配平压力调节器进口空气来自臭氧转换器出口,配平压力调节器出口空气分三路供给3个配平活门。组件温度控制单元使用区域管路温度和区域温度控制配平活门。正常工作时,区域管路温度控制在-2~71 ℃。当区域管路温度高于71 ℃时,组件温度控制单元关小配平活门,降低对应区域配平空气流量;当区域管路温度高于82 ℃时,配平活门全关;当区域管路温度高于88 ℃大于10 s时,关闭配平压力调节器。

15.2.5 液体冷却系统

波音B787飞机液体冷却系统分为两个分系统,分别是功率电子设备冷却分系统和集成冷却分系统。其中,功率电子设备冷却分系统主要给功率电子设备、蒸发制冷循环组件和电机控制器提供合适温度的冷却液。集成冷却分系统主要为厨房和底部再循环系统提供合适温度的冷却液。

功率电子设备冷却分系统包括左、右两个循环,两个循环同时工作。左循环冷却以下设备:①蒸发制冷循环组件的冷凝器2;②蒸发制冷循环组件的电机控制器2;③P700/E5设备架上的设备(比如,通用电机启动控制器)。右循环冷却以下设备:①蒸发制冷循环组件的冷凝器 1 和 3;②蒸发制冷循环组件的电机控制器 1 和 3;③P800/E6 设备架上的设备(比如,通用电机启动控制器)和变压整流器单元。

功率电子设备冷却分系统中使用的冷却液是由 60% 的丙二醇、40% 的去离子水和防冻剂所组成,产品牌号是 BMS3 - 42。冷却液的冰点是 -46 ℃,闪点 73 ℃,沸点 107 ℃,电导率和自来水差不多,颜色是橙色的。冷却液寿命大于 12 000 h,每 6 000 飞行小时进行一次 pH 值检测,以确定是否需要更换冷却液。液体泵组件是循环中存储和驱动冷却液的部件。一般情况下,冷却液从液体泵组件中流出,供往安装在冲压进气道中的空-液热交换器中,经过空-液热交换器降温后,冷却液供往后电子设备舱设备架和主货舱中的集成冷却分系统附加冷却单元中,经过盥洗室/厨房通风系统换热器降温后,冷却液回到液体泵组件,完成一个循环。

功率电子设备冷却分系统通过控制液体泵组件和活门的工作,监控冷却液的温度、压力和液面位置来保证系统正常工作。通常,当发生旋转破裂情况时,冷却液液面会突然急剧地下降,此时系统隔离一部分系统,以阻止冷却液的继续泄露。每个循环的冷却液容积有 38 L,供液流量 128 L/min,工作压力 1.378 MPa(G),工作温度 29~82 ℃,正常工作温度 29 ℃。每个循环中有一个液体泵组件。液体泵组件包括 2 个离心式液体泵、2 个电机控制器、1 个自增压膨胀箱及过滤器旁通传感器。飞行时,组件里一个液体泵工作,另一个液体泵作为备份,2 个液体泵转换的时机为每个飞行架次。液体泵是定速变频液体泵,液体泵转换在每次飞行着陆轮载 5 min 内完成,转换时同时给 2 台液体泵供电,直至转换完成,液体泵在关闭前需进行 60 s 自检。液体泵组件重 64 kg。冷却液温度为 38 ℃时,液体泵出口压力正常为 1.31 MPa,供液流量为 125 L/min。

集成冷却分系统用来冷却厨房冷却组件(GCU)和底部再循环空气。集成冷却分系统使用一个液体泵组件,使冷却液在液冷循环中流动,液冷循环从飞机后部到飞机前部又到后部,贯穿整个飞机。冷却液被蒸发制冷循环组件冷却,蒸发制冷循环组件通过冷凝器将热量传递给功率电子冷却分系统的冷却液中。系统总容积为 95 L。液体泵组件包括 2 个液体泵、2 个电机控制器和 1 个自增压膨胀箱。正常工作时,一台液体泵工作,另一台液体泵作为备份,工作压力 1.372 MPa,供液流量 26.5 L/min。两台液体泵转换时机为每飞行架次。

蒸发制冷循环组件用来冷却集成冷却分系统的冷却液,并供往下个蒸发循环组件或后厨房冷却单元。蒸发循环组件主要由蒸发器、冷凝器、膨胀阀、压气机及其控制器组成,使用的制冷剂为 R134。通过座舱面板输入、本地厨房控制面板输入和温度传感器测量数据完成控制任务。每个蒸发制冷循环组件干态重 59 kg,湿态重 61 kg。每个压气机设置了一个控制器(控制器重约 26 kg,供电为 235 V 三相交流电),主要用来控制压气机的转速和蒸发制冷循环组件的工作,还可以对压气机电机和系统进行保护以及 BIT 测试。电机保护主要防止电机超转、超温和内部各种故障。厨房冷却单元由厨房冷却单元换热器组件和厨房冷却单元风扇模块组成,主要给厨房提供冷却空气,最大可保证 6 个厨房手推车食物的冷却。其中,换热组件干态重约 18 kg,湿态重约 20 kg。换热组件利用集成冷却分系统的冷却液,将供往风扇组件的空气进行冷却,内部设置了一个分流阀,用于控制通过换热组件的冷却液流量。风扇组件抽吸厨房手推车里的热空气,经换热组件冷却后,供往厨房手推车,风扇组件内部设置了一个电机控制器和一个变速风扇。在换热组件上下游各设置了一个温度传感器,用于控制风扇组件。小型厨房冷却单元和厨房冷却单元组成相似,由一个风扇单元和一个换热单元组成(湿态重约

28 kg),可供 3 个厨房手推车的冷却。

15.2.6　设备冷却系统

设备冷却系统的主要功能是保证电子设备具有合适的温度范围,它分为前设备冷却系统、后设备冷却系统和综合设备冷却系统 3 个子系统。

前设备冷却系统主要提供所需冷却空气给驾驶舱设备、前设备舱设备和安装在前货舱门后面的 E8 设备柜,系统分为供气子系统和排气子系统。供气子系统包括 1 个格栅式过滤器、2 个供气风扇、1 个供气超控活门、1 个供气机外活门、2 个供气温度传感器、1 个供气流量传感器、1 个烟雾探测器和管路等。排气子系统包括 1 个排气风扇、1 个排气机外活门和管路等。供气子系统通过供气风扇抽吸前货舱左侧壁空气,通过安装在供气风扇上游的格栅式过滤器后,供往供气超控活门,然后通过供气温度传感器、供气流量传感器、烟雾探测器,经管路供往驾驶舱设备、前设备舱设备和前货舱 E8 设备柜。排气子系统通过排气风扇抽吸电子设备排气,经烟雾探测器后分为两路:一路供往前货舱加热系统;一路通过一个排气机外活门后排到飞机排气活门附近,最终排到机外。

前设备冷却系统的 2 个供气风扇为主风扇与备份风扇的关系,安装在上部的供气风扇为主风扇,安装在下部的供气风扇为备份风扇。每个飞行架次后,对供气风扇进行 30 s BIT,以确保备份风扇正常。供气超控活门有开/关两个状态,正常工作时,活门处于关闭状态;非正常模式下,活门处于打开状态。

前设备冷却系统有正常和非正常两种工作模式。正常工作模式有机外、货舱、部分机外部分货舱,非正常工作模式有丧失冷却空气流量、关闭、超控/机外、超控。当飞机在地面且环境温度较高的情况下时,工作在正常机外模式。此时,供气风扇打开,超控活门处于供气位,排气活门打开,机外排气活门打开。当飞机在空中且出现故障状态(比如,设备冷却系统探测到烟雾)时,工作在非正常超控模式。此时,供气风扇关闭,超控活门处于超控位,排气风扇关闭,机外排气活门关闭。当飞机在地面且出现故障状态(比如,设备冷却系统探测到烟雾)时,工作在非正常超控/机外模式。此时,供气风扇关闭,超控活门处于超控位,排气风扇打开,机外排气活门打开。

前设备舱冷却系统正常供气流量为 45 m³/min。前设备舱供气风扇前的管路直径为 228.6 mm。系统供气温度不大于 55 ℃。排气风扇在超调或供气情况下关闭。

后设备冷却系统主要给后设备舱的设备和功率设备冷却液冷泵组件提供必需的冷却,分为供气子系统和排气子系统。后设备冷却系统构型和前设备冷却系统构型相似。供气子系统包括 1 个格栅式过滤器、2 个供气风扇、1 个供气超控活门、1 个供气机外活门、2 个供气温度传感器、1 个供气流量传感器、1 个烟雾探测器和管路等。排气子系统包括 1 个排气风扇、1 个排气机外活门和管路等。供气子系统通过供气风扇抽吸后货舱左侧壁空气,通过安装在供气风扇上游格栅式过滤器后,供往供气超控活门,然后通过供气温度传感器、供气流量传感器、烟雾探测器,经管路供往后设备舱设备和功率设备冷却液冷泵组件。排气子系统通过排气风扇抽吸电子设备排气,分为两路:一路经后货舱加热活门供往后货舱加热系统;一路通过一个排气机外活门排到机外。

后货舱冷却供气机外活门(直径 178 mm)是和蒙皮平齐的,主要将设备冷却排气排到机外,并在外表面设置了手动驱动接口。飞机在地面时,后货舱冷却系统在下列情况下处于机外模式：①后设备冷却空气温度高；②环境温度高于 24 ℃，飞机后部排气活门失效；③降落高度大于 2 440 m，飞机前部或后部排气活门失效；④后设备冷却烟雾告警。当座舱压差小于6.859 kPa，且在下列情况时，处于超控/机外模式：①后设备冷却超控开关处于超控位；②供气风扇和排气风扇均失效；③外界环境温度高或冷却空气温度高。

综合设备冷却系统给乘员娱乐系统设备提供冷却和辅助座舱顶部通风，包括一个排气风扇和管路等。排气风扇抽吸前货舱右侧壁板附近的空气，流经乘员娱乐系统和来自座舱乘员上部的热空气混合后，排到混合舱中以实现对乘员娱乐系统设备的冷却和辅助座舱顶部通风。排气风扇是一个调速风扇，正常工作时打开，非正常状态自动关闭。非正常状态如下：①综合设备冷却系统烟雾探测器探测到烟雾；②排气风扇失效；③前货舱或后货舱火警；④应急通风系统工作。

15.2.7 货舱加温和前货舱空调系统

货舱加温系统分为前货舱加温系统、后货舱加温系统和主货舱加温系统 3 个子系统。

前货舱加温系统使用前设备舱冷却系统的排气对前货舱加温。排气分为两部分：一部分通过安装在地板下的笛形管直接供到前货舱中；一部分通过电加热器供往另一侧的笛形管，然后通过侧壁出口供到前货舱中。系统主要由前货舱加温供气活门、电加热器、管路温度传感器、区域温度传感器、前货舱加温排气风扇和前货舱排气关断活门组成。机组人员可在 P5 面板上选择前货舱目标温度，目标温度 4～27 ℃。

前货舱加温管路系统内部设置了多处前货舱空调系统管路连接接头，这样，是否安装前货舱空调系统对前货舱加温管路系统影响不大。前货舱加温系统可工作在不加温通风模式，此时仅对前货舱提供通风。前设备舱冷却系统处于超控模式、超控/机外模式或机外模式时，前货舱加温供气活门全关。前货舱加温系统处于通风模式时，前货舱加温供气活门全开。当前货舱加温系统处于温度控制模式时，前货舱加温供气活门在全开和全关之间进行调节。系统限制电加热器表面温度不超过 149 ℃ 和内部温度不超过 232 ℃，功率为 4.5 kW，电源采用三相 115 V 交流电，通过远程功率分配单元，采用脉宽调制法控制功率在 10%（0% 功率为关闭模式）。电加热器在以下情况下应关闭：①前设备舱冷却系统处于超控/机外模式或机外模式；②前货舱区域温度超温至 71 ℃；③前货舱火警；④前货舱加温供气活门失效；⑤两个前货舱区域温度传感或管路传感器故障；⑥应急通风系统工作；⑦前设备舱冷却排气风扇失效。前货舱加温供气管路传感器测量的是电加热器下游供气温度。当探测到管路温度超温至 71 ℃ 并超过 5 s 时，关闭电加热器，并在 EICAS 页面显示"CARGO FWD HEATER"告警信息。前货舱加温排气风扇抽吸前货舱内空气通过前货舱加温排气关断活门排到排气活门附近，最终排到机外。一旦前货舱加温排气风扇工作，前货舱加温排气关断活门即打开。前货舱加温排气风扇在以下情况下应关闭：①前设备舱冷却系统处于超控/机外模式或机外模式；②前货舱火警；③替代冷却系统工作；④排气活门失效。前货舱加温排气风扇抽吸空气，流经 2 个前货舱加温区域温度传感器附近，保证其测量的准确性。正常时，使用 2 个区域温度传感器测量值的平均值。当一个区域温度传感器失效时，使用正常工作的区域温度传感器的测量值。管路温度参考范围为 −18～71 ℃

后货舱加温系统使用后设备舱冷却系统的排气对后货舱加温至 21 ℃，通过地板下笛形管供往后货舱，笛形管端头敞开，直接将排气供往主货舱舱底区域。系统由后货舱加热活门和笛形管组成。后货舱加温系统不使用电加热器,没有通风模式,使用后货舱烟雾探测器测量温度。当外界环境温度低于 7 ℃时,后货舱加热活门打开。后货舱加热活门在以下情况下关闭:①后设备舱冷却机外排气活门打开;②后货舱火警;③应急通风系统工作;④后设备冷却超控活门处于超控位置;⑤后设备舱冷却系统部分失效。当后设备舱冷却系统工作在货舱模式时,后货舱加温系统即工作。后货舱加温系统无手动控制。

主货舱加温系统使用主货舱加温供气风扇抽吸主货舱右侧空气,经金属屏蔽网、主货舱加温供气风扇、主货舱电加热器和主货舱加温供气关断活门,将后货舱加温至 21 ℃。主货舱加温供气风扇在以下情况应关闭:①后货舱或主货舱出现烟雾;②应急通风系统工作;③主货舱加温供气关断活门未打开;④主货舱加温供气风扇失效。当主货舱加温供气风扇关闭时,主货舱加温供气关断活门即关闭。主货舱电加热器采取三相 115 V 交流电,功率 1.1 kW,温度超过 61 ℃即过热。主货舱电加热器在以下情况应关闭:①后货舱出现烟雾;②应急通风系统工作;③主货舱加温供气关断活门故障在关位;④区域温度传感器或管路温度传感器失效。管路温度参考范围为 2~71 ℃。

前货舱空调系统是前货舱加温系统的辅助系统,具有以下功能:①控制前货舱温度;②控制前货舱湿度。系统主要由 1 个液冷组件、1 个蒸发循环组件、1 个格栅式过滤器、1 个供气风扇、1 个冷却液温度传感器、1 个换热器旁通活门和 2 个前货舱空调系统换热器组成。采用一个蒸发循环组件控制前货舱的温度和湿度。供气风扇抽吸前货舱地板下的空气,供往蒸发循环组件,降温除湿后,通过分配管路将冷空气供往前货舱。蒸发循环组件热载荷通过冷凝器传递给液冷循环的冷却液,最终通过安装在左右两侧的前货舱空调热交换器散到冲压空气中。液冷循环不仅冷却蒸发循环组件的冷凝器,还冷却压气机控制器。蒸发循环组件中的制冷剂为 HFC - 134a,液冷循环的冷却液为丙二醇水溶液(60% 的丙二醇,40% 的去离子水)。

前货舱空调系统独立于座舱空调系统,只有当 CACTCS 工作且货舱门关闭时,系统才开始工作。前货舱温度控制范围为 4~27 ℃。

蒸发循环制冷组件由 2 个压气机、1 个冷凝器、1 个闪蒸箱和 1 个蒸发器组成。组件有正常制冷和低制冷两种制冷模式。在正常制冷模式下,2 个压气机都工作。低制冷模式下,只有一个压气机工作。冷却需求信号范围为 −100%(全制冷)~ +100%(全加热)。

在正常制冷模式下,蒸发循环组件可除去货舱空气湿度的 70%。如果冷却需求为 +100%,则蒸发循环组件停止工作,液冷循环系统正常工作。为防止蒸发器发生冰堵,蒸发循环组件在下列情况下关闭:①冷却需求信号为 +100%;②液冷循环冷却液温度超过 68 ℃;③冷凝器下游的热敏熔断丝探测温度达到 100 ℃,热敏熔断丝熔断,蒸发循环组件关闭并替换。蒸发循环组件干态质量 109 kg,湿态质量 111 kg。压气机控制器干态质量 27 kg,主要进行 AC/DC 转换和控制压气机转速。

液冷循环系统主要由 1 个液冷组件、1 个换热器旁通活门、2 个前货舱空调系统换热器和管路等组成。其中,液冷组件包括 1 个电机控制器、1 个液体泵、1 个储液箱和 1 个过滤器。在储液箱上有 1 个释压活门,液体泵采用快卸接头,组件重 40 kg。系统正常工作时,工作压力为 1.028 MPa(A),供液流量为 57 L/min,供液温度控制在 38 ℃。转速为 6 000 r/min。当冷却液温度高于 7 ℃时,液体泵转速提高到 11 900 r/min。液冷循环系统通过以下方式对冷却液进行监控:①通过储液箱活塞位置,显示冷却液容积;②使用温度补偿曲线,获取低液位、加注液位和排液液位的显示;③如果发现冷却液快速泄漏,则关闭液冷循环。

15.2.8　座舱压力控制系统

座舱压力控制系统控制座舱高度并且防止由于过大的正、负压差造成的座舱结构的破坏。波音 B787 飞机座舱压力控制系统的功能分为座舱压力调节和座舱释压两部分。系统通过控制流出座舱的空气量,维持座舱压力在限制范围之内。座舱释压保证座舱内压力在限定的范围内,以避免对座舱结构的破坏。

座舱压力调节系统分前部座舱压力调节系统和后部座舱压力调节系统两个分系统,每个分系统均由 1 个排气活门、1 个排气活门控制单元和 1 个遥感单元组成。其中,前部排气活门安装在前设备舱的前设备冷却系统舱外管路下的飞机蒙皮上,后部排气活门安装在主货舱顺航向右侧厨房/盥洗室的通风排气管路下的飞机蒙皮上。前部排气活门和后部排气活门状态一致,均设置了 2 个门,用于控制排气流量,分别是地面门和控制门,均为百叶窗式。地面门通常在地面时才打开,控制门用于在飞行中控制飞机的排气流量。排气活门上有 3 个电机,其中 2 个直流无刷电机用于自动控制,一个工作,一个备份,由排气活门控制单元(具有两个通道)的一个通道进行控制;另外一个直流有刷电机用于直接手动控制排气活门。排气活门控制单元内部有左右两个控制通道,一个正常,一个备份,每个飞行架次进行主备份切换。在排气活门控制单元前面板上,安装有 2 个压力传感器,用于控制与显示的计算。当按压座舱增压面板上的按钮时,可启动手动控制,此时,完全旁通排气活门控制单元。排气活门的排气门外侧表面设有凸起的三角脊梁,用于降低飞机内的噪声。

座舱压力控制系统有自动控制和手动控制两种模式。在自动控制模式下具有以下功能:①自动控制前部和后部排气活门开度,控制座舱高度不超过 1 830 m;②控制座舱内外最大压差 65 kPa(G);③限制座舱压力变化速率;④缓冲起飞和着陆时压力突变;⑤控制前排气活门和后排气活门的排气比例。

飞行过程中,机身前部和后部的排气活门可以独立地进行自动、手动模式的切换,并且相互之间不影响。两个排气活门设置在自动模式时,排出机外的气体中有 30% 的空气从机身前部的排气活门排出,70% 的空气从机身后部的排气活门排出。在手动模式时,手动控制排气活门的开度位置。当排气活门控制单元的任一通道探测到座舱超压时,高度限制程序将控制对应排气活门的 2 个排气门关闭。如果出现座舱结构泄漏,则 2 个排气活门将自动关闭。

座舱释压系统包括 2 个安全活门和 4 个负压活门。安全活门上设置了 2 个压差传感器(主、备份关系)和 1 个安全活门过滤器。2 个安全活门和 4 个负压活门安装在前货舱飞机蒙皮上。当主压差传感器探测到座舱内外压差达到 67 kPa(G)或备份压差传感器探测到座舱内外压差达到 70 kPa(G)时,安全活门打开。当座舱内外压差降低到 64.6 kPa(G)时,安全活门重新关闭。当座舱压力差小于 65 kPa(G)时,座舱泄漏率不得大于 3.43 Pa/s。当座舱内外负压低于 1.715 kPa(G)时,4 个负压活门打开补气,以维持座舱压力;负压消失时,活门关闭。

15.3　系统性能

15.3.1　气源系统

气源系统数据如下:

- 正常情况下电动压气机出口温度：不大于 193 ℃。
- 电动压气机出口温度（飞行高度高于 6 600 m）：94 ℃。
- 电动压气机出口温度（飞行高度低于 6 600 m）：71 ℃。
- 电动压气机超温关闭的出口温度：218 ℃。
- 电动压气机调节最大出口温度：204 ℃。

15.3.2　空调系统

空调系统数据如下：

- 地面冲压空气风扇转速：11 500 r/min。
- 正常情况下压气机出口温度：不高于 149 ℃。
- 两套组件同时工作，压气机出口温度：不高于 157 ℃。
- 关闭空调制冷组件对应的压气机出口温度：高于 218 ℃超过 10 s。
- 制冷组件出口温度：一般不高于 82 ℃。
- 底部再循环系统供气流量：不大于 3 540 kg/h。
- 正常情况下，区域管路温度：－2～71 ℃。
- 配平活门全关对应的区域管路温度：高于 82 ℃。
- 配平压力调节器关闭对应的区域管路温度：高于 88 ℃大于 10 s。
- 前货舱温度：4～27 ℃。

15.3.3　液体冷却系统

液体冷却系统数据如下：

- 功率电子冷却系统冷却液：由 60％的丙二醇、40％的去离子水和防冻剂组成，产品牌号是 BMS 3 - 42。
- 单侧功率电子冷却系统冷却液容积：38 L。
- 单侧功率电子冷却系统供液流量：128 L/min。
- 单侧功率电子冷却系统工作压力：1.378 MPa(G)。
- 单侧功率电子冷却系统工作温度：29～82 ℃。
- 单侧功率电子冷却系统正常工作温度：29 ℃。
- 集成冷却系统冷却液：由 60％的丙二醇、40％的去离子水和防冻剂组成，产品牌号是 BMS 3 - 42。
- 集成冷却系统正常工作压力：1.372 MPa(G)。
- 集成冷却系统供液流量：26.5 L/min。

15.3.4　设备冷却系统

设备冷却系统数据如下：

- 正常供气流量：2 700 m³/h。
- 前设备舱供气风扇前管路直径：228.6 mm。
- 前设备舱冷却系统供气温度：不高于 55 ℃。

15.3.5　座舱压力控制系统

座舱压力控制系统数据如下：

- 座舱高度：不超过 1 830 m。
- 座舱最大压差：65 kPa(G)。
- 安全活门打开对应的座舱内外压差：67 kPa(G)。
- 安全活门重新关闭对应的座舱内外压差：64.6 kPa(G)。
- 座舱内外压差 65 kPa(G) 下，座舱泄漏率：不得大于 3.43 Pa/s。
- 负压活门打开对应的座舱内外负压：低于 1.715 kPa(G)。

15.4　设计特点

波音 B787 飞机环境控制系统的典型设计特点如下：

① 气源系统采用电动气源方案。通过电动压气机抽取外界空气，给空调系统提供气源。系统简单可靠，规避了发动机引气所带来的故障高、零部件多的缺点。同时，无发动机引气，系统代偿损失大大降低，大幅提高了飞机的经济性。

② 空调制冷组件采取 T1－C－T2 升压式高压除水和电动冲压空气风扇构型，实现两级涡轮膨胀降温。冷凝器放置在两个涡轮之间且是双流程空气-空气换热器，为防止冷凝器结冰，通过低限活门保证冷凝器出口空气温度不低于 1 ℃。

③ 空调系统采用两种方式提高经济性。第一，根据乘员数量调节供气流量，如果无乘员数量，则按座椅数默认；第二，设置再循环系统。

④ 通过设置经济制冷活门，降低了功率需求。当飞行高度大于 8 840 m 时，外界空气温度较低且含湿量较小，经济制冷活门打开，旁通冷凝器和涡轮1，直接将空气供往涡轮2中。

⑤ 使用加热毯和管路加热器，给驾驶员和副驾驶提供脚部及肩部加温，以及给座舱厨房、登机门地板提供加温。

⑥ 设置驾驶舱加湿系统。来自饮用水系统的水，经过关断活门和加湿器添加到驾驶舱供气中，提高了驾驶舱空气的相对湿度。不使用加湿器，驾驶舱空气的相对湿度为 1%～2%；使用加湿器，驾驶舱空气的相对湿度可达 20%。设置座舱顶部除湿系统，对座舱顶部区域的湿空气进行除湿。

⑦ 设置液体冷却系统，给功率电子设备、蒸发制冷循环组件、电机控制器以及厨房和底部再循环系统提供合适温度的冷却液，以满足其冷却需求。

⑧ 设置货舱加温系统，为前货舱、后货舱和主货舱进行加温。设置前货舱空调系统作为前货舱加温的辅助系统，主要起到控制前货舱温度和湿度的功能。

15.5　原理图

波音 B787 飞机环境控制系统原理图如图 15－3 所示。

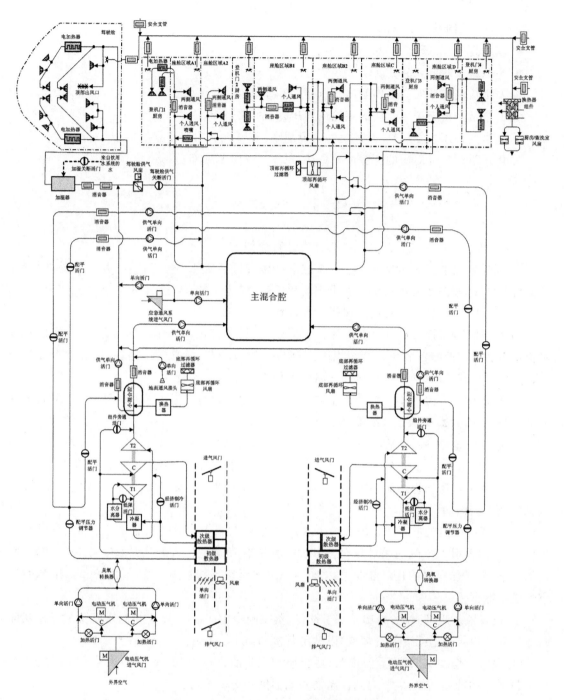

图 15 - 3 波音 B787 飞机环境控制系统原理图

第16章 ATR-42支线客机

16.1 飞机概况

ATR-42支线客机是法国与意大利合资的飞机制造商ATR制造的上单翼双发涡轮螺桨式支线客机,其基本的设计要求是具有良好的经济性、高水平的起降性能、Ⅱ级仪表着陆能力和宽机身的舒适性,型号有ATR-100和ATR-200。ATR-42支线客机示意图如图16-1所示。

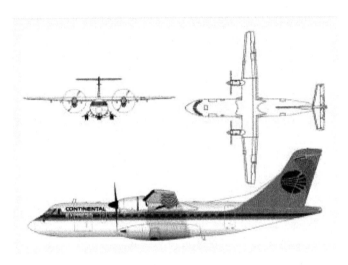

图16-1 ATR-42支线客机示意图

ATR-42支线客机的基本数据如下:
- 翼展:24.572 m。
- 全长:22.695 m。
- 机高:7.59 m。
- 座舱容积:44.8 m^3。
- 前舱容积:5.8 m^3。
- 后舱容积:2.7 m^3。
- 顶架容积:1.6 m^3。
- 驾驶舱机组乘员:2~3人。
- 座舱乘员:42~49人。
- 最大巡航速度(100型):513 km/h。
- 最大巡航速度(200型):510 km/h。

- 正常最大使用速度:0.55Ma(463 km/h)。
- 巡航升限:7 620 m。
- 航程:1 350 km。
- 最大起飞质量(200 型):15 750 kg。
- 动力装置:PW120 涡桨发动机。
- 首次试飞日期:1984 年 8 月 16 日。

16.2　系统说明

ATR-42 支线客机环境控制系统由气源系统和空调系统(包括制冷系统、座舱温度控制系统、座舱空气分配系统和座舱压力调节系统)组成,为座舱提供调节空气,并满足电子设备通风冷却要求。

16.2.1　气源系统

ATR-42 支线客机气源来自两台涡轮螺桨发动机压气机,采取低压级和高压级两级引气。发动机引气用于座舱空气调节及增压使用。

正常情况下从发动机低压压气机引气,当低压引气不能满足要求时用高压引气进行补充,高压引气由高压引气活门控制。在高压和低压引气口都装有限流文氏管,限制引气流量。低压引气经过低压引气单向活门后到隔断活门,隔断活门可以关断一侧发动机引气。两台发动机引气分别经隔断活门和单向活门后汇合供给两套空调系统。单向活门防止一侧发动机停车时另一侧发动机引气泄漏。

16.2.2　制冷系统

ATR-42 支线客机环境控制系统采取两套相同的升压式空调制冷组件。来自气源系统的发动机引气分成两路供给两套空调制冷组件,左侧发动机引气供给左空调制冷组件,右侧发动机引气供给右空调制冷组件。引气先通过起始活门和限流文氏管,然后分成冷热两路,冷路进入制冷系统,热路进入配平系统。空调制冷组件由制冷组件包、冲压空气管路、风扇和摆动单向活门组成。制冷组件包由初级换热器、次级换热器、制冷组件(升压式涡轮冷却器)、冷凝器、水分离器和旁路活门组成。

从气源系统来的高温高压空气首先进入初级换热器冷却后供往制冷组件的压气机,在压气机增压升温后的空气经次级换热器再次冷却后供往冷凝器,经冷凝器冷凝后的水滴经水分离器分离后通过喷嘴雾化后喷到次级换热器冷边进口,提高换热器换热效率,同时将除水后的空气供往涡轮,经涡轮膨胀降温后供座舱使用。设置了一路带有旁路活门的热空气供往涡轮出口以防止冷凝器冰堵。

飞行时由冲压空气冷却初/次级换热器,地面利用风扇抽风对其冷却。在换热器冷边进口设置一个摆动单向活门,地面风扇工作时关闭冲压空气进口路,空中飞行时关闭风扇路。

16.2.3　空气分配系统

ATR-42 支线客机空气分配系统将来自制冷系统的调节空气分别供给驾驶舱和座舱。

驾驶舱和座舱供气管路之间设置了一条相通管路,正常情况下,供给驾驶舱多余的空气通过连通管路供给座舱。当只有一套空调制冷组件工作时,供气通过连通管路同时供给驾驶舱和座舱用于空气调节及增压使用。

ATR-42 支线客机空气分配系统设置了再循环系统用于减少发动机引气流量,降低系统代偿损失。再循环系统包括 2 个再循环风扇、2 个再循环单向活门和再循环管路等,再循环风扇抽吸座舱空气参与座舱空气分配。

16.2.4　温度控制系统

ATR-42 支线客机温度控制系统分为驾驶舱温度控制系统和座舱温度控制系统,两套系统相互独立。温度控制系统通过温度控制活门控制配平空气的流量,从而达到控制驾驶舱或座舱温度的目的。

16.2.5　座舱压力控制系统

ATR-42 支线客机座舱压力控制系统用于保证座舱合适的压力环境。正常情况下可保持座舱最大压差为 42 kPa;当飞行高度为 7 620 m 时,座舱压力高度保持为 2 000 m;当飞行高度低于 4 085 m 时,座舱高度保持为海平面压力高度。

16.3　系统性能

ATR-42 支线客机系统性能如下:
- 座舱正常设计流量:2 180 kg/h。
- 座舱要求冷却时正常的座舱供气温度:1.7 ℃。
- 座舱正常最大控制压差:42 kPa。

16.4　设计特点

ATR-42 支线客机环境控制系统的典型设计特点如下:

① 两台发动机压气机作为引气气源,采取高低压两级引气,减少了只采用高压引气带来的代偿损失。

② 为了降低发动机引气流量,在高低压引气口管路上和起始活门后面装有限流文氏管限制引气和供气流量,另外设置了再循环系统将部分座舱空气进行循环再利用。

③ 制冷系统采用了高压除水升压式空气循环制冷组件,将水分离器分离出的水喷到次级换热器冷边进口,在提高换热器换热效率的同时提高了系统的制冷能力,较好地解决了低压水分离器结冰和维护问题,该制冷系统由英国加雷特公司提供。

④ 再循环风扇功率小,系统质量较轻,穿过气密框的管路数量较少,可靠性高,维护性好,系统采用视情翻修和维护,系统成本较低。

16.5　原理图

ATR－42支线客机环境控制系统原理图如图16－2所示。

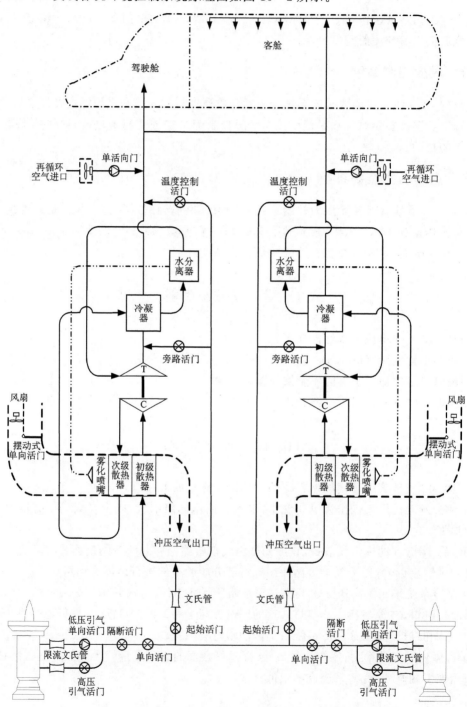

图 16-2　ATR-42 支线客机环境控制系统原理图

第17章 ATR-72支线客机

17.1 飞机概况

ATR-72支线客机是法国与意大利合资的飞机制造商 ATR 制造的双螺旋桨支线客机。ATR-72支线客机使用 2 台 1 611 kW 的 PW124 涡桨发动机,2 个汉密尔顿标准公司的 14SF-11 四桨叶螺旋桨,载客量可达 72 人。ATR-72支线客机于 1988 年 10 月 27 日首飞,1989 年 9 月 25 日获法国型号合格证,同年 10 月 27 日开始交付使用,并于 11 月 15 日获得美国型号合格证。ATR-72支线客机如图 17-1 所示。

图 17-1 ATR-72支线客机

ATR-72支线客机的基本数据如下:

- 翼展:27.05 m。
- 机长:27.17 m。
- 机高:7.65 m。
- 最大载客量:72 人。
- 最大商载:7.2 t。
- 空机重:13.7 t。
- 最大燃油质量:5.0 t。
- 最大起飞总重:20.0 t。
- 最大巡航速度:530 km/h。
- 经济巡航速度:460 km/h。
- 最大使用高度:7 620 m。
- 航程:2 666 km。
- 动力装置:PW124 涡桨发动机。

17.2　系统说明

ATR-72 支线客机环境控制系统由气源系统和空调系统(包括制冷系统、座舱温度控制系统、座舱空气分配系统和座舱压力调节系统)组成,为座舱提供调节空气,并满足电子设备通风冷却要求。

17.2.1　气源系统

ATR-72 支线客机气源系统将来自两台涡轮螺旋桨发动机压气机的高温高压空气进行调温调压后供往空调系统和防除冰系统使用,包括两套相同的发动机引气系统。

为了降低系统代偿损失,气源系统采用发动机压气机高低压两级引气方案,爬升和巡航阶段使用低压引气,下降时对应的慢车状态使用高压引气。

气源系统在高压引气路设置了一个高压活门用于控制高压引气,低压引气路设置了一个单向活门用于防止高压引气时高温空气倒流至低压引气口,高压引气和低压引气下游设置了一个引气活门用于关断引气,左右发动机引气中间管路设置了一个交叉引气活门用于两侧发动机引气的连通和关断。

当发动机处于慢车状态时,高压活门打开使用发动机高压引气,此时低压单向活门防止高温空气倒流至发动机低压引气口;当发动机处于其他状态时,高压活门关闭使用发动机低压引气。高压活门是一个电控气动活门,断电时处于关闭位置。

引气活门是一个电控气动活门,断电时处于关闭位置,另外,在以下情况下引气活门也会处于关闭位置:

① 引气过热;

② 引气泄漏;

③ 发动机火警;

④ 发动机故障;

⑤ 发动机起动过程中,引气活门限制在关闭位置;

⑥ 引气活门上游没有压力。

地面发动机工作时,交叉引气活门处于关闭位置,其他时间交叉引气活门均处于打开位置;飞行中交叉引气活门全程处于关闭位置。

ATR-72 支线客机在高压高温管路上设置了具有连续探测功能的泄漏探测系统用于泄漏探测以保护高温区域结构和设备免受高温高压空气泄漏的危害,分为左右侧发动机引气泄漏探测子系统,两个子系统独立工作。泄漏探测系统在管路绝热层内安装了一系列探测敏感元件,当这些探测敏感元件中任何一个敏感元件感受到温度高于124℃时,就会触发引气泄漏信号,并且在1 s的延迟后,自动关闭对应的空调制冷组件、高压活门和引气活门。

ATR-72 支线客机系统在左、右侧发动机高压引气口各安装了温度开关(两个温度开关相互备份)对系统过热进行监测,当温度开关探测到高压引气温度高于 274℃时,自动关闭对应的高压活门和引气活门。当过热信号消失后,对应的引气系统恢复正常供气功能。

ATR-72 支线客机在左右侧引气的管路分别安装了超压开关用于避免引气压力超过 550 kPa(G)。

17.2.2　制冷系统

ATR-72 支线客机环境控制系统设置了两套相同的升压式空调制冷组件,安装在主起落架整流鼓包内部,每套空调制冷组件主要由 1 套两轮升压式涡轮冷却器、1 个初级换热器、1 个次级换热器、1 个冷凝器和 1 个水分离器等组成。正常情况下,左空调制冷组件为座舱和驾驶舱提供调节空气,右空调制冷组件仅为座舱提供调节空气。如果一套空调制冷组件失效,则另外一套空调制冷组件依然可以满足座舱和驾驶舱的供气要求。

从气源系统来的高温高压空气在进入空调制冷组件之前先经过一个组件活门,组件活门是一个电控气动活门,起到关闭组件和调节组件入口压力及流量的作用。断电时,组件活门关闭。当活门上游没有压力时,无论是否上电,活门均处于关闭位置。此外,当探测到高温气体泄漏时,组件活门也需关闭。

经组件活门后的空气首先进入初级换热器冷却后供往制冷组件的压气机,在压气机增压升温后的空气经次级换热器再次冷却后供往冷凝器,经冷凝器冷凝后的水滴经水分离器分离后通过喷嘴雾化后喷到次级换热器冷边进口提高换热器换热效率,同时将除水后的空气供往涡轮,经涡轮膨胀降温后供座舱使用。设置了一路带有旁路活门的热空气供往涡轮出口以防止冷凝器冰堵。

制冷系统设置了两套 T-F 空气循环机用于地面制冷或空中制冷补充。当飞行冲压空气流量足够时,使用冲压空气进行冷却;当空中冲压空气流量不足或地面时,打开涡轮风扇活门,来自气源系统的高压空气驱动 T-F 空气循环机的涡轮做功带动风扇旋转,抽吸外界大气流过换热器进行冷却。

17.2.3　空气分配系统

ATR-72 支线客机空气分配系统主要分为以下几个子系统:
① 驾驶舱空气分配系统;
② 座舱空气分配系统;
③ 再循环系统;
④ 盥洗室通风系统。

来自制冷组件的新鲜空气、配平系统热空气、再循环空气在混合腔中混合后通过空气分配管路分别分配给驾驶舱和座舱,其中:驾驶舱和座舱的空气由不同的空调制冷组件提供。正常情况下,左空调制冷组件为驾驶舱和座舱供气,右空调制冷组件仅为座舱供气。当某空调制冷组件失效后,另一空调制冷组件的供气可通过混合腔供给驾驶舱和座舱使用。

空气分配管路将来自混合腔的空气输送到座舱顶部均匀地分布到舱内,通过座舱地板侧壁排放到地板下。再循环系统抽取一部分排气参与座舱空气分配,其他排气经座舱后部的排气活门排到外界环境大气中。

ATR-72 支线客机采用再循环系统降低发动机引气量,减少系统代偿损失,提高经济性。再循环风扇根据座舱温度可进行转速调节,其中:当座舱温度低于 20 ℃时,再循环风扇转速为 1 500 r/min(最低转速);当座舱温度超过 52 ℃时,再循环风扇转速为 2 200 r/min(最高转速)。当座舱温度在 20～52 ℃范围内,再循环风扇转速在 1 500～2 200 r/min 之间线性变化。

盥洗室通风系统通过设置与机外大气连通的管路,利用内外压差对盥洗室进行通风。

17.2.4　温度控制系统

ATR-72 支线客机的温度控制系统主要通过温度控制活门调节来自气源系统出口热空气和两套空调制冷组件出口空气进行混合,以满足座舱和驾驶舱温度调节需求,分为自动控制和手动控制两种模式。

在自动控制模式下,空调制冷组件的供气温度由温度控制器调节温度控制活门的开度进行控制。温度控制器根据管路温度、区域温度选择器的设定温度、座舱温度和飞机蒙皮温度计算温度控制活门的冷热路开度,实现座舱温度的调节。在手动控制模式下,空调制冷组件的温度调节活门直接由区域温度选择器进行控制。

当混合腔的出口温度超过 88 ℃时,需将温度控制活门的热路关小以降低供气温度;当空调制冷组件的供气温度超过 92 ℃时,会发出超温告警信号;当空调制冷组件压气机出口温度超过 204 ℃时,会自动关闭对应的组件活门。

空调制冷组件的流量有两种模式:正常流量时,组件活门将空调制冷组件入口压力调节到 150 kPa(G);最大流量时,组件活门将空调制冷组件入口压力调节到 210 kPa(G)。

17.2.5　座舱压力控制系统

ATR-72 支线客机座舱压力控制系统用于控制座舱的压力及其变化率,保证空勤人员和乘客安全舒适,通过一个全自动数字控制器和一个手动控制器调节排气活门的流量来实现。

排气活门有两个:一个是电子气动式,另一个是气动式。在自动模式下,气动活门和电子气动活门同步工作,将座舱的正压差控制在 43.8 kPa,负压差控制在 3.5 kPa。在手动模式下,电子气动活门关闭,由气动活门根据手动控制器的要求调节座舱的空气泄漏量。

飞行阶段,座舱压力控制器根据起飞降落的海拔高度、座舱压力和环境静压计算获得理论座舱高度,将该信号传给排气活门的力矩马达,带动排气活门开大或者关小,保证座舱压力控制在预定的范围内。

排气活门还具有应急卸压功能。应急卸压时,座舱压力控制器控制排气活门完全打开释放座舱压力。为防止误操作造成座舱卸压,应急卸压按钮设置有机械保护。水上迫降时,为防止水流入机身内部,排气活门需完全关闭。

17.3　系统性能

空调系统数据如下:
- 座舱供气温度:不大于 88 ℃。
- 组件出口温度:不超过 92 ℃。
- 压气机出口温度:不超过 204 ℃。
- 座舱正压差:43.8 kPa。
- 座舱负压差:3.5 kPa。

17.4　设计特点

ATR-72 支线客机环境控制系统的典型设计特点如下:

① 气源系统采用高低压两级引气方案,降低了系统的代偿损失。其中,起飞、爬升和正常飞行时,采用低压引气;在发动机低功率状态时,采用高压引气。

② 任一台发动机引气均满足空调制冷组件的空气流量需求,因此采用两台发动机引气的冗余设计方案,可满足任一侧发动机故障时的座舱空气供气需求。

③ 气源系统采用了防高温高压气体泄漏的探测措施,避免高温气体泄漏对周围结构和部件造成影响。

④ 气源系统设置过热和超压保护。当引气温度超温或超压时,自动关闭发动机引气,保证空调制冷组件安全工作。

⑤ 采用升压式高压除水构型,降低了制冷组件出口温度,提升了制冷效率。

⑥ 设置涡轮风扇,实现地面制冷和空中制冷能力补充。

⑦ 设置再循环系统,在保证座舱供气流量和质量的同时降低发动机引气量,减少系统代偿损失。

17.5　原理图

ATR-72 支线客机环境控制系统原理图如图 17-2 所示。

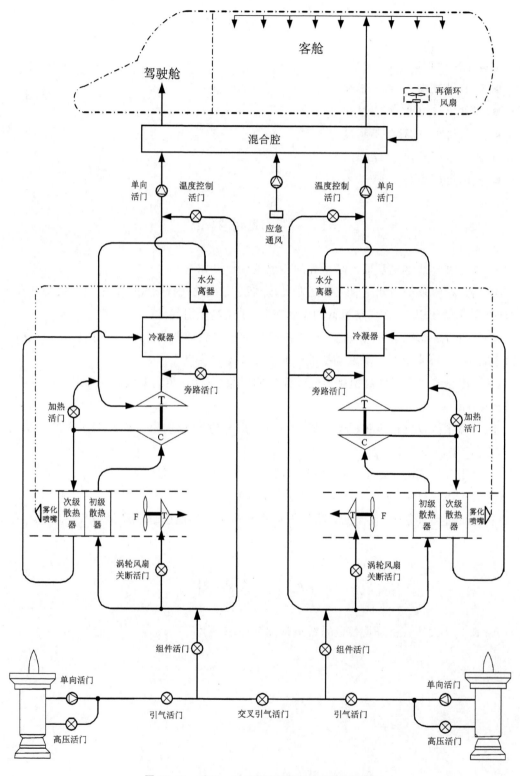

图 17-2 ATR-72飞机环境控制系统原理图

第 18 章 CRJ - 200 飞机

18.1 飞机概况

CRJ - 200 是加拿大庞巴迪宇航集团研发的民用支线喷气飞机,以安全、舒适和环保著称,机舱内的空气质量在业内属于最佳,完全是 100% 的新鲜空气。CRJ - 200 是当前世界航空市场占有率最高的现代化喷气式支线客机,成为世界上最安全、最舒适和最环保的商用喷气飞机。

CRJ - 200 型飞机不仅大量应用于全球各地的支线客货运输,还被多国政府将其作为领导人的专机,以及全球众多跨国公司的公务机。因此,CRJ - 200 型飞机在国际民航市场上享有"大型公务专机"的美誉。CRJ - 200 飞机如图 18 - 1 所示。

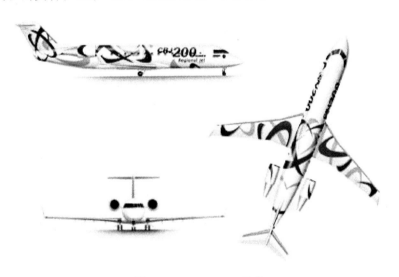

图 18 - 1   CRJ - 200 飞机

CRJ - 200 型飞机的基本数据如下:
- 翼展:21.21 m。
- 机长:26.77 m。
- 机高:6.22 m。
- 标准座舱布局载客量:50 人。
- 货舱容积:8.89 m³。
- 商载:5.4 t。
- 空机重:13.7 t。
- 最大油箱容量:5 300 L。

- 最大起飞总重：21.5 t。
- 最大巡航速度：860 km/h。
- 航程：1 825 km。
- 动力装置：通用电气公司 CF34 – 3B1。

18.2 系统说明

CRJ – 200 飞机环境控制系统由气源系统、制冷系统、座舱温度控制系统、座舱空气分配系统和座舱压力调节系统组成。

18.2.1 气源系统

CRJ – 200 飞机气源系统示意图如图 18 – 2 所示。

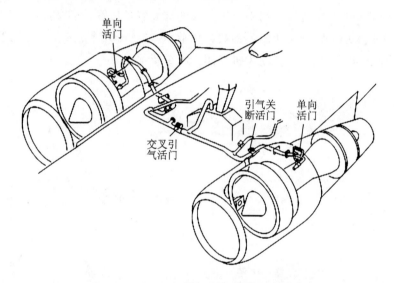

单向活门

引气关断活门

单向活门

交叉引气活门

图 18 – 2 CRJ – 200 飞机气源系统示意图

CRJ – 200 飞机气源系统的引气可来自发动机的压气机、APU 和地面气源。在飞行状态下，首要的引气源为发动机的压气机，分为 10 级引气和 14 级引气。发动机 10 级引气为空调和发动机起动提供气源。14 级引气用于发动机反推、机翼防冰和发动机短舱防冰。这两级引气均配有泄漏探测系统，当发现引气泄漏时，给出视频告警和语音告警，提示飞行员关闭相应的引气系统。当发动机引气不可用时，可以选择 APU 引气。

CRJ – 200 飞机制冷组件示意图如图 18 – 3 所示。

发动机引气系统主要由单向活门、引气关断活门、交叉引气活门、APU 引气单向活门、地面气源接头和管路等组成。当引气关断活门打开后，引气流过单向活门，进入气源总管。在气源总管上有一个交叉引气活门，当一侧发动机出现故障时，交叉引气活门打开，另一侧发动机为两套空调制冷组件提供压缩空气，此时单向活门起到防止引气流向故障发动机的作用。APU 引气单向活门在 APU 供气时打开，发动机引气或地面气源工作时关闭，以防止气流倒流至 APU。地面气源可通过地面高压接头为起动发动机和空调供气。接头内部的单向活门

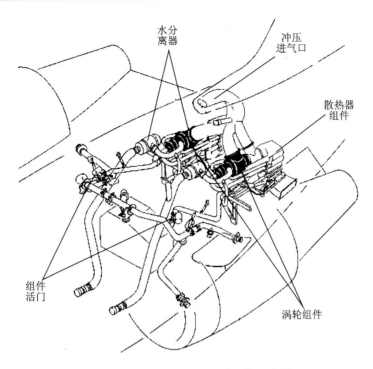

图 18 - 3　CRJ - 200 飞机制冷组件示意图

可在 APU 或者发动机引气时,避免引气通过接头外泄。

　　发动机 14 级引气由引气活门控制,为机翼前缘防冰、发动机短舱防冰和发动机反推装置提供高温高压空气。左右发动机的 14 级引气通过引气隔离活门混合在一起。当活门关闭时,一侧发动机为相应侧的用气系统供气。发动机 14 级引气一侧发生故障时,引气隔离活门打开,为两侧供气。

18.2.2　制冷系统

　　CRJ - 200 飞机包含两套完全相同的制冷系统(或称制冷组件)。系统将发动机压气机 10 级的引气降压冷却,供给座舱空气分配系统。系统主要由组件活门、预冷器、初级换热器、次级换热器、涡轮组件、水分离器、传感器和管路等组成。正常情况下,左空调制冷系统为座舱和驾驶舱提供调节空气,右空调制冷系统仅为座舱提供调节空气。

　　发动机压气机 10 级引气首先经过组件活门。组件活门主要用于关断空调制冷组件并调节空调制冷组件的入口压力。空调制冷组件的供气流量有两个模式,在正常流量情况下,将入口压力调节为(214±21)kPa(表压,下同)。当一套空调制冷组件工作时,入口压力被调节到(296±23)kPa 时,处于最大流量状态。在组件活门的出口管路上,安装了一个压力开关,防止空调制冷组件供气超压。当压力超过 352 kPa 时,压力开关关闭,给出超压告警信号,并开始关闭组件活门。在压力下降到 269 kPa 后,压力开关再次打开。

　　供气经过压力调节后,流入预冷器被冲压空气冷却,再进入初级换热器进一步降温,然后在压气机中被升温升压。升温升压后的热空气在次级换热器中被再次冷却,然后进入涡轮膨胀降温。预冷器、初级换热器和次级换热器安装在同一个冲压空气管路内,利用外界大气作为系统的冷源。涡轮组件是一个 T－C－F 型的三轮升压式空调制冷组件。在地面状态,风扇抽吸外界大气为 3 个换热器散热。在飞行状态,由冲压空气进行冷却。涡轮出口安装低压水分离器,当含有游离水的湿空气流经水分离器后,凝结水被收集并喷射到冲压进气管路中蒸发,提高散热效率。

　　压气机的蜗壳内安装了一个过热开关。当温度超过 224～229 ℃时,过热开关闭合,给出信号关闭组件活门和 10 级引气活门,并给出超温告警信号。当温度低于 221 ℃后,开关再次打开。压气机的出口管路上布置了一个温度开关。当压气机出口管路中的温度超过 208 ℃时,温度开关闭合,并输出信号,关闭小组件活门,降低空气流量。当温度低于 199 ℃后,温度开关再次打开。此外,水分离器出口管路上面也布置了一个超温开关,用于监测制冷系统的供气温度,防止超温。当温度超过 85～91 ℃后,过热开关关闭,并输出信号关闭组件活门和 10 级引气活门,空调制冷组件停止工作,并在驾驶舱显示供气超温告警信号。温度下降至 82 ℃后,开关再次打开,空调制冷组件重新开始工作。

18.2.3　空气分配系统

　　空气分配系统将来自制冷系统的调节空气分配到飞机的增压舱,主要包括驾驶舱空气分配、座舱空气分配、货舱空调和电子设备通风冷却等部分。

　　驾驶舱空气分配系统为驾驶舱和 CRT 显示器提供调节空气。正常情况下,调节空气来自左侧空调制冷组件,经过单向活门和双位活门后,进入驾驶舱。当左侧空调制冷组件故障时,单向活门起到防止右侧空调制冷组件的供气逆流至左侧空调制冷组件的作用。双位活门在正常情况下处于关位,但并不是完全关闭,依然能够允许足够的供气进入驾驶舱空气分配系统,实际上起到限流的作用。当左侧空调制冷组件故障由右侧组件供气时,双位活门转换至开位。供气进入驾驶舱后,通过一个六路分配管路将调节空气进行分配,其中,两路输送至驾驶舱顶部通风,两路分别至驾驶舱左右侧通风,一路供给驾驶舱个人通风,第六路用于 CRT 显示器的冷却。

　　在空中和地面,座舱空气分配系统为乘客提供舒适的环境,并用于厨房和盥洗室的通风。在正常状态下,两套空调制冷组件的供气在混合腔中汇集,为座舱通风供气。在右侧组件的供气管路上,也安装了一个单向活门,当右侧组件故障无法供气时,防止左侧组件的供气逆流至右侧组件。混合腔一共有三条供气管路,其中,两路分别供入座舱顶部的通风管路,用于乘客的个人通风,另一条主管路将空气供入内饰的通风扁管,用于座舱的通风,并分出一条支路给厨房和卫生间通风。

　　货舱通风主要有两种模式:①座舱空调和再循环空气混合,座舱空调提供 40% 的供气量,再循环供气提供 60% 的供气量;②风扇抽吸座舱再循环空气,用于货舱的通风。在第一种模式下,当货舱通风空气温度超过 27 ℃时,电加热器停止工作;当温度低于 21 ℃时,电加热器开始工作。在第二种通风模式下,电加热器不工作。当货舱内部出现烟雾时,空调供气关断活门和再循环空气关断活门关闭,防止烟雾蔓延至座舱。

　　CRJ－200 飞机货舱通风原理图如图 18－4 所示。

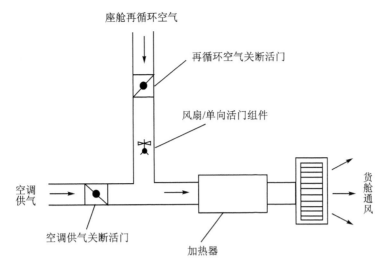

图 18 - 4　CRJ - 200 飞机货舱通风原理图

18.2.4　温度控制系统

在热天巡航阶段,发动机压气机 10 级引气的压力为 1 000 kPa,温度为 385 ℃。经过组件活门后,压力被调节到(214±21)kPa(单套组件工作时为(296±23)kPa)。经过预冷器后,供气温度下降到 288 ℃,然后在初级换热器中再次被冷却到 132 ℃。进入压气机后,温度提升到 202 ℃,压力增加为 484 kPa。在次级换热器中,温度下降到 79 ℃,进入涡轮膨胀冷却。涡轮出口温度被温控活门控制在 1.7~71 ℃,压力为 14 kPa。

CRJ - 200 的温度控制系统用于调节供入座舱的空气温度。驾驶舱由左空调制冷组件提供调节空气,座舱由双套空调制冷组件提供调节空气。为了达到要求的供气温度,通过组件温控活门调节冷热路空气的混合比例实现。

温控活门是一个双旁路电动活门,涡轮旁路活门控制压气机出口热空气的混合流量,组件旁路活门控制组件活门出口热空气的混合流量。在最大制冷条件下,两路活门关闭,所有的供气均通过空调制冷组件降温。当制冷需求降低时,涡轮旁路活门首先打开,将压气机出口空气和涡轮出口空气混合,提升供气温度。在加热状态下,组件旁路活门打开,发动机引气绕过空调制冷组件和涡轮出口冷空气混合。在最大加热状态下,组件旁路活门完全打开,涡轮旁路活门完全关闭。

在自动控制模式下,温度控制器感受空调制冷组件的供气温度和座舱温度,然后计算得出一个差值。温度控制器根据这个差值信号和温度控制按钮给出的设定温度值,输出温度控制活门的控制信号,调节活门双路的开度,将供给座舱的空气温度控制在设定值。温度控制按钮可以在 16~32 ℃ 之间选择。如果自动控制模式失效,则可以开启手动控制状态。手动控制状态分为冷热两挡。需要加热时,将控制开关放置在加热位,温控活门以最大热空气流量供给座舱。在制冷状态下,手动控制开关放置在冷位,温控活门全关,以最大制冷量空气供给座舱。

18.2.5　电子设备通风系统

电子设备通风系统主要为 CRT 显示器和航电设备提供冷却空气。在地面状态,空调供气活门打开,来自空调制冷组件的空气与风扇 2 抽吸的驾驶舱空气混合后,冷却 CRT 显示器。在飞行状态,空调供气活门关闭,由风扇 1 抽吸的驾驶舱空气冷却 CRT 显示器。在正常情况下,风扇 1 在飞行状态工作,风扇 2 在地面状态工作。当一台风扇出现故障时,驾驶员可以通过空调控制面板,对风扇的工作模式进行切换。当两台风扇均出现故障时,驾驶员开启备用风扇,由备用风扇抽吸驾驶舱空气,对 CRT 显示器进行冷却。

CRJ - 200 飞机电子设备通风原理图如图 18 - 5 和图 18 - 6 所示。

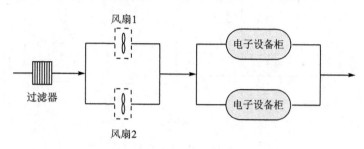

图 18 - 5　CRJ - 200 飞机电子设备通风原理图(1)

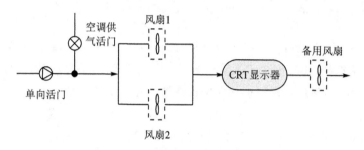

图 18 - 6　CRJ - 200 飞机电子设备通风原理图(2)

航电设备统一布置在电子设备柜中,由风扇抽吸座舱空气进行冷却。空气在进入电子设备柜前,流经过滤器,除去座舱空气的杂质。正常工作模式时,在飞行状态下,风扇 1 工作;在地面状态下,风扇 2 工作。当风扇出现故障时,驾驶员可以通过空调控制面板对风扇的工作模式进行切换。当管路泄漏或者过滤器堵塞造成供气流量偏低时,在显示面板上给出告警信号。

18.2.6　座舱压力控制系统

CRJ - 200 飞机采用电子气动式座舱压力控制系统,用于调节飞行中座舱的压力及其变化率,保证空勤人员和乘客的舒适性。座舱压力控制系统由两个座舱压力控制器自动控制,当一个处于工作状态时,另一个备用。当工作中的控制器失效后,另一个控制器自动启动工作。如果两台控制器都失效,则由手动模式控制座舱压力及其变化率。

在自动控制模式下,座舱压力控制器调节座舱压力。当通电后,两台座舱压力控制器首先自检,如果没有故障,则一台控制器开始工作,另一台处于备用状态。当工作的控制器失效后,处于备用状态的控制器自动启动工作。每台控制器对应一个排气活门,两台排气活门通过一条气动管路连接在一起。当 1 号控制器工作时,直接控制 1 号排气活门,2 号排气活门伺服于 1 号排气活门工作。当 2 号控制器工作时,直接控制 2 号排气活门,1 号排气活门伺服于 2 号排气活门工作。完成一个正常起落后,两台控制器的工作状态互换,处于备用状态的控制器在下次飞行中工作,而在该次飞行中工作的控制器变为备用状态。

座舱压力控制器获取大气压力、飞行高度和座舱高度后,根据飞行员设定的着陆机场高度,座舱压力控制器自动计算座舱压力变化率,控制座舱压力。在起飞时,座舱压力控制器首先启动座舱的预增压程序。起飞完成后,开始转入爬升和巡航的增压控制模式。如果起飞取消,则控制器会重新计算,返回起飞机场。当飞机进入巡航状态后,下降时的压力控制模式将被激活,以备在飞机下降时使用。在飞机着陆后,两个排气活门打开,释放座舱压力。

当两台座舱压力控制器均失效后,系统转入手动控制状态。在座舱压力控制面板上,由飞行员设定座舱高度,并可以控制座舱压力变化率,此时,直接控制 2 号排气活门,1 号排气活门伺服于 2 号排气活门。

在应急卸压状态下,座舱压力控制器给出排气活门全开信号,排气活门打开释放座舱压力。当飞行高度超过 4 572 m 时,应急卸压至座舱高度(4 343±229)m;当飞行高度低于 4 572 m 时,使飞机内外压力保持一致。

18.3　系统性能

18.3.1　空调系统

空调系统数据如下:
- 座舱温度选择范围:16～32 ℃。
- 座舱供气高温限制:85～91 ℃。
- 压气机出口温度限制:224～229 ℃。

18.3.2　座舱压力控制系统

座舱压力控制系统数据如下:
- 座舱高度:不超过 3 048 m。
- 座舱正压差:58.6～60 kPa。

18.4　设计特点

CRJ - 200 支线客机环境控制系统的典型设计特点如下:

① 采用发动机压气机两级引气,不同级的引气用于不同的用气系统。10 级引气主要用于空调,14 级引气主要用于防冰和发动机反推。

② 采用两台发动机引气的冗余设计。在一侧发动机引气故障时,交叉引气活门和 14 级引气隔离活门打开,由另一台发动机供气,仍可以满足供气流量的需求。

③ 空调制冷组件采用三轮升压式低压除水制冷组件。一般情况下,两套空调制冷组件都工作。在一套组件故障时,另一套也能满足性能要求。在地面时,由风扇抽吸外界大气为换热器冷却,具有地面制冷能力。

④ 空气分配系统没有使用座舱空气再循环,保证了座舱供气为 100% 的新鲜空气,提高了乘客的舒适性。

18.5　原理图

CRJ-200飞机环境控制系统原理图如图18-7所示。

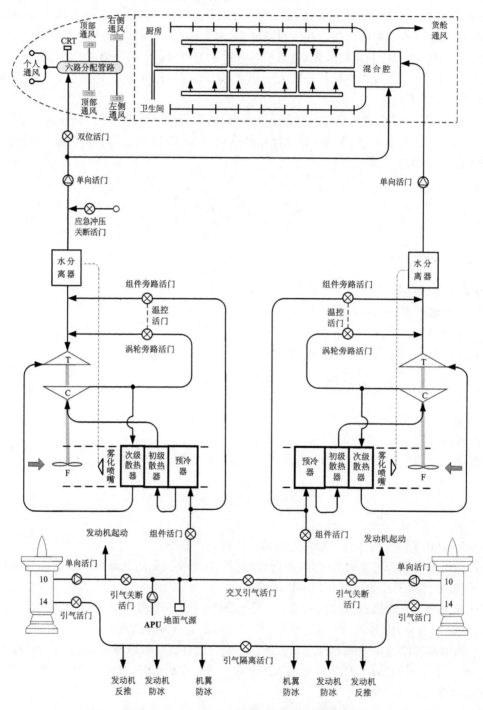

图 18-7　CRJ-200飞机环境控制系统原理图

第 19 章　DASH-8 支线客机

19.1　飞机概况

DASH-8 是原加拿大德·哈维兰公司研制的双发涡桨式支线客机,分为 Q100、Q200、Q300 和 Q400 系列。该系列飞机能以最大通用性向用户提供 37~78 座的涡桨客机。1983 年 6 月 20 日,DASH-8 首架原型机试飞成功。1984 年初,生产型飞机开始投入使用。庞巴迪收购德·哈维兰公司后,强化其 Q 系列(Quiet 安静)的特点,提高涡桨飞机性能及乘客舒适性的标准。DASH-8Q 系列飞机配备了噪声和振动抑制系统,是世界上座舱内部最安静、振动最小的涡桨支线飞机。DASH-8 飞机如图 19-1 所示。

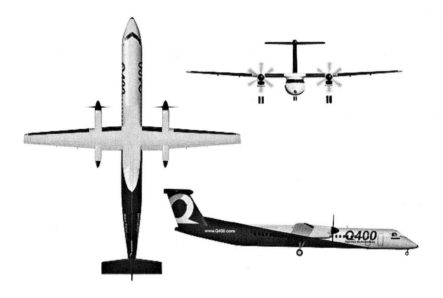

图 19-1　DASH-8 飞机

DASH-8 支线飞机 Q400 系列的基本数据如下:

- 翼展:28.42 m。
- 机长:32.83 m。
- 机高:8.34 m。
- 座舱布局载客量:68~78 人。
- 货舱容积:14.2 m³。
- 商载:8.7 t。
- 空机重:17.1 t。
- 最大油箱容量:6 526 L。

- 最大起飞总重:29.3 t。
- 最大巡航速度:650 km/h。
- 航程:2 841 km。
- 动力装置:普惠公司 PW150。

19.2　系统说明

DASH-8 支线客机环境控制系统由气源系统、制冷系统、座舱温度控制系统、座舱空气分配系统和座舱压力调节系统组成。

19.2.1　气源系统

DASH-8 支线客机气源系统由两台涡轮螺旋桨发动机的压气机提供增压空气。两台发动机的引气控制模式相同。为了减少燃油代偿损失,采用发动机两级引气的方案。在爬升和巡航阶段,使用中压引气,在下降时的慢车状态,使用高压引气。

为了防止引气过量,在高压引气口和中压引气口安装限流装置。高压引气由高压活门控制,发动机在低功率状态工作时,高压活门打开,由发动机高压级供气。当发动机处于高功率工作状态时,高压活门关闭,由中压级供气。在高压级供气时,中压级上的单向活门起到防止高温空气逆流至低压级的作用。

每台发动机引出的高压空气由压力调节关断活门控制,同时起着控制空调制冷组件流量的作用。在海平面高度,活门将压力控制到 366 kPa(A)。活门打开后,一台发动机供气,可以满足整个飞行包线范围内座舱增压和空气调节的需要。在压力调节关断活门下游管路上装有过热开关。当供气温度超过(288±5.6)℃时,开关闭合,接通高压活门和压力调节关断活门里的电磁线圈,使两个活门关闭,停止供气,以防止空调制冷组件超温工作。此外,压力调节关断活门还可以手动锁定在关位。

两台发动机引气经过压力调节关断活门和单向活门后汇合,供给空调制冷组件。当一台发动机引气工作时,单向活门防止气流逆流至不引气的发动机。

19.2.2　制冷系统

空调制冷组件是由哈密尔顿公司生产的 R80-3WR。空调制冷组件包括了三轮升压式涡轮冷却器、初级换热器、次级换热器、冷凝器/混合腔和组件温度控制装置等。

气源系统来的发动机引气首先进入初级换热器被冷却,然后通过组件温度控制活门的冷路进入到空调制冷组件的压气机,压力温度得到提升后,进入次级换热器进一步被冷却。初级换热器和次级换热器的芯体一同安装在换热器的壳体内。在飞行状态下,利用冲压空气进行冷却。在冲压空气量不足或者地面状态下,由空调制冷组件的风扇强迫外界大气流过换热器进行冷却。次级换热器布置在初级换热器的上游,这样的布置方式可以有效利用冲压空气的冷却能力。

供气在进入涡轮之前,先通过冷凝器继续冷却。冷凝器和混合腔做成一个整体部件。供气在冷凝器中被涡轮出口的冷空气冷却,凝结成水滴,在重力作用和气流的吹拂下进入集水器。从集水器有一条管路将液态水引流至次级换热器冷却空气进口处的雾化喷嘴。由于在换热器内的蒸发吸热,进一步提升了换热效率。

经过除水的供气进入涡轮冷却器,膨胀降温变成冷空气。温度下降时所释放出来的机械能驱动压气机和风扇旋转。涡轮出口的冷空气通过冷凝器/混合腔供给座舱进行空气调节。

19.2.3　空气分配系统

空气分配系统分别给驾驶舱和座舱供气,供气量由分配活门调节,总流量的 80% 供给座舱,其余 20% 供给驾驶舱。

为了降低发动机引气量,座舱的一部分空气进行再循环。通过再循环风扇,将座舱空气抽至空调制冷组件的冷凝器/混合腔中,与新鲜空气混合后重新送入座舱。为了防止再循环不工作时空气逆流,在再循环管路上安装单向活门。如果再循环风扇故障,空调制冷组件也能满足座舱空调要求,但通风和冷却能力下降。

19.2.4　温度控制系统

温度控制系统由空调制冷组件温度控制系统和区域温度控制系统组成。

空调制冷组件温度控制系统通过控制空调制冷组件的工作,实现座舱空气温度的调节。系统由温度选择器、座舱温度传感器、管路温度传感器、组件温度调节器和组件温度控制活门组成。温度选择器选择要求的座舱温度。座舱温度传感器安装在有座舱空气流经的喷管里,感受座舱温度。管路温度传感器感受供给座舱的空气温度。组件温度调节器接收温度选择器、座舱温度传感器和管路温度传感器的信号,经过比较,鉴别和放大后,输出控制信号到组件温度控制活门的电动机构,操纵温度控制活门,调节空调制冷组件出口的供气温度,使座舱温度保持为温度选择器要求的温度。

组件温度控制活门由两个蝶形阀门、连动机构、电动机构和电机组成。电动机构通过连动机构带动两个阀门旋转。一个阀门在空调制冷组件的热路上,称为旁路活门,控制进入混合腔的热空气流量。另一个阀门在冷路上,称为节流活门,控制流过制冷系统的冷路空气流量。两个阀门连动,当节流活门向关闭方向运动时,旁路活门逐渐打开,反之亦然。两个活门的设计可以保证总的空气流量稳定在一个恒定值。在全冷状态,旁路活门关闭,供气全部通过空调制冷组件。当旁路活门逐渐打开时,节流活门逐渐关闭,热空气加到混合腔中,同时,冷路流量减小,涡轮出口温度提升。此外,冷路的供气压力降低,涡轮膨胀比减小,涡轮出口温度进一步提高。当旁路活门完全打开时,系统处于完全加热状态,空调制冷组件停止工作,此时,进行座舱加热。

区域温度控制系统主要调节驾驶舱和座舱的区域温度,由温度选择器、区域温度传感器、管路温度传感器、区域温度调节器和加热活门等组成。驾驶舱要求的温度在温度选择器上设定。区域温度调节器接收选择器设定的温度信号,区域温度传感器感受座舱的实际温度,管路上的温度传感器接收供气温度信号。将这些信号进行对比、鉴别和放大,然后,输出控制信号,控制座舱加热活门的开度,调节驾驶舱温度,满足温度选择器上设定的要求。

加热活门由两个阀门组成,分别安装在两条热空气管路上,分别控制驾驶舱和座舱的热空气流量。两个阀门由电动机构带动,成为连动活门。正常状况下,驾驶舱加热活门部分打开,进行温度调节,座舱加热活门处于关闭状态。若要使驾驶舱温度低于座舱温度,区域温度调节器输出控制信号,关闭驾驶舱加热活门,打开座舱加热活门,使座舱供气温度升高,迫使空调制冷组件降低供气温度,从而降低了供给驾驶舱的空气温度,使驾驶舱温度低于座舱温度。

当供气温度低于 2.8 ℃ 或者高于 71.1 ℃ 时,温度调节器控制组件温度控制活门的工作,防止供气温度过低或过高。

19.2.5　座舱压力控制系统

座舱压力由座舱压力调节器控制，保证最大压差为 38.7 kPa。

19.3　系统性能

19.3.1　气源系统

气源系统数据如下：
- 气源系统出口压力(引气压力)：366 kPa(A)。
- 气源系统出口温度(引气高温限制)：不大于(288±5.6)℃。

19.3.2　空调系统

空调系统数据如下：
- 供气流量：840 kg/h。
- 再循环空气流量：570 kg/h。
- 座舱温度选择范围：15.6～26.7 ℃。
- 座舱供气温度限制：最高为 71.1 ℃，最低为 2.8 ℃。
- 海平面停机状态下，外界环境温度 39.4 ℃时：10.2 kW。

19.3.3　座舱压力控制系统

座舱压力控制系统数据如下：
- 座舱最大压差：38.7 kPa。

19.4　设计特点

DASH - 8 支线飞机环境控制系统的典型设计特点如下：

① 系统采用两级引气。在发动机低功率状态时，采用高压引气；在起飞、爬升和正常飞行时，采用中压引气，降低了系统的代偿损失。

② 一台发动机引气就可以满足空调制冷组件的空气流量需求，但采用两台发动机引气的冗余设计，当一侧发动机故障时，进行故障隔离，由另一台发动机供气。

③ 气源系统设置过热保护开关。当引气温度超温时，自动关闭发动机引气，保证空调制冷组件的工作安全。

④ 空调制冷组件没有设置流量控制装置，这是因为发动机的两个引气口都装有限流装置，不会出现引气过量的情况。空调制冷组件可以保证流量不会发生很大的波动。

⑤ 系统采用冷凝器和混合腔一体化设计，在满足除湿的同时，还可以保证冷凝器不结冰。将冷凝器凝结出来的液态水喷至换热器，提高了换热效率。

⑥ 采用再循环设计，保证了座舱的供气流量，又降低了发动机的引气量，燃油代偿损失大大降低。而且，再循环空气在冷凝器内部混合，防止了冷凝器的结冰。

⑦ 驾驶舱和座舱温度分别单独控制,两套控制系统相同。通过控制组件的排气温度,控制座舱温度,驾驶舱温度由冷热路流量的配比来实现。

⑧ 温度控制系统对座舱供气温度进行限制,低温限制为 2.8 ℃,高温限制为 71.1 ℃。

19.5　原理图

DASH - 8 飞机环境控制系统原理图如图 19 - 2 所示。

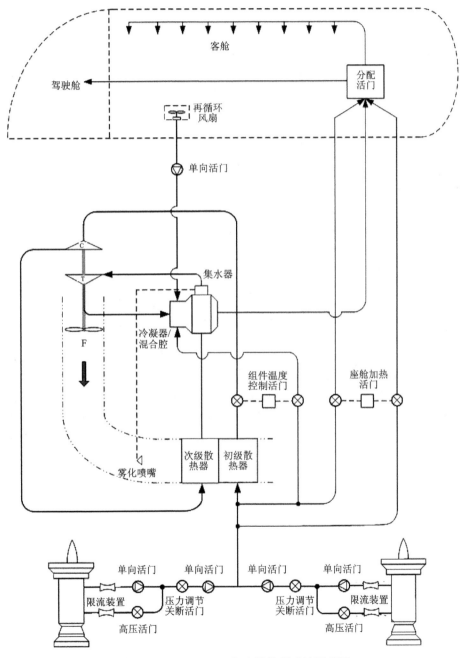

图 19 - 2　DASH - 8 飞机环境控制系统原理图

第 20 章　ERJ - 145 飞机

20.1　飞机概况

ERJ - 145 是巴西航空工业公司研制生产的 50 座支线喷气式客机,具有构建区域航空网络所需要的多功能性,作为涡轮螺旋桨支线飞机的换代品,被用来开发新的市场,增加飞行频率或优化飞机运力。ERJ - 145 短距离航线运营成本较低,另外通过对客流量较小的、采取城市点对点服务,也可在满足较长航线需求的同时控制运营成本。该机于 1995 年 8 月 11 日首飞,1996 年 12 月 16 日获美国适航证书。1996 年 12 月 19 日开始交付美国大陆快运公司。ERJ - 145 除了基本型以外,其后又推出了增程型号:ERJ - 145ER 及 ERJ - 145LR,提高了最大航程。ERJ - 145 还发展了军用机型,包括运输机、空中预警机和海岸巡逻机等。ERJ - 145飞机如图 20 - 1 所示。

图 20 - 1　ERJ - 145 飞机

ERJ - 145 基本型飞机的基本数据如下:

- 翼展:20.04 m。
- 机长:29.87 m。
- 机高:6.76 m。
- 机身切面直径:2.28 m。
- 最大起飞质量:20 990 kg。
- 巡航速度:$0.78Ma$。
- 最大航程:2 870 km。

- 典型布局载客量:50 人。
- 动力装置:两台 AE3007A 涡扇发动机。

20.2　系统说明

ERJ - 145 飞机环境控制系统主要由气源系统、制冷系统、空气分配系统、电子设备通风系统、温度控制系统和座舱压力控制系统等组成。

20.2.1　气源系统

气源系统包括了发动机压气机引气、辅助动力装置(APU)引气、地面高压气源引气和气源分配等部分。发动机、APU 和地面高压气源的引气,通过管路提供给发动机起动、空气调节系统和防冰系统等使用,

发动机压气机引气系统安装在发动机短舱和吊挂内,由高压引气活门、引气单向活门、预冷器、风扇活门、压力调节关断活门及管路组成。正常工作模式下,当发动机转速超过 56% 额定转速时,压力调节关断活门打开,发动机引气供给飞机各用气系统。此时,交叉引气活门处于"自动"位置,APU 引气活门关闭。

发动机引气系统由高压引气口和中压引气口进气。每台发动机的高压引气口和中压引气口各有一个引气单向活门,用于防止引气倒流。当引气压力高于(314±17)kPa(G)时,高压引气活门关闭,系统由高压引气转换为中压引气。高压引气口和中压引气口的引气汇合至同一管路后,进入预冷器被来自发动机风扇的冷空气冷却到 260~305 ℃,并经过压力调节关断活门调节压力后,供给空调、防冰和发动机起动等系统使用。

正常模式下,双侧发动机引气系统都将工作,此时,交叉引气活门和 APU 引气活门关闭。当仅有一台发动机工作或仅使用 APU 或地面气源时,交叉引气活门打开,供气满足所有用气要求。

APU 引气系统安装在机身后部,由 APU 引气活门和 APU 单向活门等组成。APU 引气用于地面起动发动机或空中发动机不工作时辅助供气。当 APU 转速在 95% 额定转速以上时,APU 引气活门打开。飞机在地面时,APU 为发动机起动、驱动气泵和维护时给空调系统供气。APU 引气单向活门可以避免其他引气源工作时高温高压气体反流至 APU。

在地面时,地面高压气源通过高压地面接头,提供高压空气进入到气源总管,供用气系统使用。地面供气时,单向活门打开,高压空气供入气源系统;地面供气停止时,单向活门关闭,避免发动机或者 APU 引气外泄。

气源系统监视指示系统由温度传感器和温度开关组成,监控发动机出口引气温度,并发出气源系统状态机失效的 EICAS 信息。

20.2.2　制冷系统

制冷系统包括两套相同的组件,安装在飞机翼身整流罩前部,由组件活门、初/次级换热器、空气循环机(ACM)、冷凝/混合器、水分离器、组件超压/超温开关、温度开关和管路组成。空调制冷组件利用外界冲压空气作为热沉,与系统引气进行热量交换。

ERJ - 145 飞机空调制冷组件布置示意图如图 20 - 2 所示。

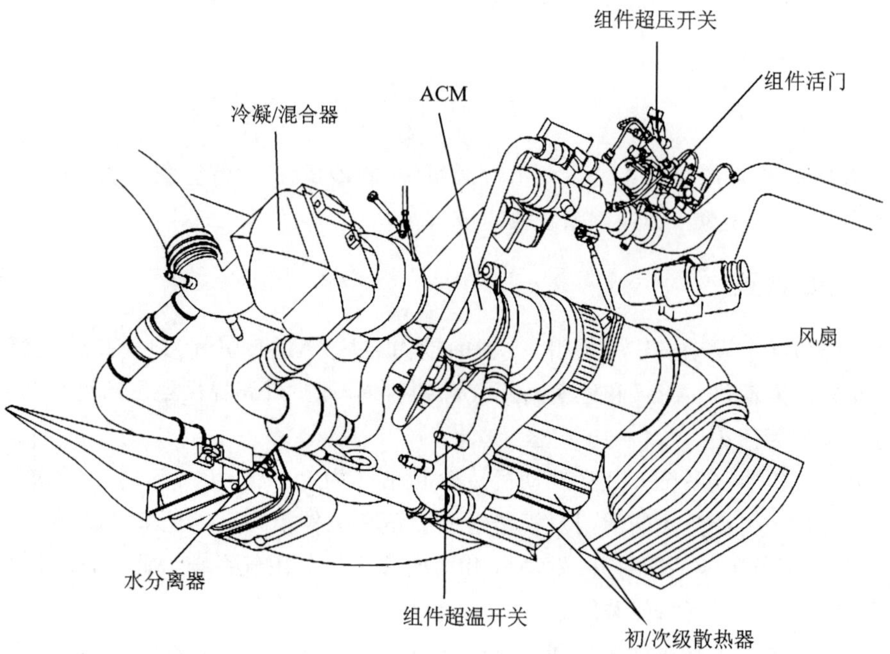

图 20 - 2　ERJ - 145 飞机空调制冷组件布置示意图

制冷系统的初、次级换热器安装在空气循环机的抽风风扇和冲压空气进气口之间,来自气源系统的空气通过组件活门后被分为两路:一路直接与涡轮出口空气混合,调节温度;另一路进入初级换热器由冷风道引入的冲压空气冷却降温,然后进入压气机进行压缩,使压力和温度升高后进入次级换热器进行再次冷却。

流过次级换热器的空气进入冷凝/混合器的冷凝器部分,被混合器出口的低温空气冷却并析出水分,通过水分离器对游离水进行处理后,进入涡轮膨胀降温。水分离器将凝结的水分引流入雾化喷嘴中,在冷风道内蒸发吸热,提高换热器效率。涡轮出口空气与气源系统直接引来的热空气通过温控活门按比例进行混合后,与再循环空气在混合器混合,并通过冷凝器冷边进入驾驶舱和座舱。冲压空气进气口有一应急通风支路,该支路安装有一单向活门,应急通风状态下,冲压空气通过该支路与组件出口空气混合进入驾驶舱和座舱。

空调制冷组件有正常模式和大流量模式两种工作模式。当两侧组件都工作时,空调制冷组件为正常工作模式。当一侧组件活门关闭,组件停止工作时,另一侧组件为大流量工作模式。海平面状态,在正常模式时,组件活门入口压力限制为 217 kPa。大流量模式时,组件活门入口压力限制为 293 kPa。

当压气机出口温度超过(243±6)℃或组件出口温度超过(93±6)℃时,组件超温,停止工作。当组件活门出口压力超过(379±10)kPa 时,组件超压,停止工作。

20.2.3　空气分配系统

空气分配系统将制冷系统出口新鲜空气和再循环空气在冷凝/混合器的混合器部分进行充分混合,然后通过增压区内的主分配管路供往座舱和驾驶舱。供气总量的 72% 的调节空气分配给座舱,剩余 28％供给驾驶舱。左侧空调系统将部分调节空气直接供给驾驶舱,其余部分和右侧空调系统供气混合后供给座舱。当一侧空调系统失效时,另一侧空调系统通过交联总管将空调送往座舱和驾驶舱。

空气分配系统主要由驾驶舱空气分配系统、座舱空气分配系统、个人通风系统、再循环系统、冲压空气分配系统、货舱通风系统等分系统组成。

驾驶舱空气分配系统通过各空气出口,将左空调制冷组件的新鲜空气均匀供往驾驶舱,给驾驶舱乘员提供温度、湿度适宜的环境。正常情况下,左空调制冷组件 56％的空气供给驾驶舱,44％的空气通过分配管路供给座舱。当左空调制冷组件失效时,右侧空调系统通过交联总管,将空调送往座舱和驾驶舱。驾驶舱通风空气也用于屏显通风冷却。当通风管路温度达到 43.5 ℃时,屏显通风活门关闭;当管路温度降低至 35 ℃时,屏显通风活门再次打开。

座舱空气分配系统通过顶部各出风口,将总分配管路的空气均匀送达座舱,通过地板通风口排出座舱,进入再循环系统。座舱空气分配管路分为冷热路,座舱上部通风管路为冷路,座舱下部通风管路为热路。当送往座舱的空气温度高于 24 ℃时,空气通过三通活门进入热路;当送往座舱的空气温度低于 24 ℃时,空气通过三通活门进入冷路。

个人通风管路将来自主分配管路或者个人通风风扇的空气,送往座舱顶部两侧及驾驶舱的个人通风喷嘴、厨房盥洗室和后电子设备舱。当分配管路中空气温度超过 24 ℃时,个人通风活门关闭,系统将座舱空气送往个人通风喷嘴和后电子设备舱等;当分配管路中空气温度低于 24 ℃时,个人通风活门打开,系统将座舱空气和分配管路中空气混合后,通过个人通风风扇,送往个人通风喷嘴和后电子设备舱等。

再循环系统通过两台再循环风扇将座舱空气与空调制冷组件涡轮出口空气在混合器中混合,并送回座舱,减少了引气量,提高了系统的经济性。当座舱温度低于 24 ℃时,再循环风扇高速转动,再循环空气量增加;当座舱温度高于 24 ℃时,再循环风扇低速转动,再循环空气量减少。

当空调制冷组件失效时,冲压进气活门将 NACA 进气口关闭,应急通风口打开,机外冲压空气通过分配管路进入座舱和驾驶舱。

货舱通风系统通过货舱通风风扇,将货舱空气排至后设备舱。在地面时,货舱通风风扇低速转动;飞行时,风扇高速转动。

20.2.4　温度控制系统

ERJ－145 飞机温度控制系统由空调制冷组件温度控制系统和座舱区域温度控制系统组成。

温度控制器通过调节组件各活门开度分别控制左、右两侧组件内部空气温度及出口温度。正常情况下,组件出口温度超温限制为(93±6)℃,压气机出口温度超温限制为(243±6)℃。

座舱区域温度控制系统将机舱分为驾驶舱和座舱两部分,分别调节各部分温度,有自动和手动两种控制模式。正常工作时,系统采用自动控制。仅当自动控制失效时,手动控制才作为备用方案工作。

自动控制系统有两套分系统,每侧空调制冷组件各一套。可将座舱温度设置为 18～29 ℃,自动控制系统将各区域温度保持在设定值。当温度传感器或温度选择器不工作时,系统将座舱温度设定为默认值24 ℃或将管路温度设定为默认值42 ℃。当实际温度低于设定温度时,系统减小通往组件的温控活门开度,供往组件的引气流量减少,通往混合器的热旁路流量增加;当实际温度高于设定温度时,系统增加通往组件的温控活门开度,供往组件的引气流量增加,通往混合器的热旁路流量减少。

当乘员手动控制驾驶舱和座舱温度时,管路供气温度不可以低于2.7 ℃或高于82 ℃。

20.2.5 电子设备通风系统

电子设备通风系统给前、后电子设备提供通风空气,由前、后分系统组成。

在地面时,后部系统使用个人通风系统为后电子设备舱通风;飞行时,后部系统将座舱空气通过货舱供往后电子设备舱。

前部系统有供气及排气两部分,且同时工作,由NACA进气口、水分离器、内部扰流风扇、排气风扇和关断活门等组成,对称安装在电子设备舱左右两侧。ERJ-145飞机前电子设备冷却系统原理图如图20-3所示。

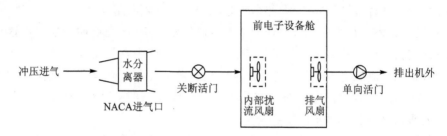

图20-3 ERJ-145飞机前电子设备冷却系统原理图

只要飞机电子设备工作,安装在舱内的内部扰流风扇就保持工作,以保证电子设备舱内温度保持稳定。当电子设备舱温度超过24 ℃时,关断活门打开,排气风扇开始工作,新鲜空气通过NACA进气口进入舱内,再通过排气风扇和单向活门排出机外。当舱内温度低于19 ℃时,关断活门关闭,排气风扇停止工作。当舱内温度超过71 ℃时,EICAS显示电子设备舱过热报警信息。

20.2.6 座舱压力控制系统

座舱压力控制系统控制座舱高度并且防止由于过大的正、负压差造成的座舱结构的破坏。该系统通过调节座舱排气速率、使用最小的工作负载、以最小的座舱高度变化率来保证最低的座舱高度。

压力控制分系统由控制器、排气活门、压力调节活门和单向活门等组成。在整个飞行过程中,控制座舱高度、座舱高度变化率和座舱压差,系统有自动和手动两种工作模式。自动模式为基本工作模式,当自动模式失效时,系统转为手动控制模式。自动模式下,自动控制器通过调节排气活门开度,保证座舱高度在预设范围内,并保证高度变化率范围在61～305 m/min之间。手动模式下,自动控制器停止工作,气动排气活门打开,爬升阶段的座舱高度变化率限制为762.5 m/min。

压力指示报警分系统给EICAS提供座舱高度、压差、高度变化率及失效告警信息,并提供座舱高度限制告警信号。正常情况下,高度限制为3 050 m;高纬度起降时,高度限制为4 422.5 m。

20.3　系统性能

20.3.1　气源系统

气源系统数据如下：

- 压力调节关断活门下游压力限制：$(448\pm48)kPa$。
- 预冷器出口温度：$260\sim305$ ℃。

20.3.2　空调系统

空调系统数据如下：

- 压气机排气温度限制：(243 ± 6)℃。
- 组件出口温度超温限制：(93 ± 6)℃。
- 组件活门入口引气压力限制：217 kPa(正常工作模式)；293 kPa(大流量模式)。
- 组件活门出口压力限制：$(379\pm10)kPa$。

20.3.3　座舱压力控制系统

座舱压力控制系统数据如下：

- 座舱最大高度限制：3 050 m(正常情况下)，4 422.5 m(高纬度起降时)。
- 座舱高度变化率：61～305 m/min(自动模式)，不大于 762.5 m/min(手动模式下爬升阶段)。

20.4　设计特点

ERJ - 145 飞机环境控制系统的典型设计特点如下：

① 气源系统采用发动机压气机两级引气。发动机低功率状态时，从高压级引气；高功率状态时，从中压级引气，减少了发动机的引气代偿损失，提高了飞机的经济性。

② 气源系统具有调节发动机压气机引气温度和压力的功能，以适应下游用气系统的需求，并且进行温度限制和压力限制，以避免系统超温超压。

③ 安装两套三轮升压式高压除水空调制冷组件，提高了冷却能力，组件取消了回热器，采用冷凝/混合器，使组件结构更为简化。

④ 空调制冷组件的温度控制使用冷热路混合的方式，并对空调制冷组件的供气温度和压气机出口空气温度进行了限制。

⑤ 电子设备通风冷却分为前部电子设备通风和后部电子设备通风，分别根据不同的工作状态，选择相应的通风气源。

⑥ 驾驶舱和座舱区域温度可以单独控制。座舱空气分配采用冷热路供气的方式。供气温度较低时，空气密度较高，通过座舱上部管路供入；供气温度较高时，空气密度较低，通过座舱下部分配管路供入。

⑦ 座舱压力采用数字式控制系统,具有自动和手动控制功能。

20.5 原理图

ERJ-145 环境控制系统原理图如图 20-4 所示。

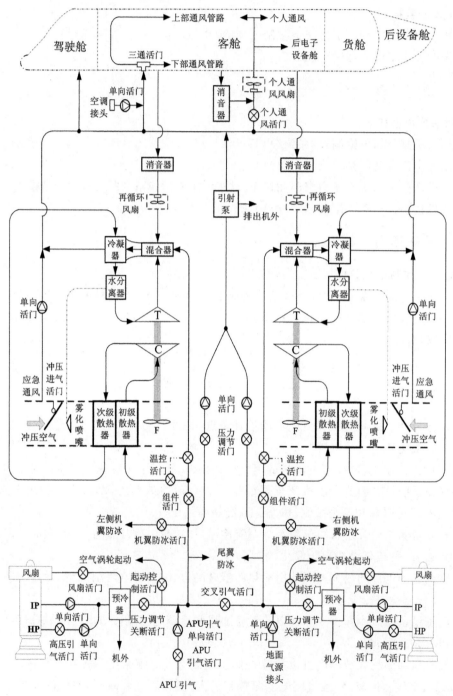

图 20-4 ERJ-145 环境控制系统原理图

第 21 章　ERJ - 190 飞机

21.1　飞机概况

　　ERJ - 190 是由巴西航空工业公司研制的面向 21 世纪全新设计的划时代机型。相比其他支线机型,ERJ - 190 在性能、安全性、舒适性等方面大幅度提升,乘客可以在 ERJ - 190 客机上体会到媲美大型宽体客机的舒适性。在同等条件下,ERJ - 190 客机执行航班任务时,可以节省成本 30% 左右。ERJ - 190 飞机于 2004 年 3 月 12 日试飞,2005 年 9 月 2 日取得适航证并投入运营。ERJ - 190 飞机如图 21 - 1 所示。

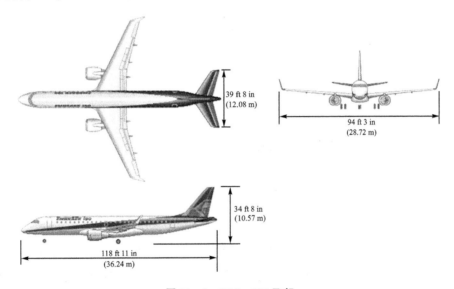

图 21 - 1　ERJ - 190 飞机

　　ERJ - 190 飞机的基本数据如下:
- 翼展:28.72 m。
- 机长:36.24 m。
- 机高:10.57 m。
- 机身宽度:3.95 m。
- 最大起飞质量:51 800 kg。
- 巡航速度:0.82Ma。
- 航程:4 448 km。
- 正常飞行高度:11 278 m。

21.2 系统说明

ERJ - 190 飞机环境控制系统主要由气源系统、制冷系统、空气分配系统、电子设备通风系统和座舱压力控制系统等组成。

21.2.1 气源系统

ERJ - 190 飞机气源系统可从发动机压气机、辅助动力装置（APU）或地面高压气源获得高温高压空气，并将高温高压空气通过管路提供给空调系统、防冰系统和发动机起动系统等使用。ERJ - 190 飞机气源系统布置示意图如图 21 - 2 所示。

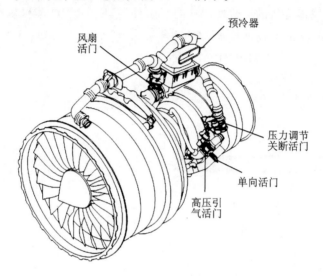

图 21 - 2　ERJ - 190 飞机气源系统布置示意图

发动机压气机引气系统从压气机的高压 9 级或者低压 5 级进气。系统安装在发动机短舱和吊挂内，包含单向活门、高压引气活门、压力调节关断活门、预冷器、风扇活门和管路等。APU 引气系统安装在机身中部和后部，包括 APU 引气活门、APU 引气单向活门和管路等。地面气源系统安装在中机身的左下部，主要包含一个地面高压气源接头，单向活门安装在接头内。此外，在主供气管路上，安装一交叉引气活门，用于连通或隔断左右发动机引气系统。

两台发动机压气机引气系统相同且可相互独立操作。当发动机转速低、低压级（LP）引气口的压力不足时，高压活门打开，转换到高压级（HP）引气。此时，低压引气单向活门自动关闭，以防止引气倒流入低压级。当发动机转速高时，HP 引气活门关闭，自动地从 LP 引气。高压级的引气压力由高压引气活门控制，正常状态下，将高压引气压力控制在 310 kPa(G)。发动机压气机引气经过高压引气活门或者低压单向活门后，进入压力调节关断活门。在低压级引气时，压力调节关断活门将气源供气压力调节到 310 kPa(G)。风扇活门调节来自发动机风扇的冷却空气流量，对引气温度进行控制。正常状态下，引气温度被控制在 204 ℃。在防冰开启时，引气温度被调节到 231 ℃。如果预冷器出口温度达到 260 ℃ 以上，或温度调节功能失效，则在 2 min 内关闭发动机引气。

APU 可以在地面或空中为空调系统和发动机起动供气。当 APU 引气正常工作时,压力调节关断活门关闭,防止 APU 引气逆流至发动机。主供气管路上的交叉引气活门打开,将引气供给各个使用系统。由于 APU 引气的温度、压力流量都能符合使用系统的要求,所以无需对其进行调节。在 APU 供气管路上安装了 APU 引气单向活门,当发动机引气或者地面气源引气时,该单向活门关闭,避免高温高压气体反流至 APU。

在地面,当发动机和 APU 的引气均不可用时,由地面高压气源通过地面气源接头向气源总管提供高压空气。地面气源接头内包括一个单向活门,地面供气时,单向活门打开,高压空气供入气源系统;地面供气停止时,单向活门关闭,避免发动机或者 APU 引气外泄。

21.2.2　制冷系统

制冷系统将引气在两套完全相同的空调制冷组件内进行温度压力调节后,将调节空气供给空气分配系统。空调制冷组件由空气循环机(涡轮-涡轮-压气机-风扇)、初级换热器、次级换热器、回热器、冷凝器和水分离器等组成。在正常状态下,两套空调制冷组件各提供一半的空调流量。当一套制冷组件故障时,另一套制冷组件依然可以提供足够的空气,保证座舱空调和增压的需求。

来自气源系统的引气在进入空调制冷组件之前,先经过流量控制活门。流量控制活门是电控气动活门,由空气管理计算机根据输入的流量信号调节其开度。活门体上安装了一个位置开关,当活门故障关闭时,给空气管理计算机输送反馈信号。流量控制活门还配置了一个可拆卸的过滤器,清除可能进入空调制冷组件的异物。在活门上还有一个锁紧螺栓,可以手动将活门锁闭在关位。

流量信号由流量文氏管测定。文氏管上的压差传感器测量文氏管上下游的压差,并将压差信号转化为 0~10 V 的电压信号,该压差信号传送至空气管理计算机,以便计算供气流量。

流量控制和气源系统供气模式紧密相关。在正常状态下,每套空调制冷组件提供一半的空气流量。双发动机或者单发动机引气,且仅一套组件工作时,供气流量降低至正常流量的 2/3。单发动机引气时,两套组件同时工作,供气流量被调节为正常状态的 3/4。单发动机工作模式下,如果机翼防冰系统工作,不引气发动机一侧的空调制冷组件关闭,由一套空调制冷组件为座舱空调提供新鲜空气。

ERJ - 190 飞机的制冷系统采用四轮升压式高压除水系统。引气首先在初级换热器中被冲压空气冷却,然后进入压气机压缩,温度压力再次升高,接着进入次级换热器中再一次被冲压空气冷却。次级换热器出来的空气进入回热器和冷凝器后,被一级涡轮的出口冷空气冷却到露点温度以下,析出的水分在水分离中收集起来,喷射到初次级换热器的冷边再次蒸发吸热,提高换热器的冷却效率。从水分离器出来后,空气经过回热器的冷边后,在一级涡轮内膨胀降温,然后进入冷凝器的冷边。从冷凝器出来后,空气流入二级涡轮膨胀降温,然后供入座舱空气分配系统。在空气循环机风扇的冷风道内,安装了一个风扇旁路单向活门。当冲压空气压头足够时,单向活门打开,降低风扇的空气流通量,避免流量过大导致风扇损坏。

制冷系统中的低限活门、加温活门和旁路活门用于组件的温度控制。冷凝器的进口温度由空气管理计算机实时监控,根据冷凝器进口温度传感器测量的温度值,控制低限活门和加温活门的开度,调节冷凝器的进口温度,避免冷凝器结冰。当冷凝器进口温度低于 1 ℃时,首先打开低限活门,如果低限活门完全打开还无法使温度超过 1 ℃时,则加温活门开始打开,将压气机的出口热空气引入冷凝器,控制其入口温度不低于 1 ℃。在制冷系统的出口,安装一个温度传感器,用于测量系统的出口温度,并将温度信号反馈给空气管理计算机。空气管理计算机根据测量的温度信号,输出电流信号控制旁路活门的开度,将来自气源系统的热空气供入制冷系统的出口,调节冷热路空气的流量,实现温度控制。

21.2.3　空气分配系统

空气分配系统将制冷系统出来的新鲜空气和再循环系统的空气在混合腔中进行混合,然后将调节空气通过座舱分配管路分配到座舱中。系统主要由再循环系统、驾驶舱通风系统和座舱通风系统等组成。

再循环系统通过两台再循环风扇抽吸座舱部分排气,送达混合腔,在混合腔中与制冷系统出来的新鲜空气混合后,为驾驶舱和座舱供气。再循环风扇本身配置了过滤器,保证再循环空气的清洁。再循环风扇由空气管理计算机控制。当两套空调制冷组件工作时,两台再循环风扇均正常工作。当仅左空调制冷组件工作时,两台再循环风扇均正常工作。当仅右空调制冷组件工作时,右侧再循环风扇工作,左侧再循环风扇关闭。当两套空调制冷组件均关闭时,两台再循环风扇均停止工作。

驾驶舱通风系统将来自混合腔的调节空气输送至驾驶舱。正常情况下,混合腔左侧的混合空气的 60%供给驾驶舱,其余 40%供给座舱。当混合腔左侧停止供气时,由混合腔右侧为驾驶舱提供调节空气。调节空气经过驾驶舱内部的分配管路,实现驾驶舱顶部和飞行员脚部的通风,并为主风挡供风。

座舱空气分配系统通过上部和下部的分配管路将调节空气均匀分布到座舱,为乘客提供舒适的环境。座舱空气分配管路为低导热的复合材料,上部分配管路安装在上机身侧壁,下部分配管路布置在货舱的侧壁。

混合腔分出来一路供往个别通风系统,为乘客个体通风、盥洗室和厨房提供调节空气。

如果两套空调制冷组件全部失效、飞行高度低于 7 600 m 时,则应急通风活门打开,采用冲压空气为座舱提供应急通风。在地面状态下,可以由地面空调接头为座舱提供调节空气。

21.2.4　温度控制系统

ERJ - 190 飞机温度控制系统为驾驶舱和座舱提供闭环的温度控制。座舱供气来自空调制冷组件和再循环系统,供气温度由空气管理计算机控制。

驾驶舱温度控制由飞行员选择空调控制面板上的驾驶舱温度选择器实现。在正常工作情况下,驾驶舱调节空气来自左侧空调制冷组件和左侧再循环风扇。驾驶舱温度控制包含了两个温度传感器,一个安装在驾驶舱内,另一个安装在驾驶舱供气管路上。空气管理计算机将采集到的驾驶舱实际温度和飞行员在空调面板上的选择温度对比,计算得到驾驶舱供气温度的目标值。根据此目标值和驾驶舱供气管路上温度传感器的实测值进行比较后,调节左侧空调制冷组件的热旁路活门,实现驾驶舱的温度控制。

座舱温度控制由飞行员选择空调控制面板上的座舱温度选择器实现。在正常工作情况下,座舱调节空气来自两侧空调制冷组件和两侧再循环风扇。座舱温度控制包含了两个温度传感器,一个安装在座舱内,另一个安装在座舱供气管路上。空气管理计算机将采集到的座舱实际温度和飞行员在空调面板上的选择温度对比,计算得到座舱供气的目标值。将此目标值和座舱供气管路上温度传感器的实测值进行比较后,调节右侧空调制冷组件的热旁路活门,实现座舱的温度控制。

21.2.5 电子设备通风系统

电子设备通风系统为航电设备提供合适的温度环境,避免航电设备工作时过热,分为前部设备舱通风、中部设备舱通风和后部设备舱通风。ERJ - 190 飞机电子设备通风系统原理图如图 21 - 3 所示。

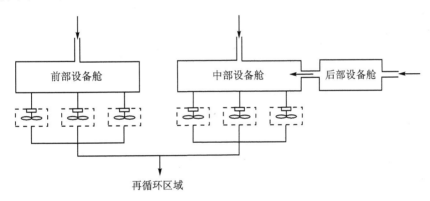

图 21 - 3　ERJ - 190 飞机电子设备通风系统原理图

前部设备舱通风系统利用 3 台风扇抽取座舱空气,对前部航电设备进行冷却。每一台风扇的空气流量为 6.33 m³/min。在正常情况下,仅左侧风扇工作,其他 2 台风扇作为备份。当左侧风扇故障时,右侧风扇自动启动工作。如果左右 2 台风扇均失效,中间的备用风扇开始工作。每一台风扇自身内部有一个单向活门,防止该风扇不工作时,气体发生逆流。在每台风扇内部,还安装了过热保护电路,当风扇过热时,自动切断风扇的工作。前部设备舱的进气管路上安装了一个电子流量传感器,当空气流量过低时,给出告警信号。

中部设备舱通风系统利用 2 台单转速风扇(左侧风扇和中间风扇)和一台双转速风扇(右侧应急风扇)抽取座舱空气,冷却飞机的中部航电设备。单转速风扇的空气流量为 15.4 m³/min。对于双转速风扇,高转速时空气流量为 15.4 m³/min,低转速时降为 6.33 m³/min。在正常情况下,仅左侧风扇工作,其他 2 台风扇作为备份。当左侧风扇出现故障时,中间风扇自动启动工作。如果左侧风扇和中间风扇均失效,则右侧的应急风扇开始工作。每一台风扇自身内部有一个单向活门,防止该风扇不工作时,气体发生逆流。在每台风扇内部,还安装了过热保护电路,当风扇过热时,自动切断风扇的工作。中部设备舱的一条进气管路上安装了一个电子流量传感器,当空气流量过低时,给出告警信号。

后部设备舱通风没有专用的风扇,中部设备舱和后部设备舱由管路相连。座舱中的空气进入后设备舱后,通过连接管路进入中部设备舱,然后由中部设备舱的风扇将空气抽走。

21.2.6　座舱压力控制系统

飞机在高空飞行时,座舱压力控制系统控制座舱处于安全的压力高度,防止乘员出现缺氧的症状,保证其在高空的安全性和舒适性。座舱压力控制器包含了 2 套完全相同的控制通道,一条通道处于工作状态,另一条为备用状态,通过调节排气活门开度,自动控制流出座舱的空气量。飞行结束后,自动进行控制通道之间的切换,如果在飞行过程中,一条控制通道故障,则可自动切换至另一条控制通道。如果自动调节系统失效,则由手动功能控制座舱压力变化。

座舱压力控制系统通过环境压力计算得到座舱的理论压力,将理论值和座舱内部压力实测值进行比较,输出控制信号调节排气活门的开度。在飞行高度低于 11 280 m 时,座舱压力控制系统保持座舱内外压差为 54 kPa。如果飞行高度超过 11 280 m,则内外压差被控制在 57 kPa。

为了避免座舱正压差和负压差过大造成飞机结构破坏,座舱压力控制系统配置了安全活门和负压活门。当座舱正压差超过 60 kPa 时,安全活门打开,释放座舱压力。当座舱负压超过 1.0 kPa 时,负压活门开始打开,外部大气流入座舱。如果负压超过 3.6 kPa,则负压活门完全打开。

21.3　系统性能

21.3.1　气源系统

气源系统数据如下:

- 气源系统出口温度:204 ℃(未开防冰),231 ℃(开防冰)。
- 气源系统出口压力:310 kPa(G)。
- 高温限制:260 ℃。

21.3.2　电子设备通风系统

电子设备通风系统数据如下:

- 前部设备舱供气流量:6.33 m³/min。
- 中部和后部设备舱供气流量:15.4 m³/min。

21.3.3　座舱压力控制系统

座舱压力控制系统数据如下:

- 座舱高度:不超过(4 430±150)m。

- 座舱压差：飞行高度<11 280 m,54 kPa;飞行高度>11 280 m, 57 kPa。
- 最大正压差：60 kPa。
- 最大负压差：3.6 kPa。

21.4　设 计 特 点

ERJ - 190 飞机环境控制系统的典型设计特点如下：

① 气源系统采用发动机压气机两级引气。发动机低功率状态时,从高压级引气;高功率状态时,从中压级引气。减少了发动机引气代偿损失,提高了飞机的经济性。

② 气源系统具有调节发动机压气机引气温度和压力的功能,以适应下游用气系统的需求,并且进行温度限制和压力限制,以避免系统超温超压。

③ 安装两套四轮升压式高压除水空调制冷组件,实现了两级涡轮膨胀降温;将冷凝器放置在两个涡轮之间,由于第一级涡轮的出口空气温度不会太低,所以冷凝器结冰的可能性减小。

④ 气源系统的供气模式决定制冷系统的流量,在任何引气模式下,均可以通过供气流量的调节,满足座舱基本的供气要求。

⑤ 空调制冷组件供气和再循环空气在混合腔中混合后,分别为驾驶舱、座舱和个别通风供气,有利于降低发动机的引气量,降低飞机的代偿损失。

⑥ 空调制冷组件分出来的液态水被喷射到初次级换热器的进口,水分再次蒸发吸热,提高了热交换效率。

⑦ 座舱温度控制系统通过调节空调制冷组件的旁路活门,控制供气温度,为驾驶舱和座舱提供舒适的调节空气。

⑧ 利用风扇抽吸座舱空气,对电子设备进行通风冷却。每套通风管路配置3台风扇,进行三余度设计。

⑨ 采用数字式座舱压力控制系统。控制器具有两套控制通道,两者相互备份,并具有手动控制功能。

21.5　原 理 图

ERJ - 190 飞机环境控制系统原理图如图 21 - 4 所示。

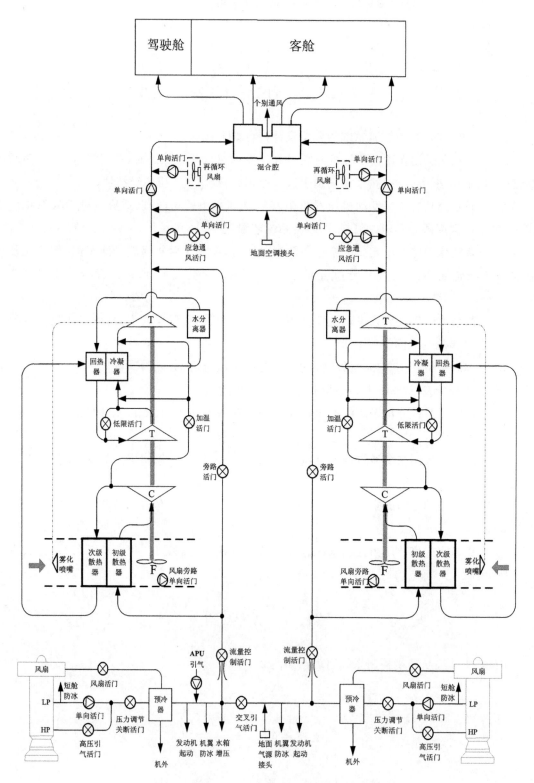

图 21-4 ERJ-190 飞机环境控制系统原理图

第 22 章　MD - 80 飞机

22.1　飞机概况

MD - 80 系列客机是原美国麦克唐纳·道格拉斯公司在 DC - 9 - 50 基础上发展起来的新系列双发中短程客机。1977 年 10 月开始研制时称 DC - 9 超 80。这种新型号是为了满足航空公司对更大载客量的中短程客机需要而研制的,并要求飞机耗油率低、经济性高、噪声水平低。MD - 80 系列与波音 B737 竞争市场。MD - 80 飞机于 1979 年 10 月首飞,1980 年 9 月交付使用。MD - 80 飞机如图 22 - 1 所示。

图 22 - 1　MD - 80 飞机

MD - 80 型飞机的主要技术参数如下:

● 翼展:32.86 m。
● 机长:45.08 m。
● 机高:9.02 m。
● 座舱布局载客量:139~172 人。
● 最大平飞速度:927 km/h。
● 最大巡航速度:898 km/h。
● 经济巡航速度:821 km/h。
● 最大航程:2 891 km。

- 最大起飞质量:63 502~72 576 kg。
- 发动机型号:JT8D-209(涡轮风扇发动机)。
- 制造厂:普拉特·惠特尼公司。

22.2　系统说明

MD-80飞机环境控制系统由气源系统和空调系统(包括制冷系统、座舱温度控制系统、座舱空气分配系统、无线电设备架冷却系统、货舱加热系统和座舱压力调节系统)组成。

22.2.1　气源系统

MD-80飞机气源系统主要由两台发动机压气机提供引气。辅助动力装置或地面高压气源用于地面供气。发动机引气还用于防冰、燃油加热、饮用水箱增压等。

气源系统的主要功能部件包括压力调节活门、8级引气单向活门、13级引气增量活门、流量控制活门、交叉引气活门、辅助动力装置供气活门和单向活门、地面气源接头和单向活门等。

两台发动机的两套引气系统供给两套空调系统空气。一般情况下,左发动机引气供给左系统,右发动机引气供给右系统。两台发动机引气管路通过两个交叉引气活门连通,并通过交叉引气活门与辅助动力装置、地面气源供气管路及机翼防冰系统相通。交叉引气活门的功能是将一台发动机的引气供给另一套空调系统,或同时供给两套空调系统,或用于起动另一台发动机,或供给飞机防冰系统。

空气由压气机低压8级或高压13级或同时由两级引出。从一台发动机低压8级引气,基本可以满足一套系统流量要求。在发动机整个工作范围内,空调系统和防冰系统具有自动选择13级引气补充8级引气的功能。当低压级引气不能满足要求时,增量活门自动调节高压级引气,并将它供给系统。在机翼防冰系统工作期间,增量活门还起温度控制活门作用,由防冰系统恒温器控制。

压力调节活门调节供气压力,保持出口供气压力恒定。流量控制活门控制系统空气流量,保持进入系统的空气流量恒定,同时也作为关断活门使用。

22.2.2　制冷系统

机上有两套升压式空气循环制冷系统,主要附件包括引气过滤器、初级换热器、次级换热器、升压式涡轮冷却器、水分离器和地面冷却空气风扇等。气源系统的供气经过引气过滤器过滤掉砂尘等杂质,经初级换热器由冲压空气或外界空气初步冷却,再到升压式涡轮冷却器的压气机增压,通过次级换热器再次冷却,然后进入升压式涡轮冷却器进行膨胀降温。从涡轮排出的空气经过防冰网和水分离器进入混合腔。

初级换热器和次级换热器由一个冲压空气进气口提供冷边供气。进口里面每侧有两个通道,分别为风扇通道和冲压空气通道,中间装有单向分流活门。在飞行时,冲压空气进入换热器,单向分流活门关闭风扇通道。在地面工作或冲压速度不足时,由风扇吸入外界空气通过换热器,这时单向分流活门关闭冲压空气通道。

冷却涡轮装有两个喷嘴,涡轮进口也有对应的两条管路。旁路的备用喷嘴可以增加流过涡轮的空气流量,为机身加长型飞机提供附加气流。在备用喷嘴的进口管路上装有涡轮喷嘴关断活门。在用 APU 给座舱提供冷却空气时,涡轮喷嘴关断活门关闭。

水分离器为凝聚袋式,分离出的水由喷水系统雾化排到次级换热器冷边,提高换热器效率。水分离器温度控制活门安装在涡轮气流旁路,以防水分离器结冰。

22.2.3 空气分配系统

MD - 80 飞机座舱空气分配系统引导和分配调节空气、冷空气、冲压空气、地面空调空气和排气。

驾驶舱和座舱空调系统是相互独立工作的,但调节空气都是通过一个混合腔供给的。两套空调系统的调节空气在混合腔里集中。混合腔里的挡板可以偏转,将一部分调节空气供给驾驶舱,另一部分调节空气供给座舱。左侧制冷组件 24%～30% 的空气流量供给驾驶舱,其余供给座舱。到驾驶舱的调节空气直接从各出口流入。

座舱调节空气由一根主供气管输送到下降支管,再从下降支管流到行李架下面喷口,进入座舱的空气向座舱的下部和中间方向流动,最后从侧壁板底部格栅孔排出。

座舱空气再循环系统由风扇、过滤器和单向活门组成。再循环风扇从地板下抽取座舱空气,经过过滤器和单向活门,送到混合腔下游分配管路,增加座舱空气流量。

从水分离器出口引出的冷空气用于每个乘员的个人通风。个人通风喷嘴在行李架服务板上,气流方向和流量均可调节。

在进入混合腔之前的管路上,装有地面空调接头和冲压空气管路。在地面停机时,可用地面空调车为座舱提供空调空气。在飞行中应急情况下,可以从换热器进口管路上通过冲压空气管路引冲压空气到座舱,冲压空气由冲压空气活门控制。

22.2.4 温度控制系统

MD - 80 飞机座舱温度控制系统通过调节温度控制活门的位置,改变冷热空气混合比例,满足座舱温度要求。驾驶舱和座舱温度由两套独立的控制系统分别控制,控制方式有自动控制和手动控制两种。左侧系统调节驾驶舱温度,右侧系统调节座舱温度。

两套温度控制系统均由温度控制活门、位置指示器、温度选择器、温度调节器、温度控制传感器、速率变化/上限温度传感器等组成。驾驶舱温度控制系统还有温度限制器传感器。

温度选择器可变电阻、温度控制传感器、速率变化/上限温度传感器形成三个电桥电路。自动控制时,温度调节器接收选择器和传感器的信号,综合、放大和转换后输出信号,控制温度控制活门。温度调节器由前置磁放大器、可控硅整流器、作动器控制线路、脉冲反馈电路、无线电脉冲滤波器等组成。

座舱温度控制传感器装在带有引射器的供气管路里。引射器保证有足够的气流流过传感器。驾驶舱温度控制传感器装在驾驶舱排气通道外。

驾驶舱温度限制传感器装在进入驾驶舱的调节空气管路里,当左侧组件(主要向驾驶舱供气)的排气温度超过 54 ℃时,温度限制器传感器接通一个电路,以防手动控制时左侧组件温度控制活门向热的方向转动。

22.2.5 电子设备通风系统

MD-80飞机电子设备通风系统利用驾驶舱排气实现设备架内电子设备的冷却需求。该系统包括主系统和辅助系统两部分。主系统由冷却风扇、文氏管限流活门、单向活门及压力电门组成。主系统安装在前货舱左前方风道区。辅助系统由冷却风扇、单向活门、压差电门和信号灯组成,安装在前货舱右前方风道区。

主系统有两条通道。一条通道装有文氏管限流活门,在飞行中座舱增压时,设备冷却空气通过该活门直接排到机外。另一条通道装有风扇,风扇工作时,设备冷却空气通过货舱加热器排到货舱地板区给货舱加温。这时文氏管限流活门关闭,但通过排气文氏管的空气流量仍有136.2 kg/h。

辅助系统用于增加地面冷却能力,并起备用风扇作用。设备冷却空气通过辅助系统排到右风道。

当主系统和辅助系统都有故障时,文氏管限流活门打开,停止货舱加热,保证无线电设备架冷却。

22.2.6 货舱加热系统

MD-80飞机前货舱加热是由无线电设备架排出的冷却空气通过一个加热器流到货舱双层地板来进行的。加热空气通过地板夹层流入右风道,经排气活门排到机外。加热空气流量由无线电设备架冷却系统控制。当电子设备舱排气热量不能满足货舱加热要求而前货舱温度降到15.6 ℃时,恒温器接通加热器,提高排气温度。当舱温达到23.9 ℃时,恒温器断开加热器。

中货舱加热是通过电动风扇抽吸座舱排气实现的。在中货舱左侧风道设置一个电动轴流风扇抽吸座舱排气经过喇叭口、管路和扩散器进入货舱双层地板,加热中货舱。

22.2.7 座舱压力控制系统

MD-80飞机座舱压力是通过自动或手动控制排气活门来保持的。

座舱压力控制系统是一套全电子式双重自动控制系统,主要由座舱压力选择器、座舱压力调节活门(两个)、排气活门驱动组件和排气活门组成。

排气活门由两个用联动装置连接的机械操纵活门组成。联动装置由一个电操纵的作动器自动控制,也可以通过座舱空气排气活门控制轮手动控制。座舱压力选择器的功用包括着陆高度选择、气压修正和速率选择。为了同时适用双通道,在每个选择旋钮轴上各有两个电位计。座舱压力调节器包括电子逻辑线路、控制线路、敏感逻辑线路和机内检测线路。每个调节器还可作为备用调节器,监视主通道的工作装置。当主通道发生故障或主通道电源中断时,系统便从主通道自动转换到备用通道工作。

自动控制时,主通道的座舱压力调节器里的逻辑线路按照预定的高度曲线控制座舱高度、座舱高度变化速率和变化方向。程序高度根据起飞前在座舱压力选择器上选择的着陆机场高度在调节器里计算。如果改变飞行计划,将在另一着陆高度不同的备降机场着陆,则必须在选择器上重新选择着陆机场高度。

主通道工作时,另一座舱压力调节器作为备用,监控各主通道工作。两个通道可以转换,转换方法有三种。第一种是正常地面转换,由调节器里的定时器在着陆后 20 s 自动转换,如不需要转换,它也可以定锁;第二种是由选择器上的选择开关转换;第三种是故障自动转换,当主通道发生故障,监控的备用通道感受到座舱高度变化速率过高的故障信号时,备用通道自动转换,超越主通道控制。

需要时,座舱压力也可以手动控制。座舱压力手动控制也可以超越自动控制。在驾驶舱内有一个手动控制轮,通过钢索连到座舱排气活门组件上。转动控制轮便可调节排气活门开度,从而控制座舱压力。

座舱压力安全活门在座舱压差超过规定值时进行正释压。座舱负释压是通过负释压门、乘客登机门和服务门解除密封来进行的。在各气密舱之间装有压力平衡装置,它在座舱快速卸压时,迅速平衡各舱压力,防止损坏飞机结构或伤害机内人员。

座舱压力由座舱压差和高度指示器、座舱爬升速率指示器和座舱高度警告灯等监视。

22.3　系统性能

22.3.1　空调系统

空调系统数据如下:
- 供气流量:2 178~2 532 kg/h(正常巡航)。
- 单 PACK 工作:座舱温度可控制在 21.1~26.7 ℃之间。
- 双 PACK 工作:环境温度为 39.4 ℃以及蒙皮温度为 60 ℃时,座舱冷却到 24 ℃需 25 min。

22.3.2　座舱压力控制系统

座舱压力控制系统数据如下:
- 座舱高度选择范围:-457~4 267 m。
- 座舱压力增长率:0.052~10.117 m/s。
- 座舱压力下降率:0.218~4.353 m/s。
- 座舱正常压差:55 kPa。
- 安全活门释压压差:56~58 kPa。

22.4　设计特点

MD-80 飞机环境控制系统的典型设计特点如下:

① 气源系统采取发动机压气机两级引气。正常工作时,进行低压级引气。一台发动机低压级引气可以满足一套系统流量要求,减少了发动机推力损失。当低压级引气不能满足要求时,高压级自动补充供气。

② 压力调节活门和流量控制活门调节供气压力和流量。最大制冷时,由冷却涡轮喷嘴

控制。

③ 当发动机引气用于机身加长型飞机的空调系统时,空调基准压力调节器提供基准压力,重调压力调节活门供气压力值,增大供气流量。

④ 如果飞机在第二阶段爬升过程中一台发动机停车,而且座舱压差是 9.1 kPa 或更低,则单台发动机第二阶段爬升压力电门连同两套组件压力电门便关闭两套空调系统。(注:第二阶段爬升是指从起落架全收到飞机高度超过跑道 122 m 以上的爬升)

⑤ 采取两套升压式空气循环制冷系统。

⑥ 在制冷系统进口装有引气过滤器,过滤供气中的砂尘,保护压气机、涡轮喷嘴和涡轮。过滤器是一种离心式套管进化器,可以容纳 2.27 kg 污物。

⑦ 喷水系统将水分离器集水器里的水喷到次级换热器冷边。喷水系统的雾化喷水器将水雾化并使它由次级换热器冷却空气进口底部向上喷。在地面工作时,冷却风扇使水散布在80%的换热表面上,提高换热器冷却效率。

⑧ 升压式涡轮冷却器是双喷嘴涡轮。

⑨ 水分离器温度控制活门有两个作用。在地面和低空工作时,该活门增加涡轮排气温度,防止水分离器结冰。在高空,当一套空调系统工作且发动机在慢车状态时,该活门打开,增加供气流量,满足座舱增压要求。

⑩ 冷却涡轮出口防冰网的作用相当于水分离器温度控制活门的传感器。当网结冰时,涡轮出口反压增高,涡轮温降减少,涡轮出口空气温度升高,靠压差作用打开水分离器温控活门,使排气温度升高,防止水分离器结冰。

⑪ 座舱和驾驶舱温度分别单独控制。

⑫ 座舱温度控制传感器装在带有引射器的管路里,减少传感器时间常数,提高控制精度。

⑬ 两套空调系统调节好的空气进入混合腔与再循环空气混合,并由混合腔分配给驾驶舱和座舱。

⑭ 再循环空气的管路上装有过滤器,过滤器有两层,第一层除去大部分粒状物,第二次滤掉气味。

⑮ 涡轮喷嘴关断活门下游的水与初级换热器排气混合,在引射器喷嘴腔内雾化成细小水雾,然后进入防冰网下游。

⑯ 将水分离中残留的水分与热空气混合后变成水蒸气送入座舱,保证座舱空气湿度。

⑰ 设备由驾驶舱排气冷却。在地面时,主系统和辅助系统风扇同时工作。飞行时,根据飞行员选择,一般仅主系统风扇工作,辅助系统风扇只在主系统风扇发生故障时才工作。两风扇都有故障时,座舱增压,强迫空气直接经限流文氏管排到机外。

⑱ 采用两个座舱压力调节器的双通道余度设计,提高了座舱压力自动控制系统的可靠性。此外还有手动控制系统。

⑲ 座舱压力自动控制仅要求选择着陆机场高度。座舱高度变化速率可选择,但只是一个限制界限,一般根据飞行状态控制为可能的最小值。

⑳ 座舱压力控制系统的排气活门包括蝶阀和喷管阀两个阀门,在增压飞行时,既可回收推力,又可提高控制精度,并且在两个阀门都打开时,可以排出更多的气流。

22.5　原理图

MD-80 飞机环境控制系统原理图如图 22-2 所示。

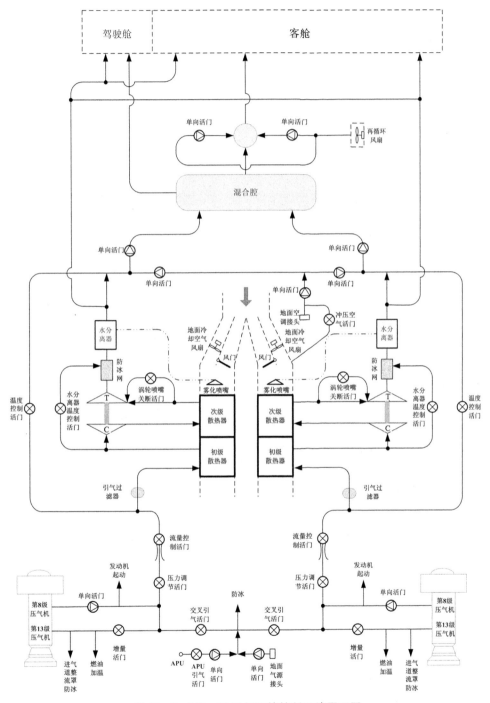

图 22-2　MD-80 飞机环境控制系统原理图

第 23 章　MD-90 飞机

23.1　飞机概况

MD-90 是原美国麦克唐纳·道格拉斯公司于 1985 年提出的双发动机中短程客机。1989 年 11 月 14 日开始研制,装有两台国际航空发动机公司的 V2500 涡扇发动机。MD-90 采用 MD-80 的机身截面形状,先进的高升力机翼、电子飞行仪表系统和可互换的标准的机身部件使 MD-90 可在 MD-80 的生产线上装配。1993 年 2 月 22 日 MD-90 第一架原型机首次试飞,1994 年 11 月 16 日获美国联邦航空局适航证,1995 年 2 月 24 日交付用户使用。1997 年波音公司兼并麦道公司,MD-90 与波音产品系列冲突,因而停产。MD-90 生产数量 117 架。MD-90 飞机如图 23-1 所示。

图 23-1　MD-90 飞机

MD-90 飞机的基本数据如下:
- 翼展:32.87 m。
- 机长:46.51 m。
- 机高:9.33 m。
- 燃油容量:22.1 m³。
- 最大起飞质量:72 803 kg。
- 正常巡航速度:0.76Ma。
- 最大巡航速度:0.84Ma。

- 满载航程：4 500 km。
- 实用升限：11 280 m。
- 动力装置：两台 IAE V2500－D5 涡扇发动机。

23.2　系统说明

MD－90 飞机采用成熟的空气循环式空调系统，为驾驶舱和座舱提供调节空气，用于通风、空气循环、增压和温度调节，它由气源系统和空调系统（包括制冷系统、空气分配系统、电子设备通风系统和座舱压力控制系统等）组成。

23.2.1　气源系统

气源系统包括两套完全相同的发动机引气，两套发动机引气通过气源总管相连。正常情况下，一台发动机的引气足够满足全机的供气需求。发动机引气系统安装在发动机短舱和吊挂内，包含中压单向活门、高压活门、压力调节活门、过压活门、预冷器、风扇活门和管路等。发动机通常从中压级 7 级引气，当引气温度和压力不能满足空调和防冰的要求时，转换到 10 级高压引气口引气。高压引气由高压活门控制，中压引气单向活门防止高压引气倒流入中压引气口。

通过高压活门和中压单向活门下游的压力调压活门将引气压力调节到预定值，然后在预冷器中被来自发动机风扇的冷却空气进行冷却降温，冷却空气流量由风扇活门控制。仅空调系统工作时，压力被调节到 (193.1 ± 6.9) kPa，温度被调节到 (176.5 ± 5.5) ℃。当两台发动机同时为空调系统和防冰系统供气时，压力被调节到至少 200 kPa，温度被调节到 (243.1 ± 2.5) ℃；当单发动机供气防冰时，压力被调节到 (244.8 ± 6.9) kPa。

在气源总管上安装了两个交叉引气活门。当两个交叉引气活门完全打开时，可以使用一台发动机的引气起动另一台发动机，也可以用一台发动机引气为两套空调制冷组件供气。当交叉引气活门均关闭时，左侧引气为左侧空调制冷组件供气，右侧引气为右侧空调制冷组件供气。两台交叉引气活门将中间的 APU 引气、地面气源、翼面防冰等与发动机引气相互隔离。

23.2.2　制冷系统

制冷系统将来自气源系统的高温高压空气在空调制冷组件中进行降温降压处理，为座舱提供合适的调节空气。

流量控制活门安装在后设备舱，位于过滤器和初级换热器之间，用于空调制冷组件的流量控制和关断供气。在以下三种情况下，应关闭流量控制活门，防止系统过热。①压气机出口温度超过 215 ℃；②涡轮进口温度超过 113 ℃；③组件出口温度超过 88 ℃。

空调制冷组件主要由空气循环机（涡轮-压气机）、初级换热器、次级换热器、水分离器和电动风扇等组成。气源供气首先在过滤器中除去杂质，经流量控制活门后进入空调制冷组件。在初级换热器中，供气被冲压空气冷却降温后，进入压气机，经压气机压缩后进入次级换热器，在次级换热器中被冷却后进入涡轮膨胀降温，涡轮的膨胀功驱动压气机工作。在涡轮出口安装了一个低压水分离器，将涡轮出口空气中的游离水除去。通过引射喷嘴将分离出来的游离水引射到冲压空气进口,在次级换热器中水分蒸发吸热,提高制冷效率。

制冷系统的冷源来自冲压空气。冷风道内安装了一个电动风扇和调节风门。在飞行状态下,调节风门打到电动风扇的一侧,由冲压空气提供冷源;当在地面状态无法利用冲压空气时,调节风门打到冲压进气道的一侧,由电动风扇抽取外界大气,对环控供气进行冷却。

为了避免涡轮出口温度过低导致管路和水分离器结冰,在水分离器的出口安装了一个温度传感器。当感受到管路温度低于 1.7 ℃时,防冰活门打开,将压气机进口的热空气引入涡轮出口,避免管路和水分离器结冰。

供气分为两路进入涡轮膨胀,一路直接进入涡轮,另一路由涡轮喷嘴关断活门控制。在地面状态由 APU 为制冷系统供气时,涡轮喷嘴关断活门关闭,降低供气流量以适应 APU 引气量的限制。当由发动机供气时,此时供气量充足,涡轮喷嘴关断活门打开,通过两路为涡轮供气。

23.2.3 空气分配系统

空气分配系统分为左右相同的两个部分,这两个部分既可以独立又能够并行工作供气。左侧空气分配系统的供气来自左空调制冷组件,为驾驶舱和座舱提供调节空气。右侧空气分配系统的供气来自右侧空调制冷组件,为座舱和货舱提供调节空气。左右空调制冷组件的供气在混合腔中集中,任何一侧失效的情况下,另一侧可以同时为驾驶舱、座舱和货舱提供调节空气。

混合腔安装在球面框前座舱的天花板上部。混合腔有两个进口,分别为左右空调制冷组件的供气入口。混合腔有两个出口,大出口为座舱提供调节空气,小出口为驾驶舱提供调节空气。

正常情况下,供入驾驶舱的调节空气均来自空调制冷组件的 100% 新鲜空气。座舱供气除来自左右空调制冷组件的新鲜空气外,还有一部分是再循环空气。再循环系统包含再循环风扇、单向活门和过滤器等。再循环风扇抽吸座舱地板下的排气,将空气输送至混合腔出口的下游,与供往座舱的混合腔新鲜空气混合。过滤器能够清除再循环空气中的杂质和有害气体,提高座舱供气品质。再循环系统分为两路供往混合腔,保证供气的均匀,每路由一个单向活门,防止再循环风扇因故障无法工作时,空调制冷组件的供气倒流。

水分离器出口冷空气分为两路:一路与来自温控活门的热空气进行混合后,供往驾驶舱和座舱空气分配;另一路通过冷空气单向活门供给座舱个人通风喷嘴、厨房/盥洗室通风和机头部分设备的冷却使用。此外,厨房/盥洗室通风空气还有一部分来自座舱空气分配系统。

通过风扇抽吸驾驶舱的排气供入设备舱,为电子设备通风。在地面,主风扇和备用风扇同时工作供气,在飞行时,主风扇工作,备用风扇不工作。当主风扇故障时,备用风扇自动起动工作。

在地面,可以使用地面空调车通过地面空调接头向座舱提供调节空气。飞行中,当两套空调制冷组件均失效无法供气时,冲压空气活门打开,利用冲压空气进行应急通风。

23.2.4 温度控制系统

温度控制系统由组件温度控制、座舱(特指驾驶舱和座舱)温度控制两部分组成,具有温度调节和过热保护的功能。

在空调制冷组件压气机的出口管路和涡轮的进口管路上各安装了一个温度开关。当压气机出口温度超过 215 ℃或者涡轮进口温度超过 113 ℃时，相应的流量控制活门关闭，空调制冷组件停止工作，防止组件过热。为了避免涡轮出口管路以及水分离器结冰，在水分离器出口布置了一个温度传感器，当温度低于 1.7 ℃时，防冰活门打开，将初级换热器出口的热空气引至涡轮出口，防止结冰。

座舱温度控制系统通过自动或者手动的方式控制舱内温度。在自动状态下，座舱温度可以在 18~29 ℃之间选择。根据选择的温度信号，结合水分离器出口温度传感器、座舱供气管路温度传感器和座舱温度传感器给出的温度值，控制温控活门的开度，实现座舱温度的调节。

当自动控制功能失效时，可以采用手动控制。手动状态时，通过将温度选择按钮置于"手动热"或者"手动冷"的位置，控制温控活门的开度，从而实现座舱温度的调节。

在座舱供气管路上，安装了一个供气温度限制开关和一个超温开关。当供气温度超过 54 ℃时，温度限制开关发出信号，关小空调制冷组件的温控活门，限制供气超温。当供气温度超过 88 ℃时，超温开关给出信号，关闭流量控制活门，空调制冷组件停止工作。

23.2.5　座舱压力控制系统

座舱压力控制系统控制座舱高度、压差和压力变化率，保证乘客的生命安全和机组人员正常工作，并在飞机结构强度允许的范围内满足乘客最大舒适程度。

MD-90 采用双余度的数字式压力控制系统，包括自动压力控制、手动压力控制、正负释压和压力指示等功能，系统由座舱高度选择器、控制器、排气活门和安全活门等组成。当两套自动控制功能均失效的情况下，可以手动控制座舱压力，保证正常飞行。

座舱压力控制器根据典型飞行剖面的不同阶段和人体舒适度要求，进行分阶段程序控制。座舱压力制度的起始点为飞机在海平面的座舱高度，在高空巡航时，座舱高度为 2 400 m，在整个飞行高度范围内，座舱压差都不会超过 54.86 kPa 的设计限定值。座舱压力可以在座舱高度选择器上设定，选择范围为 −457~4 267 m。座舱高度变化率最大值在爬升阶段为 3.557 m/s，下降阶段为 1.523 m/min。

座舱压力控制系统的指示系统显示座舱高度、座舱压差、座舱压力变化率和故障告警等信息。座舱高度和压差指示器安装在座舱压力选择器的旁边，有两个显示页面，一个显示座舱压差，范围为 0~69 kPa；另一个显示座舱高度，范围为 0~15 000 m。当座舱高度超过(2 972±76.2)m 时，座舱高度告警灯亮，并发出长达 5 s 的语音告警。

23.3　系统性能

23.3.1　气源系统

气源系统数据如下：
- 气源系统出口压力：(193.1±6.9)kPa(未开防冰)(G)，不低于 200 kPa(开防冰)(G)。
- 气源系统出口温度：(176.5±5.5)℃(未开防冰)，(243.1±2.5)℃(开防冰)。

23.3.2　空调系统

空调系统数据如下:

- 压气机出口温度:不高于 215 ℃。
- 涡轮进口温度:不高于 113 ℃。
- 涡轮出口温度:不低于 1.7 ℃。
- 座舱供气温度:不高于 54 ℃。
- 座舱温度选择范围:18～29 ℃。

23.3.3　座舱压力控制系统

座舱压力控制系统数据如下:

- 座舱高度:不超过 2 400 m。
- 座舱压力增长率:3.557 m/s。
- 座舱压力下降率:1.524 m/min。
- 最大正压差:54.86 kPa。

23.4　设计特点

MD‐90 飞机环境控制系统的典型设计特点如下:

① 气源系统采用发动机压气机两级引气。发动机低功率状态时,从高压级引气,高功率状态时,从中压级引气。

② 气源系统通过控制高压活门、风扇活门和压力调节关断活门,实现引气温度和压力的调节功能,以适应下游用气系统的需求,并且将检测到的气源故障显示在驾驶舱顶部显示面板上。

③ 机上安装两套两轮升压式低压除水空调制冷组件,要求水分离器的出口温度必须高于 0 ℃,否则会引起结冰堵塞,因此无法充分利用系统的制冷能力。

④ 虽然低压除水制冷效率和除水效率较低,但是其附件较少,质量轻,体积小,便于拆装维护。

⑤ 为了适应使用 APU 引气量不足的需求,涡轮具有双喷嘴特性,使用 APU 供气时,关闭一套喷嘴。

⑥ 系统采用多项温度监控措施,避免空调制冷组件超温。驾驶舱和座舱的温度分别单独控制,两舱温度互不影响,并具有供气超温控制功能。

⑦ 系统设置了一个再循环风扇,再循环空气量达到座舱空调流量的 50%,减少了发动机引气量,降低了代偿损失,提高了飞机的经济性。

⑧ 采用双套数字式座舱压力控制系统,两套自动系统相互备份,如果自动控制失效,则可以用手动调节座舱压力。

23.5　原理图

MD-90 飞机环境控制系统原理图如图 23-2 所示。

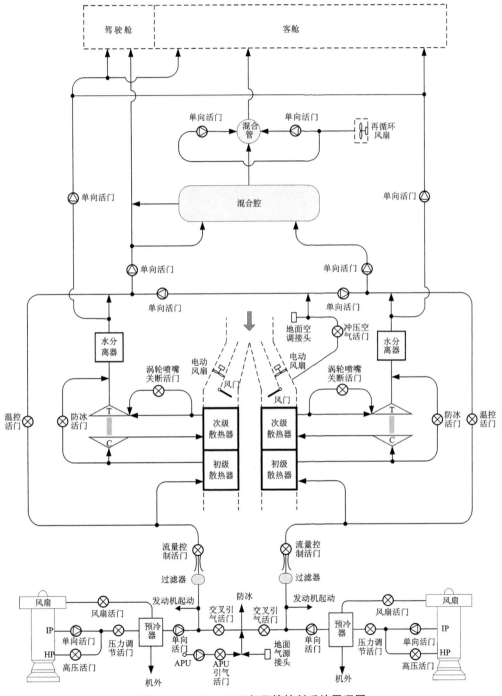

图 23-2　MD-90 飞机环境控制系统原理图

第 24 章　协和号超声速客机

24.1　飞机概况

协和号客机是由英国和法国联合研制的一种超声速客机,共建造了 20 架,1969 年研制成功,1976 年 1 月 21 日投入商业飞行。2000 年 7 月 25 日,班机为 AF4590 的协和号客机在进行起飞时,辗压了跑道上另一架美国大陆航空的 DC - 10 脱落的小铁条,造成爆胎,轮胎破片以超过声速的高速击中机翼油箱引发失火,导致飞机起飞数分钟后爆炸坠毁。这是协和号服役期间唯一的一次失事,造成了 113 人丧命,让协和号从此一蹶不振。虽然协和号客机在 2001 年 11 月重新启航,但是载客量一直严重不足,航空公司亏损严重。2003 年 10 月 24 日,协和号飞机执行了最后一次飞行后,全部退役。协和号超声速客机如图 24 - 1 所示。

图 24 - 1　协和号超声速客机

协和号客机的基本数据如下:

- 翼展:25.6 m。
- 机长:61.7 m。
- 机高:12.2 m。
- 最大巡航速度:2.2*Ma*。
- 经济巡航速度:2.05*Ma*。
- 最大航程:7 215 km。

- 最大起飞质量：185 t。
- 空重：78.7 t。
- 动力装置：4 台奥林匹斯 593 MK610 型涡喷发动机。

24.2　系统说明

24.2.1　气源系统

气源系统由 4 台发动机压气机最后一级的高压级引气。引气经过单向活门进入引气减压双重活门。双重活门既可以关断发动机引气，也可以自动控制引气压力。它包含两个蝶阀，上游蝶阀用于关断引气，下游蝶阀用于调节供气压力。另外，双重活门是电控气动活门，当活门出口压力过高时，压力电门自动关闭活门。在供气管路上有一个释压活门，防止供气超压而损坏管路。

4 套相同的发动机引气系统给 4 套空调制冷组件供气。飞机左侧两套发动机引气系统之间通过交叉引气管路和交叉引气活门相连，右侧类似。正常情况下，交叉引气活门关闭，每台发动机引气供给一套空调制冷组件。当一套引气系统出现故障时，对应侧的交叉引气活门打开，由对应侧的另一台发动机为对应侧的两套空调制冷组件供气。在交叉引气管路上，安装了一个地面高压接头，可以通过地面气源供气。

24.2.2　制冷系统

气源系统的供气由空调活门进入空调制冷组件。空调活门是一个电控气动的蝶阀，活门打开时，供气进入流量控制活门。流量控制活门根据文氏管感受到的压力信号自动控制供气流量，有两个控制标准值：一个是 4 套组件均正常工作时的标准值；另一个是只有 3 套组件工作时的标准值。流量控制活门还有限制涡轮冷却器的压气机进口温度的作用。当压气机进口温度过高时，温度传感器发出信号，关小流量控制活门，减小供气流量，降低压气机进口温度。流量控制活门还具有关断引气保护系统的功能。

制冷系统包括 4 套相同的空调制冷组件，每组空调制冷组件均由初级换热器、次级换热器、燃油换热器、升压式涡轮冷却器、温控活门和水分离器等组成。

供气首先在初级换热器中被冲压空气冷却。初级换热器是不锈钢制作的板翅式换热器。正常情况下，初级换热器的出口温度在 200 ℃ 左右。在初级换热器冷却空气的进口内，有一个冲压空气活门。在冲压空气活门进口和初级换热器热路出口，各有一个恒温传感器。当冲压空气温度低于 0 ℃ 时，通过冲压空气活门调节进入初级换热器的冷空气流量，使初级换热器的出口最低温度保持 100 ℃ 左右。来自初级换热器的供气在进入压气机之前，由过滤器过滤掉空气中的颗粒杂质。

经过初级换热器冷却、过滤器过滤后的供气进入压气机，在压气机内温度和压力再次升高，然后经次级换热器冷却，将供气温度冷却至 190 ℃ 以下。和初级换热器一样，次级换热器也是不锈钢板翅式换热器。经次级换热器冷却后的供气供往燃油换热器，利用发动机供油对供气进行进一步冷却。燃油换热器的材质为不锈钢，燃油和空气是双层隔离的，双层之间装有放油管,用于燃油泄漏的探测。燃油流量由燃油控制活门调节。为了避免燃油换热器冷却供气时冷凝的水滴进入涡轮,在涡轮冷却器的上游安装了涡流器用来收集水滴,水滴通过一个气动控制活门排到机外。经过涡流器的供气进入涡轮膨胀降温。涡轮喷口有 3 种不同的通道截面。小面积截面在巡航状态供给正常流量,较大面积截面在流量控制活门选择第二标准流量时使用,最大面积截面在提供最大低压空气流量时使用。涡轮的温降大概为 100 ℃。冷却空气通过水分离器和单向活门进入空调总管。水分离器由玻璃纤维凝聚器和涡流器组成,由水分离器分离出来的液态水直接排到机外。在水分离器内部装有用弹簧压紧的旁路安全活门,在水分离器结冰或堵塞时打开。

在地面和低速飞行时,初级换热器和次级换热器的冷却空气来自短舱外壁空气,此时,调整板打开,外界冲压空气进入换热器冷边。在高速飞行时,冷却空气由发动机进气道内次引气口进入换热器冷边,此时,调整板关闭。在冷却空气出口管路上,装有引射器,在地面或低速飞行时,由于冷却空气流量不足,利用气源系统出口空气的引射,提高冷却空气流量。

24.2.3　空气分配系统

经过 4 套空调制冷组件调节的空气,通过单向活门进入机身地板下的空调总管,然后分配给 3 个舱区,并保持各个舱区调节空气出口温度控制的独立性。在一套或更多套组件故障时,则允许其余组件的供气流入 3 个舱区。

供给驾驶舱的调节空气从空调总管引出,通过单独的管路,由座舱地板下流入驾驶舱。驾驶舱供气管路上有 3 个支管分别给地板下前行李舱、前走廊和前厨房供气。

供给前座舱的调节空气由一条单独管路从空调总管引出,从座舱地板下向前流动,然后分到左右两侧,再通过绝热隔音层里的上升支管到帽架管路。帽架管路沿机身长度方向敷设。调节空气从帽架管路到每个座位上的个人通风喷嘴和分配格栅。分配格栅喷口具有引射作用,新鲜空气与被引射的再循环空气混合后进入座舱。还有一小部分气流冷却窗户内表面。

后座舱空气分配与前座舱类似,后行李舱由后座舱供气管路引出的部分空气进行加温或冷却。

前厨房由驾驶舱和前座舱供气管路引出的空气进行通风。后厨房由后座舱供气管路引出的空气通风。盥洗室由前座舱帽架管路端头引出的部分新鲜空气进行通风。

驾驶舱和座舱排气的一部分用来冷却设备,大部分由地板上的格栅排到地板下,通过排气活门排到机外。

24.2.4　温度控制系统

4 套空调制冷组件共同为座舱空调供气。1 号组件优先供给驾驶舱,2 号组件优先供给前座舱,3 号组件和 4 号组件优先供给后座舱。4 套组件都有单独的温度控制系统。

温度控制系统的功能是:①按选定的温度调节座舱温度;②限制进入座舱空气的最高温度和最低温度;③限制进入座舱空气温度的变化速率;④限制组件出口的最低温度和最高温度;⑤防止空调制冷组件出口结冰。

温度控制系统的控制方式有自动控制和手动控制两种。每套系统均由座舱温度选择器、温度调节器、温控活门、温度传感器和指示器等组成。可在选择器上选择控制方法和控制温度。自动控制时，从 0～3 有三个区间，分别对应冷却、正常和加温 3 个阶段，温度选择范围是 15～30 ℃。手动控制是控制冷却涡轮出口空气和初级换热器出口空气混合处的管路温度，温度选择范围是 -30～80 ℃。温度调节器将接收到的管路温度和座舱温度信号与选择器的温度信号进行比较，根据误差信号调节温控活门，直到座舱温度等于选择的温度。在自动控制时，各组件温度控制系统按照上述供气原则分别控制各个舱区的温度，其中 3 号组件温度控制系统服从于 4 号组件控制系统。假若 1、2 或 4 号组件中的任何一套失效，则 3 号组件温度控制系统独立工作，剩余的温度控制系统互连，以保证座舱的正确温度控制。如果自动控制系统发生故障，则使用手动温度控制系统。

24.2.5　电子设备通风系统

驾驶舱设备由驾驶舱空气冷却。驾驶舱空气有一部分通过各个支管抽出，被强迫流过需要冷却的仪表板、电气板和仪表密封盒等设备。其余的空气通过地板格栅孔流到地板下的设备舱。

前电子设备架由座舱空气冷却。供气系统将座舱空气集中在一起并输送至各设备架，抽气系统抽走冷却设备后的空气。

从座舱顶部和盥洗室收集的座舱空气通过地板下的两条管路供到前设备架。在两条管路上各有一个轴流风扇和单向活门，在风扇上游装有一个过滤器，滤掉供气中的灰尘和杂质。这两条管路并联，确保一套风扇故障时，仍能满足供气要求。冷却设备后的供气由抽气管路集中到地板下两侧的管路，向后流动。

后电子设备架主要利用后座舱排气冷却。排气经过过滤器进入左右设备架。被冷却的设备安装在设备架上，设备架也作为冷却空气的收集管路。空气通过两条带有风扇和单向活门的管路排到后排气活门区域，再通过后排气活门排到机外。另外，还有一条带有单向活门和备用风扇的排气管路，当正常工作的风扇故障时使用。

需要指出，当一套空调制冷组件发生故障时，总供气流量减小，设备冷却空气流量也减小，但是基本上仍能满足要求。如果两套空调制冷组件故障，则总供气流量进一步减小，设备冷却空气流量不足，对设备的精度和寿命会有一定的影响。当失去 3 套以上的组件供气时，必须打开抽气风扇才能满足设备冷却需求。

24.2.6　座舱压力控制系统

座舱压力控制系统包括两套相同且独立的控制系统。每套系统均由座舱压力选择器、座舱压力控制放大器和两个排气活门等组成。

座舱压力选择器有三个旋钮，分别用来选择要求控制的座舱高度、座舱高度变化率和对应座舱高度的气压压力基准值。

座舱压力控制放大器由座舱高度变化率变换器、座舱压差变换器、电子放大器组件和排气活门流量平衡控制系统组成。

排气活门是气动式活门，活门里两个环形膜片形成一个控制腔和一个座舱腔。活门位置由两个腔的压力决定，改变控制腔的压力可以控制活门运动，调节座舱排气流量，从而控制座舱压力。控制腔压力是由座舱压力控制放大器输出的电信号决定的。

排气活门还具有最大座舱高度限制器的作用,限制并保持座舱高度为 3 350 m。排气活门还具有安全活门的作用。当座舱压差超过预定值时,排气活门打开释压,防止座舱超压。当环境压力超过座舱压力造成一定负压时,排气活门打开,使外界大气进入座舱消除负压。

排气活门带有水上迫降的控制机构。当飞机在水上迫降时,该机构关闭排气活门,防止水进入座舱。

当飞机在地面时,可以在座舱压力选择器上选择一个高于机场的座舱高度。选择器将信号送入放大器解调,放大输出最大直流信号给排气活门,活门板转动,离开低压限流孔,同时真空泵工作,在控制腔内产生低压,迫使排气活门全开。

在飞机起飞后爬升时,座舱压力控制放大器里的速率变化变换器感受座舱高度变化信号,该信号与选择的速率信号进行比较,合成的信号在放大器里与来自座舱绝对高度转换器的信号综合,放大并输出信号控制排气活门运动,使座舱压力变化率不超过选择的变化速率。当座舱高度与选择器的座舱高度差小于 152 m 时,绝对压力变换器发出信号,减少放大输出信号,使排气活门处于适当的位置,以保持座舱高度。压差变换器控制座舱压差,保证座舱压差不超过允许值。

座舱压力控制系统包括两套相同且独立的控制系统。如果工作系统发生故障,则可以使用开关使备用系统代替工作系统。在系统的前排气活门的排气管路里,安装了推力回收器,在巡航的时候利用座舱排气回收推力。推力回收器包括一个气动作动器和一个双瓣活门组件,活门开度由微动电门根据座舱压差自动控制。在低座舱压差时,双瓣活门全开;在高座舱压差时,双瓣活门关小,形成喷口。推力回收器在地面时打开,保证座舱最大程度排气。

座舱爬升或下降速率、座舱压差、座舱高度和排气活门位置由仪表板上的指示仪表显示。如果座舱高度达到或者超过 3 050 m,则座舱高度电门接通警告系统发出告警信息。

24.3 系统性能

24.3.1 空调系统

空调系统数据如下:

- 供气流量:4 900 kg/h。
- 座舱温度选择范围:15~30 ℃(自动控制),−30~80 ℃(备用控制)。

24.3.2 座舱压力控制系统

座舱压力控制系统数据如下:

- 座舱压力:座舱高度选择范围为 −1 520~3 050 m,座舱高度变化率为 1~5.1 m/s。
- 座舱最大压差:73.5 kPa。
- 座舱最大负压差:1.5 kPa。
- 最大座舱高度:4 570 m。

24.4　设计特点

协和号超声速客机环境控制系统的典型设计特点如下：

① 4 台发动机压气机作为空调系统的主气源，引气由引气减压双重活门控制。活门既可以作为关断活门控制引气流量，也可以作为减压活门控制出口压力。

② 引气系统正常工作时，每台发动机给一套空调制冷组件供气。

③ 采用升压式低压除水制冷系统。

④ 空调制冷组件的供气流量由流量控制活门控制，既可以调节供气流量，也可以通过降低流量限制压气机的进口温度，必要时作为保护装置关断组件供气。

⑤ 由于超声速飞行时冲压空气温度过高，在次级换热器和涡轮之间加装了燃油换热器，利用发动机燃油进行冷却。为了防止燃油泄漏到座舱，燃油换热器采用了双夹层的结构。

⑥ 涡轮冷却器喷嘴面积可以调节，目的是控制 3 种不同的流量。在供气压力下降或一套组件发生故障时，增加供气量。

⑦ 为了防止供气中的水分在燃油换热器里冷凝后进入涡轮，在涡轮进口装有水涡流器分离掉水分，并排到机外。

⑧ 涡轮冷却器出口的水分离器里安装有旁路活门，在水分离器堵塞或结冰的时候打开。当飞行高度超过 9 000 m 时，大气含湿量很小，水分离器不起作用，此时旁路活门关闭，减小涡轮出口反压，同时关闭排水管减少空气损失。

⑨ 每套空调制冷组件配有相应的温度控制系统，分别控制 3 个舱区的温度，其中 3 号系统从属于 4 号系统，如果一套组件或者温控系统失效，则剩余 3 套控制系统控制 3 个舱区的温度。

⑩ 每套空调制冷组件调节好的空气送到空调分配总管，总管结构决定了各个组件的调节空气送到各舱区的优先次序，在一套组件故障时，分配总管可以使其他组件的供气流量合理地分配到各个舱区。

⑪ 采用两套电子气动式座舱压力控制系统，一套故障时，另一套备用系统工作。

24.5　原理图

协和号超声速客机环境控制系统原理图如图 24 - 2 所示。

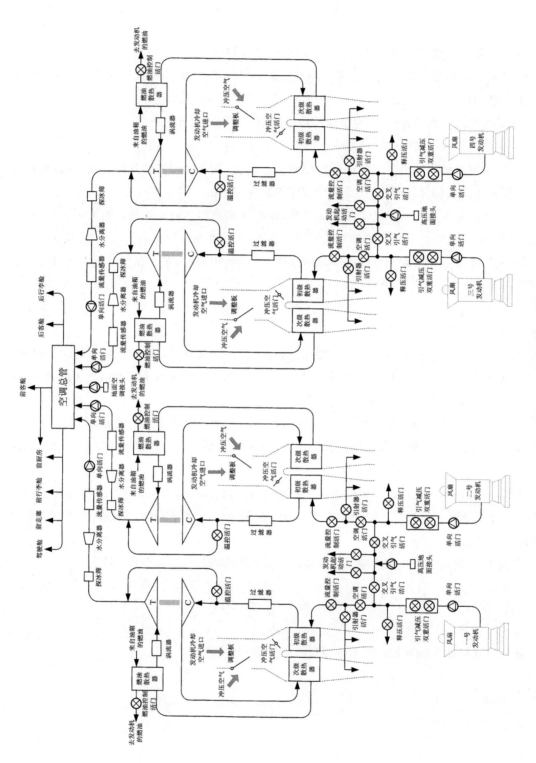

图24-2 协和号超声速客机环境控制系统原理图

第 25 章　运-7 飞机

25.1　飞机概况

运-7 飞机是中国西安飞机工业公司在参照苏联安-24 型飞机的基础上生产的双发涡轮螺旋桨中/短程运输机。运-7 飞机基本型于 1970 年 12 月 25 日首飞,于 1984 年完成试飞,1984 年中国民用航空总局正式颁发运-7 飞机适航证,1986 年投入服务,民用型运-7 属于 50 座级支线运输机。运-7 飞机的研制结束了中国民航全部使用外国飞机的历史。

运-7 飞机的主要型号有运-7 基本型、运-7-100、运-7-200A、运-7-H500、新舟 60、运-7G 型和运-7 长航程型等。其动力装置为两台东安发动机的 WJ5A-I 型涡轮螺旋桨发动机,单台起飞功率约为 2 133 kW,运-7-200A 换装了加拿大普惠公司的 PW127C 涡轮螺旋桨发动机。运-7 飞机如图 25-1 所示。

图 25-1　运-7 飞机

运-7 基本型飞机的基本数据如下:

● 翼展:29.2 m。
● 机长:23.7 m。
● 机高:8.55 m。
● 空重:14 900 kg。
● 最大起飞质量:21 800 kg。
● 最大载油量:3 950 kg(无附加油箱),4 790 kg(有附加油箱)。
● 最大商载:4 700 kg。

- 最大平飞速度:518 km/h(高度 6 000 m)。
- 巡航速度:423 km/h。
- 实用升限:8 750 m。
- 最大油量航程:1 900 km。
- 最大载客航程:1 000 km。

25.2　系统说明

25.2.1　气源系统

运-7 飞机发动机引气系统从 WJ5A-I 发动机压气机第 10 级引出。系统由压力调节关断活门、引气关断活门、高压开关以及相应管路组成。从压气机引出的空气,总流量约为 1 400 kg/h,压力变化范围为 294～785 kPa(绝对),温度范围为 180～280 ℃。

压力调节关断活门安装在发动机引气系统的最上游,其作用是对发动机 10 级引来的空气进行流量限制,使其出口压力保持基本恒定。压力调节关断活门的出口压力随飞行高度变化而变化,主要有正常状态和经济状态两种控制模式。引气关断活门安装在压力调节关断活门之后,用来关断发动机引气。当压力调节关断活门发生故障时,引气关断活门关闭,保证发动机安全工作。高压开关安装在发动机引气系统的出口,控制压力调节关断活门的出口压力值不超过(296.48±6.89)kPa(G)。当压力调节关断活门出口压力超过此值时,高压开关自动接通,发出信号,使压力调节关断活门关闭,以免引气压力过高损坏下游的空调制冷组件。

25.2.2　制冷系统

运-7 飞机有两套相同的空调制冷组件。左发动机引气系统为左空调制冷组件供气,右发动机引气系统为右空调制冷组件供气。每一套空调制冷组件都包括一套三轮升压式空气循环机、初级换热器、次级换热器、双温控制活门、水分离器及相关管路等。

飞行状态下,发动机引气系统的高温高压空气经过初级换热器,被冲压空气冷却;地面状态下,冷却空气由三轮空气循环机的风扇提供。双温度控制活门在全热和全冷之间进行调节,安装在初级换热器热路入口上的活门体和安装在初级换热器冷路出口上的活门体同时动作,通过调节热路和冷路的空气流量来调节温度。

从初级换热器出来的气体经过双温控制活门的冷路之后进入压气机进行压缩,温度和压力再次升高,然后经次级换热器冷却降温,空气从次级换热器出来后进入冷凝器与从涡轮出来的冷空气发生热交换后,进入涡轮膨胀降温,析出的水分在水分离中收集起来,喷射到初次级换热器的冷边再次蒸发吸热,提高换热器的冷却效率。

25.2.3　空气分配系统

座舱空气分配系统将空调制冷组件出口的调节空气与座舱再循环空气混合,通过管路将空气输送到座舱相应的部位,实现座舱温度的调节。总供气量的 80% 通过空气管路送到座舱,其余 20% 的供气量供给驾驶舱。它们之间的流量分配靠装在供气管路间的节流孔来控制。

空调制冷组件调节好的空气流经装在中央翼前缘的单向活门混合后分成两路：一路进入驾驶舱,通过对流加温的方法供驾驶舱盖玻璃除雾和左、右驾驶员的脚部加温;另一路供给座舱。气流经过行李箱支撑结构板上的主空气管路分配到供气软管,供气软管将空气送到顶部和天花板顶板处附近的通风口,将空调供气输入座舱,从而实现座舱内的快速冷却和通风。此外,在乘客服务板上安装有单独通风嘴,空气来自主空气管路,由乘客按自己的要求,调节其气流出口的方向和大小。

进入座舱的空气,经过热交换后,连同人体排出的废气,一起从排气活门排出机外,从而保证了座舱内不仅有合适的温度范围,而且有充足的新鲜空气。

运-7 飞机有两套再循环系统。系统包括再循环风扇、再循环供气活门、再循环单向活门和相关管路。再循环风扇抽取座舱排气与空调制冷组件出口的新鲜空气混合,供给座舱。再循环管路中的再循环单向活门用来防止气流倒流。

25.2.4　温度控制系统

座舱和驾驶舱的温度控制系统由双温控制活门、座舱温度选择器、座舱温度传感器和供气管路温度传感器等组成。控制器将感受到的座舱温度、选择的座舱温度以及管路温度的变化率进行比较,通过伺服传动电路将综合温度误差信号放大,调节空调制冷组件中的双温控制活门,以使在选定的座舱温度与测得的座舱温度之间没有误差。座舱可选择的温度范围为 $15 \sim 27\ ℃$。活门的运动方向和速度直接与误差信号成正比。当座舱温度高于选择温度时,双温控制活门冷路开大,热路减小,直到将温度偏差消除到零为止。当座舱温度低于选择温度时,双温控制活门冷路关小,热路开大,直到座舱温度升至选择的温度值。

空调制冷组件的出口安装有管路温度传感器,以监控双温度控制活门的调节,控制组件出口温度范围在 $(3\pm2.5) \sim (71\pm2.5)\ ℃$ 之间。如果组件出口供气温度超过 $(71\pm2.5)\ ℃$,则管路温度传感器提供一个“最大制冷”信号,双温控制活门冷路开大,热路关小,使管路温度下降。当组件出口供气温度低于 $(3\pm2.5)\ ℃$ 时,管路温度传感器提供一个“最大加温”信号,双温控制活门热路开大,冷路关小,使管路温度上升。

此外,系统还提供超温保护功能。在空气循环机出口温度为 $(225\pm6)\ ℃$ 时,空气循环机出口过温开关工作,它发出信号使压力调节关断活门关闭,由另一套空调制冷组件提供调节空气。座舱供气管路过热开关在供气管路温度为 $(88\pm3)\ ℃$ 时工作,它发出信号使压力调节关断活门以及引气关断活门关闭,由另一套空调制冷组件来提供调节空气。

25.2.5　座舱压力控制系统

座舱压力调节系统调节座舱高度及其变化率,系统包括座舱高度控制器、手动调节阀、座舱高度、速率和压差指示器、主排气活门、辅助排气活门、抽气泵、真空调节器、双向单向活门、单向活门、压力释压口及其连接管路等。

座舱高度控制器提供驱动排气活门的信号,使座舱压力按制定的值变化,并控制座舱压力变化速率不超过规定值。座舱高度控制器上有两个旋钮,左侧旋钮控制座舱高度变化速率,在正常位置,座舱压力变化速率按规定值变化(上升 $(160\pm22.9)\ m/min$,下降 $(99\pm15.24)\ m/min$)。右侧旋钮在按下并旋转时,可预选机场高度或飞行高度;当拉出并旋转时,可调节海平面气压刻度盘。

手动调节阀是一个三通活门。在电源有故障或其他紧急关头时,可以手动断开座舱高度控制,并依靠手动调节阀来控制排气活门基准腔的压力,以保持座舱高度及其升降速度。

座舱高度、压差和速率指示器用来测量和指示座舱高度、座舱内外压差和座舱升降速度,简称座舱三用表。

主排气活门是座舱高度控制器和手动调节阀的执行机构。根据座舱高度控制器和手动调节阀提供的信号来保持座舱高度。另外,当座舱高度控制器发生故障时,它可以保持座舱内有一定的余压,作为安全活门使用,以及当大气压力高于座舱内压力时,起真空活门的作用。

辅助排气活门分别对每个主排气活门充当一个辅助排气活门,膜片随主排气活门的膜片同步运动。

座舱压力调节系统分为自动控制状态和手动控制状态,以及在特殊情况下的应急措施。在自动调节状态,座舱压力调节控制板上的手动调节阀按钮放在"正常"位置,"自动—手动"开关放在"自动"位置时,座舱压力由座舱高度控制器自动控制。在手动调节状态,座舱高度控制器有故障或电源有故障,以及其他紧急情况时,可将座舱高度控制器手动断开(即将座舱压力控制板上的"自动—手动"开关放在"手动"位置),这时,座舱压力就依靠手动调节阀来控制。

手动调节阀是一个三通活门,正常时被定位在"正常位置上",此时手动调节阀不起作用。若将手动调节阀顺时针旋转,则使主排气活门基准腔的压力与排除机外的管路相通,使基准腔压力下降,排气活门开度增大,座舱压力减小。若将手柄旋钮转到"卸压"位置,则使基准腔与大气相通的通气截面积达到最大,使基准腔的压力降低很快,排气活门所处的开度最大,此时座舱压力为卸压状态。相反,若将手动调节阀从正常位置逆时针旋转,则使座舱内的空气压力进入排气活门的基准腔,使基准腔压力增大,排气活门开度减小,座舱压力升高。在飞机失火的情况下,为了迅速减压,将座舱压力控制板上的"手动调节阀"顺时针转到"卸压"位置,排气活门处于全开位置。

在左主起落架防扭臂上装有一个加温联锁终点电门,该终点电门与座舱高度控制器相连。在飞机着陆时,如果飞行员错误地将着陆机场高度预选调低,则在飞机着陆后,由于防扭臂被支柱压缩使该终点电门接通。座舱高度控制器便会给出一个 2.67 m/s 的爬升调节速度,接通排气或门上的静压电磁阀,打开排气活门,使座舱卸压。

当自动或手动调节使座舱压力超过飞机最大安全压差 32.4 kPa 时,则主排气活门上的最大压差控制活门工作,座舱以最大压差平滑地稳定地调节压力,而其他调节手段无效。当其他调节手段失效时,可通过最大高度限制活门,保持座舱高度($3\,810\pm152.4$)m。

25.3　系统性能

25.3.1　气源系统

气源系统数据如下:
- 压力限制:(296.48 ± 6.89)kPa(G)。
- 温度范围:180～280 ℃。

● 供气流量:1 400 kg/h。

25.3.2　空调系统

空调系统数据如下:
● 组件出口温度:(3±2.5)~(71±2.5)℃(正常),不超过(88±3)℃。
● 压气机出口温度:不超过(225±6)℃。
● 驾驶舱和座舱温度选择范围:15~27 ℃。

25.3.3　座舱压力控制系统

座舱压力控制系统数据如下:
● 座舱内外最大正压差:32.4 kPa。
● 座舱最大压力增长率:(160±22.9)m/min。
● 座舱最大压力下降率:(99±15.24)m/min。
● 座舱高度:不超过(3 810±152.4)m。

25.4　设计特点

运-7 飞机环境控制系统的典型设计特点如下:

① 气源系统采用发动机压气机单级(10 级)引气,且两套发动机引气系统互相独立,各自供给相应的空调制冷组件。

② 气源系统具有对发动机引气压力调节功能,限制压力在一定范围,以适应下游用气系统的需求,但是无温度调节功能。

③ 安装两套三轮升压式低压除水空调制冷组件,系统构型简单。

④ 制冷组件分离出来的液态水被喷射到初次级换热器的进口,水分蒸发吸热,提高了热交换效率。

⑤ 空气分配系统采用座舱再循环空气与空调制冷组件出口的冷空气混合的方式供往座舱,减小了发动机引气量。

⑥ 座舱压力控制系统具有自动控制状态和手动控制状态。

25.5　原理图

运-7 飞机环境控制系统原理图如图 25-2 所示。

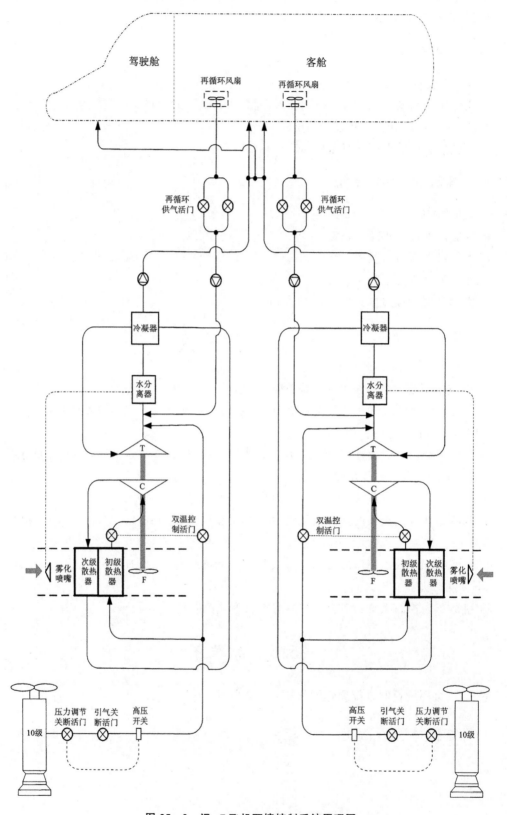

图 25-2　运-7 飞机环境控制系统原理图

第 26 章　ARJ21 - 700 飞机

26.1　飞机概况

ARJ21 - 700 飞机是中国研制的双发中、短航程新型支线客机。ARJ21 是英文"Advanced Regional Jet for the 21st Century"的缩写。

ARJ21 - 700 飞机是 ARJ21 客机系列的基本型,采用双圆剖面机身、下单翼、尾吊两台涡扇发动机、高平尾、前三点式可收放起落架的基本布局,以及超临界机翼和一体化设计的翼梢小翼。其客运基本型布局为混合布局 78 座,全经济型布局 90 座。为适应不同地区、不同航线结构对支线飞机的要求,基本型具有标准航程型(STD)和加大航程型(ER)两种构型。ARJ21 - 700 飞机示意图如图 26 - 1 所示。

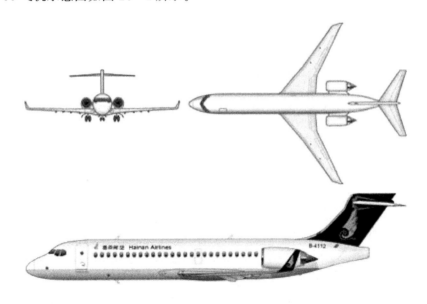

图 26 - 1　ARJ21 - 700 飞机示意图

ARJ21 - 700 飞机的基本数据如下:
- 翼展:27.3 m。
- 全机长:36.5 m。
- 全机高:8.4 m。
- 机身最大宽度 :3.3 m。
- 最大起飞质量:40 500 kg(STD)/40 500 kg(ER)。
- 设计巡航速度:0.78Ma。
- 设计航程:2 225 km(STD)/3 704 km(ER)。

● 设计巡航高度:10 668 m。
● 标准客座数(混合级/全经济级):78/90 座。

26.2　系统说明

26.2.1　气源系统

ARJ21‑700 飞机气源系统可从发动机压气机、辅助动力装置(APU)或地面高压气源获得高温高压空气,并将高温高压空气通过管路提供给空调系统、防冰系统和发动机起动系统等使用。ARJ21‑700 飞机气源系统布局示意图如图 26‑2 所示。

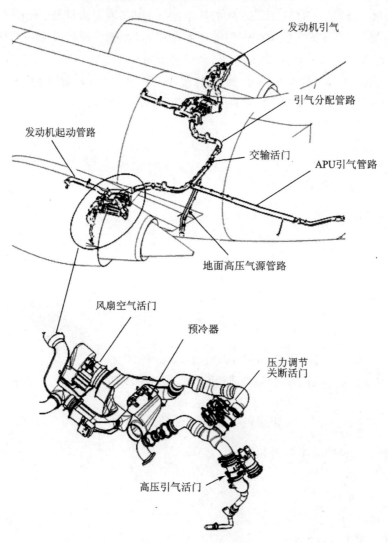

图 26‑2　ARJ21‑700 飞机气源系统布局示意图

ARJ21‑700 飞机气源系统包括左、右两套相同的引气系统,用一个交叉引气活门连接/

隔离。每套引气系统由高压引气活门、中压引气单向活门、压力调节/关断活门、预冷器、风扇活门、APU 供气单向活门、APU 引气关断活门、高压地面供气单向活门以及控制和检测系统组成。一般情况下,由 ARJ21-700 飞机空气管理系统控制两台发动机的压气机引气。在地面状态下,可按需要由 APU 或地面高压气源供气。使用发动机引气时,空气管理系统先从中压级(5 级)引气,当中压级供气压力不能满足要求时,高压引气活门自动打开,系统改为高压级(9 级)供气。中压引气单向活门在高压活门出口气体压力的作用下,处于关闭位置。

ARJ21-700 飞机空气管理系统由两个完全相同的综合空气控制器进行控制,每个控制器控制装于飞机同一侧的相关系统。每个控制器有两个通道,使用时一个通道工作,当其失效时,另一通道对系统进行全权控制。两个通道中一个为主工作通道,另一为备用通道。

供气先经过压力调节/关断活门进行调压,压力调节至(306±20)kPa(G),当压力低于此值时,压力调节/关断活门全开。然后进入预冷器(预冷器是一个空-空换热器),在预冷器中被来自发动机外涵道的空气进行冷却。系统通过调节风扇活门的开度,改变冷却空气的流量,从而控制预冷器的供气出口温度。当防冰系统不供气时,预冷器出口温度控制在 200 ℃,当空调系统、机翼防冰及发动机短舱防冰同时供气时,预冷器出口温度控制在 225 ℃。随后,供气进入下游用气系统。

发动机引气系统设置有温度过热保护,通过引气温度传感器实现。当温度超过 260 ℃达 30 s 或超过 280 ℃达 1 s 时,引气活门自动关闭,同时显示告警信息。为保证热气防冰能力,发动机引气系统设置有低温保护,通过防冰温度敏感器实现。当敏感器所测温度低于 150 ℃时,显示告警信息,驾驶员可通过增加发动机推力提高引气温度。

APU 引气用于发动机起动时,通常先由 APU 引气起动一台主发动机,然后由已运行的发动机起动另一台发动机。在热天或冷天地面待机时,APU 引气通常先为空调系统提供用气,以满足座舱地面加温和冷却需要。在发动机起动瞬时,为减少发动机起动所需时间,自动或手动关闭空调系统的用气。空中双发动机引气均故障时,在 4 500 m 以下允许 APU 引气为空调系统提供压缩空气。通常在 3 000 m 以下 APU 引气为双空调制冷组件提供用气,飞行高度在 3 000~4 500 m 范围,APU 引气为单空调制冷组件提供用气。在 APU 供气管路上安装了 APU 引气单向活门,当发动机引气或者地面气源引气时,APU 引气被关闭,受发动机引气压力作用,APU 引气单向活门处在关位,避免高温高压气体反流至 APU。

地面气源为发动机起动提供备用高压气源,必要时也可用作空调系统地面气源。通常,机场配备地面气源车,作为发动机起动的地面备用气源。地面气源经高压地面接口与环控系统引气管路相连接,高压地面接头内设置有单向活门,以防止管路空气泄漏。

26.2.2　制冷系统

制冷系统主要是将来自发动机的高温高压引气转化为温度和压力适宜的调节空气,满足座舱空调的要求。制冷系统主要由空调制冷组件、冲压空气冷却、流量调节与控制和管路等组成,位于机身尾部后附件舱内。

流量控制分系统是由空气过滤器(选装)、臭氧转换器(选装)、流量测量文氏管、组件进口温度传感器以及流量控制活门等组成,安装于后设备舱引气系统与空调制冷组件之间。当处于不同飞行状态或不同的引气构型时,系统向关联的用气系统提供品质和流量满足要求的空气,并可用于制冷组件压气机出口的超温保护或紧急情况下关断空调系统。流量控制活门是电控气动的蝶形活门,具有断电或低入口压力下的系统安全保护功能,可自动关断系统引气,是空调系统的总开关。空调系统按设计的流量曲线控制流量。系统流量与飞行高度密切相关,在海平面上,空调制冷组件的设计流量为 2 400 kg/h,在 12 000 m 的高空,空调制冷组件的设计流量是 1 800 kg/h。考虑到系统 3%的泄漏量,发动机的实际引气数据略大于系统流量。在单空调制冷组件工作状态下,海平面上的空调制冷组件的设计流量为 1 400 kg/h,在 12 000 m 的高空,设计流量是 1 270 kg/h。

ARJ21 - 700 制冷系统采用两套相同的三轮升压式高压除水空调制冷组件。空调制冷组件由三轮空气循环制冷机、初级换热器、次级换热器、温度控制活门、回热器、冷凝器、高压水分离器、保护装置、连接管路及其他附件等组成。其工作原理是:预调温度和压力的发动机引气通过流量控制活门后分成两路。一路用于空调制冷组件温度调节和空气配平;另一路空气进入初级换热器,在初级换热器中由冲压空气冷却,然后进入空气循环制冷机的压气机,被压缩到较高的压力和温度,再进入次级换热器由冲压空气冷却。然后通过回热器、冷凝器、高压水分离器和回热器后进入空气循环制冷机的冷却涡轮。空气通过涡轮时膨胀降温,膨胀的轴功率驱动压气机和冷却风扇叶轮转动。在冷凝器内,空气被冷却到露点温度以下,水分析出,在水分离器中收集后被送至初次级换热器的冷边蒸发吸热,提高了换热器的效率。

空调制冷组件的过热保护通过流量控制系统实现。压气机出口温度控制也是通过流量控制活门实现,如果压气机出口温度超过预设值,则流量控制活门将向关闭位置运行,直到压气机出口温度达到系统温度设置要求。当压气机出口温度传感器的温度超过 235 ℃持续 6 s 或超过设定温度值 220 ℃持续 30 s 时,系统将发送一条告警信息,要求飞行员关闭流量控制活门。如果空调制冷组件出口压力传感器故障,空调制冷组件出口温度将被限制在 5 ℃。如果空调制冷组件出口温度传感器故障,系统将自动采用另一个通道的温度传感器控制,对系统无影响。

冲压空气冷却系统为两个空调制冷组件提供冷却空气,冷却空气在换热器中与来自引气系统的热空气进行能量交换后排出机外。为了提高系统的制冷效率,在冲压空气进入换热器前,引入来自高压水分离器的冷凝水,通过冷凝水的蒸发吸热提高换热效率。冲压空气还可以用于应急状态下的座舱通风。当两套空调制冷组件故障,且飞机飞行高度不超过 3 000 m 时,打开应急通风活门,冲压进气通过右空调制冷组件排气管供入混合腔,以满足驾驶舱和座舱的通风要求。

26.2.3　空气分配系统

空气分配系统主要由混合腔、温度传感器、管路和通风软管组成,用于控制系统供气温度,进行调节空气流量分配,为空调区域提供温度适宜、流量分配合理的供气。来自混合腔的调节空气一路直接供往驾驶舱,用于驾驶舱的通风冷却或加温;另一路通过座舱空气分配总管上的支管,分别供往沿机身纵向分布的上部空气分配口和下部空气分配口,以保证座舱空气分配的均匀性。此外,位于混合室两侧的个人通风供气总管将一部分调节空气供往个人通风喷嘴,为每位乘客提供一个流量和方向可调的通风装置。

ARJ21－700 飞机混合腔示意图如图 26－3 所示。

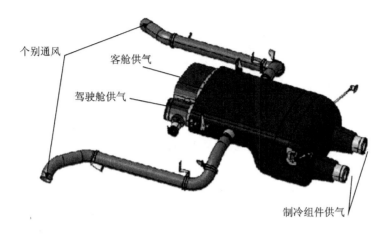

图 26－3　ARJ21－700 飞机混合腔示意图

ARJ21－700 空调系统设有两套座舱空气再循环装置,安装在机身后段气密舱内。再循环装置将空调舱内部分空气过滤增压后再次利用,以减少进入舱内的气体温差,改善人员周围流场,减少发动机引气量,降低系统性能代偿损失。座舱空气再循环系统主要由两个再循环风扇、两个再循环单向活门、两个过滤器以及再循环管路组成。工作时,飞行员通过驾驶舱操作面板上的操作按钮,打开再循环风扇,系统自动抽吸座舱地板与货舱壁板上部夹层内的空气,经过滤增压后送于混合腔,与来自空调制冷组件的新鲜空气混合后,分别供入驾驶舱及座舱空气分配系统。在再循环空气进入座舱分配系统前,用再循环过滤器清洁进入座舱系统的再循环空气,过滤器可以将 99% 的 0.3 μm 大小的颗粒过滤掉。

再循环风扇还用于货舱通风。货舱通风气体引自再循环风扇下游与混合腔之间的再循环管路中的空气。为了满足飞机地面时的座舱调温要求,在再循环出口管路上,设有一个地面空调接口,以满足座舱地面制冷和加热要求。

ARJ21－700 飞机再循环示意图如图 26－4 所示。

厨房与厕所通风系统主要由通风喷嘴、连接软管及回风管路组成。其中回风管路与电子设备抽气管路融为一体,其排气量大于供气量,这样既可保证厨房与厕所有一定的新鲜空气,又可防止该区域异味窜向飞机舱内其他部位。

货舱通风系统主要由控制阀门、货舱电加热器(选装)及管路组成。货舱通风气体一般情况下来自再循环风扇的供气,当再循环风扇不工作时,混合腔的新鲜空气逆向流过再循环管路,直接供往两个货舱。货舱内气体直接排到座舱排气活门附近,并由其排到机外。货舱温度在未载货物时不低于 0 ℃,当有特殊要求时,通过电加热器对舱内气体进行调节,可使其温度维持在 10～29 ℃ 之间。

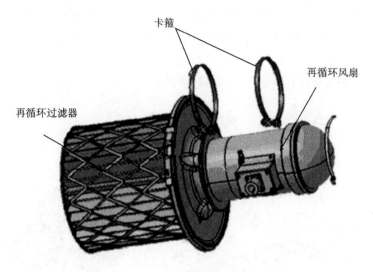

卡箍

再循环风扇

再循环过滤器

图 26 - 4　ARJ21 - 700 飞机再循环示意图

26.2.4　温度控制系统

　　ARJ21 - 700 飞机温度控制主要由配平空气系统和温度控制系统实现,系统主要包括配平压力调节活门、配平活门、热空气单向活门、温度、压力传感器和管路等。

　　空调系统的温度由空调系统综合控制器进行控制,驾驶舱和座舱的温度可以在 15~35 ℃ 的范围内调节。自动控制失效时,驾驶舱的温度默认为 21 ℃,座舱的温度默认为 24 ℃。混合腔进口温度由温度控制活门调节,分配管路的温度通过配平活门调节。为了能够控制系统温度,设置如下的传感器:

　　① 通风温度传感器安装在驾驶舱和座舱,用于感受实际温度。

　　② 管路温度传感器安装在驾驶舱分配管下游,用于感受和控制进入系统的温度。

　　③ 混合腔的温度传感器用于感受再循环系统和空调制冷组件下游的混合温度。

　　④ 空调制冷组件出口温度传感器安装在水分离器的下游,用于控制温度控制活门的开度,从而控制空调制冷组件出口的温度,并监控水分离器出口温度状态。

　　空调系统根据驾驶舱选择温度和通风温度传感器的测量值,由空调系统综合控制器计算温差后,根据制冷或加热的需求,决定采用哪种方式进行温度控制。管路温度限制值被固化在系统的计算逻辑中,避免温度过高或过低,影响乘客的舒适性。

　　空调制冷组件出口温度按设定曲线进行控制。在正常状态下,空调制冷组件出口温度被限制在 60 ℃ 以内。如果是单空调制冷组件工作状态,那么系统的出口温度允许达到 70 ℃。快速制冷或加热状态,允许系统达到各设定温度的极限。混合腔的温度由空调控制器根据座舱内最大制冷状态下的需求来控制,通过空调制冷组件涡轮出口的制冷空气和温度控制活门控制的热空气混合实现。混合腔的温度低于各舱内需要提供的最低温度,正常情况下,混合腔的温度将维持在 3 ℃。

　　配平系统主要用来独立控制进入座舱和驾驶舱的供气温度。同时控制通过空调制冷组件的流量,防止由于压力变化产生引射,影响系统性能。根据不同区域的温度需求,空调控制器控制配平活门开度,从而控制来自配平系统的热空气流量,实现来自配平系统的热空气和混合腔内冷空气的混合,满足系统加热或制冷需要。配平系统可以实现驾驶舱和座舱温度的分别控制,允许两个舱室选择不同的温度。由于座舱内环境温度和设定温度之间的差异较大,设定区域需要的最低加温或最大制冷状态时,可根据空调控制器的需求,关闭配平活门,这样系统的温度完全由空调制冷组件的温度控制活门控制。

26.2.5　电子设备通风系统

ARJ21-700飞机电子设备通风系统主要为电子设备和显示器提供通风冷却。系统利用电子设备冷却风扇和电子设备排气活门,通过抽吸驾驶舱、电子设备舱的空气,达到冷却设备的目的。ARJ21-700电子设备通风系统是一个汇流式强迫通风系统,系统设有两个冷却风扇,其中一个处于工作状态时,另一个处于备用状态。两台风扇在正常工作时,每一起落或工作日自动切换。当工作状态的风扇有故障时,备用风扇自动切换进入工作状态。在飞行中,风扇抽取电子设备舱、综合显示器、厨房和盥洗室的空气,直接通过座舱排气活门排出机外。

电子设备排气活门作为备用满足系统需要。在飞行中,若两台风扇都发生故障而不能正常工作时,系统自动打开电子设备排气活门,利用座舱内外的压差,抽吸舱内气体对电子设备冷却。电子设备通风系统采用多重冗余度设计,保证不会因为一个(LRU)单元的故障影响系统的工作,任何单个故障出现对飞机的派遣没有影响。电子设备通风系统的控制和监控通过空调控制器直接进行。在没有地面车载空调和机上空调情况下,电子设备应该有在 54 ℃的环境温度下正常工作的能力。

26.2.6　座舱压力控制系统

座舱压力调节系统由压力活门和相应的控制系统组成。压力活门包括座舱排气活门、地面活门和安全活门,控制系统则包括两套数字式自动压力控制和备用的手动压力控制系统。系统用于控制座舱压力、座舱内外压差和座舱内压力的变化速率,保证乘客生命安全和机组人员正常工作,在飞机结构强度允许的范围内尽可能降低座舱高度。在最大飞行高度,座舱压力高度不超过 2 400 m。控制系统能够实现对座舱进行增压并具有正释压和负释压的保护功能;有座舱高度限制功能,防止座舱出现非安全性失压;在应急情况下,可以使用冲压空气对座舱进行紧急增压。

根据飞行剖面的不同阶段,分为地面预增压、返回基本程序、飞行程序(包括爬升、巡航和降落三个过程)、地面卸压和增压保护程序 5 个不同状态。座舱压力控制器的数字电子逻辑线路选择对应的每一阶段的座舱压力制度和压力变化速率限制,进行座舱压力的调节,同时保证调节过程中座舱内外压差的限制,满足乘员的安全性、舒适性及飞机结构安全的要求。在最大飞行高度 12 000 m 时,座舱高度不超过 2 400 m,座舱高度爬升和下降速率分别不超过152 m/min 和 −91 m/min。当座舱内外正压差超过规定值(58.3±1)kPa 或负压差超过−3.4 kPa 时,安全活门打开,减小压差。安全活门安装在飞机后部的球面框,位于迫降水线以上,满足了飞机水上迫降时水不会通过安全活门进入座舱的要求。高度限制指令可超越自动控制和手动控制模式,当座舱高度超过 4 420 m 时,座舱高度限制指令信号启动并关闭排气活门,直至座舱压力高度低于 4 270 m。座舱高度限制在任何失效或故障模式下,座舱高度不大于 4 500 m。

座舱压力控制系统采用两套自动和一套手动控制的多冗度控制方式,从而保证压力控制系统的高可靠性。座舱压力控制器的数字电子逻辑线路根据飞行剖面的不同阶段,尽可能保证乘员的舒适性。通过与航电系统的高度综合,减少系统部件数量,简化系统操作程序,降低驾驶员的工作强度。用最少的安全活门数量以简化系统设计,并确保飞机机身结构的安全。

26.3　系统性能

26.3.1　气源系统

气源系统数据如下:

- 气源系统出口温度:200 ℃(未开防冰),225 ℃(开防冰)。
- 气源系统出口压力:(306±20)kPa(G)。
- 告警温度:低于 150 ℃(开防冰),高于 260 ℃延时 30 s,高于 280 ℃延时 1 s。

26.3.2　空调系统

空调系统数据如下:

- 组件出口温度:不大于 60 ℃(双 PACK 正常情况),70 ℃(单 PACK)。
- 混合腔温度:3 ℃。
- 驾驶舱温度:正常情况 15～35 ℃,自动控制失效时 21 ℃。
- 座舱温度:正常情况 15～35 ℃,自动控制失效时 24 ℃。
- 货舱温度:未载货物时不低于 0 ℃,特殊要求时 10～29 ℃。
- 正常状态供气流量:2 400 kg/h(海平面),1 800 kg/h(12 000 m)。
- 单 PACK 工作状态供气流量:1 400 kg/h(海平面),1 270 kg/h(12 000 m)。
- 正常座舱压力高度:2 400 m。
- 座舱正压差释压值:(58.3±1)kPa。
- 座舱负压差释压值:-3.4 kPa。
- 座舱释压限制:在增压系统出现任何可能的失效情况后,座舱高度被限制在 4 500 m。
- 座舱高度爬升速率:不超过 152 m/min。
- 座舱高度下降速率:不超过-91 m/min。

26.4 设计特点

ARJ21-700 飞机环境控制系统的典型设计特点如下：

① 气源系统采用发动机两级引气。发动机低功率状态时，从高压级引气；高功率状态时，从中压级引气，减少了发动机的引气代偿损失，提高了飞机的经济性。

② 气源系统具有调节发动机引气温度和压力的功能，以适应下游用气系统的需求，并且进行温度限制和压力限制，以避免系统超温超压。

③ 安装两套三轮升压式高压除水空调制冷组件，制冷能力大大增加，空调制冷组件的新鲜供气量按设计的流量曲线进行流量控制，系统流量与飞行高度密切相关，避免了在热载荷较低时出现供气流量过大的情况，这也是减少发动机引气量，提升经济性的一项设计措施。

④ 采用两套座舱空气再循环装置，减少发动机引气量，最终降低了系统性能代偿损失。

⑤ 座舱空气分配的低温低压管路材料为酚醛树脂（蜂窝芯体增强）的硬管和玻璃织布预浸硅胶加不锈钢弹簧的软管，代替了传统的金属管路，减轻了系统的质量，增强系统的柔性补偿，这也有利于提升飞机的运营经济性。

⑥ 电子设备通风系统采用两台通风风扇交替工作，若两台风扇均故障，则电子设备排气活门打开，利用座舱内外的压差，抽吸舱内气体对电子设备冷却。系统简单可靠，采用多重冗余度设计，保证不会因为一个(LRU)单元的故障影响系统的工作。

⑦ 座舱压力控制系统包括两套数字式自动压力控制和备用的手动压力控制系统，提高了控制精度，保证压力控制系统的高可靠性。

⑧ 空调系统制冷组件的拆卸和安装全部以装配件形式整体进行，整个空调制冷组件通过拉杆安装在飞机结构上，各接口也采用柔性连接，消除了在机体结构安装过程中产生的应力。

26.5 原理图

ARJ21-700 飞机环境控制系统原理图如图 26-5 所示。

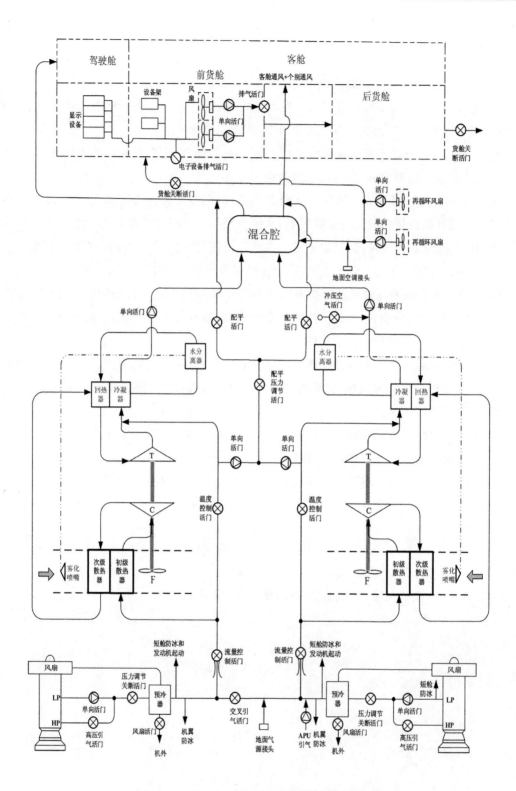

图 26 - 5　ARJ21 - 700 飞机环境控制系统原理图

参考文献

[1] 王恒斌，张宝霖.国外飞机环境控制系统手册[M].北京:航空工业出版社,1986.

[2] 路多,黄纯洲.现代干线客机的空气管理系统[J].航空科学技术,2004(4):29-32.

[3] 陈元先.旅客机环境控制系统的发展[J].航空学报,1999,20:S07-S09.

[4] 陈元先.飞机环境控制系统的发展与展望[J].航空科学技术,1996(5):29-31.

[5] 路多,胡文超.新一代干线客机 A380 和波音 B787 的环境控制系统[J].航空科学技术,2005(2):17-19.

[6] 刘铭.国外飞机综合环境控制系统[J].航空科学技术,2004(2):28-31.

[7] 袁修干.高性能军用机环境控制系统研究发展趋势的探讨[J].航空学报,1999,20:S01-S03.

[8] 于喜奎,王伟.飞机综合机电系统热管理技术浅析[J].飞机设计,2006(2):60-62,71.

[9] 路多.综合机载机电系统[J].航空科学技术,2003(6):24-26.

[10] 寿荣中,何慧姗.飞行器环境控制[M].北京:北京航空航天大学出版社,2004.